■ 畜禽高效养殖全彩图解+视频示范丛书 ■

高效养兔

全彩图解
+
视频示范

任克良　主编

U0301416

化学工业出版社

·北京·

内容简介

本书是由山西农业大学（山西省农业科学院）动物科学学院研究员、国家兔产业技术体系岗位科学家任克良主持编写。内容包括养兔意义与决策，家兔品种及引种，家兔生物学特性，兔场建设、环节控制与粪污资源化利用，家兔营养需求与饲料配制技术，兔群繁殖，兔群的饲养管理，家兔"全进全出"饲养模式，商品兔销售与兔产品初加工，兔病防治技术和兔场经营管理等。详细介绍了高效养兔生产过程中的关键技术和国内外最新研究成果等。采用文字、彩图和视频示范（书中扫码查看）方式进行阐述，使读者一看就懂，一学就会。本书可供广大养兔生产者、饲料企业和农业院校相关专业师生阅读与参考。

图书在版编目（CIP）数据

高效养兔全彩图解+视频示范/任克良主编． —北京：化学工业出版社，2022.4
ISBN 978-7-122-40797-9

Ⅰ．①高…　Ⅱ．①任…　Ⅲ．①兔-饲养管理-图解
Ⅳ．①S829.1-64

中国版本图书馆CIP数据核字（2022）第024934号

责任编辑：漆艳萍　　　　　　　　　　　装帧设计：韩　飞
责任校对：宋　玮

出版发行：化学工业出版社（北京市东城区青年湖南街13号　邮政编码
　　　　　100011）
印　　装：凯德印刷（天津）有限公司
880mm×1230mm　1/32　印张11$\frac{3}{4}$　字数310千字
2022年6月北京第1版第1次印刷

购书咨询：010-64518888　　　　　　售后服务：010-64518899
网　　址：http://www.cip.com.cn
凡购买本书，如有缺损质量问题，本社销售中心负责调换。

定　　价：69.80元

编写人员名单

主　　编　　任克良

编写人员　　任克良　曹　亮　李燕平　詹海杰

　　　　　　王彩仙　党文庆　黄淑芳　唐耀平

前言

PREFACE

我国是养兔大国，家兔年出栏量和兔产品贸易量位居世界首位。随着兔业科技进步和商品生产的发展，我国家兔养殖方式正在向规模化、标准化和智能化方向发展。为了实现兔产业高产、优质、高效的发展目标，我们编写了《高效养兔全彩图解+视频示范》一书，相信对广大养兔业（户）会有所助益。

本书从养兔意义与决策，家兔品种及引种，家兔生物学特性，兔场建设、环节控制与粪污资源化利用，家兔营养需求与饲料配制技术，兔群繁殖，兔群的饲养管理，家兔"全进全出"饲养模式，商品兔销售与兔产品初加工，兔病防治技术和兔场经营管理等进行详细阐述。对各个环节中的国内外先进技术和最新成果进行了详细介绍。本书采用文字、彩色图片和短视频（书中扫码查看）等方式进行编写，目的是让读者一看就懂，一学就会，迅速掌握高效养兔关键技术，实现兔业生产高产、优质、高效的目标。

本书中的许多内容是编者在实施国家、省级等科研项目过程中取得的，主要包括国家兔产业技术体系岗位科学家项目、山西省科技厅攻关项目和山西农业大学学术恢复和育种工程项目等。本书的出版得到了国家兔产业技术体系（CARS-43-B-3）、山西农业大学学术恢复项目（2020xshf13）和育种工程项目（YZGC127）等的资助。

本书出版之际，对秦应和、谷子林、薛家宾、鲍国连、刘汉中、李福昌、陈宝江、任战军、薛帮群、索勋、李明勇、阎英凯等兔业界同人和编者所在的养兔研究室全体人员的大力支持表示感谢！本书的大部分图片是编者在科研、养兔实践中积累的，有些则由国内外学者或教学、研究单位提供，在此一并表示谢意！

由于时间有限，书中疏漏之处在所难免，恳请广大读者、同人批评指正，以便再版时改正。

任克良

2022年3月于太原

CONTENTS

目 录

第一章 │ 养兔意义与决策 ·······················1

第一节 发展养兔生产的意义 ···············1
一、家兔及其产品经济价值高 ················1
二、家兔属高效节粮型草食家畜 ············7
三、养兔业属"节能减排型"畜牧业 ·······8
四、养兔是农民增加经济收入的有效途径 ·············8
五、带动相关产业的发展 ·····················9
六、成本优势明显 ·····························9
七、国内消费市场潜力巨大 ·················9

第二节 国内外兔业发展现状、趋势 ·······9
一、国外兔业发展概况及趋势 ·············9
二、我国兔业生产的特点、存在的问题及应对策略··· 14

第三节 养兔决策 ·························· 19
一、市场调研 ···························· 19
二、专家咨询 ···························· 19

三、企业调研 ············· 19

四、技术培训 ············· 19

五、企业定位 ············· 20

第二章 家兔品种及引种 ············· 21

第一节　家兔起源 ············· 21

第二节　家兔品种（配套系）及特点 ············· 22

一、肉兔品种（配套系） ············· 22

二、獭兔品种（系） ············· 33

三、长毛兔 ············· 38

四、实验用兔 ············· 40

五、观赏兔 ············· 41

六、选养适宜的家兔类型和品种（配套系） ············· 41

第三节　引种技术 ············· 44

一、引种前需要考虑的因素 ············· 44

二、种兔选购技术 ············· 45

三、种兔的运输 ············· 46

第三章 家兔生物学特性 ············· 48

第一节　家兔的生活习性 ············· 48

一、昼伏夜行性 ············· 48

二、胆小、易受惊 ···································· 49

三、喜干燥、爱清洁 ···································· 49

四、视觉迟钝、嗅觉灵敏 ···································· 49

五、群居性差，更具好斗性 ···································· 50

六、易发脚皮炎 ···································· 50

七、仔幼兔惧寒，成年兔惧热 ···································· 50

八、穴居性 ···································· 50

第二节 家兔的采食习性 ···································· 51

一、草食性 ···································· 51

二、择食性 ···································· 51

三、啃咬性 ···································· 51

四、异食癖 ···································· 52

第三节 家兔的消化特点 ···································· 52

一、消化器官的解剖特点 ···································· 52

二、家兔的消化特点 ···································· 54

第四节 家兔的繁殖特性 ···································· 58

一、繁殖力强 ···································· 58

二、刺激性排卵 ···································· 58

三、属双子宫阴道射精型动物 ···································· 59

四、卵子大 ···································· 59

五、公兔的睾丸位置因年龄而异 ···································· 59

六、泌乳独特 ···································· 59

七、母兔"假孕" ···································· 60

第五节　家兔的体温调节特点 ……………………… 60

　　一、家兔体温调节功能不全 ………………………… 61

　　二、适宜的环境温度 ………………………………… 61

第六节　家兔的生长发育规律 ……………………… 61

第七节　家兔的脱毛规律 …………………………… 62

第四章┃兔场建设、环境控制与粪污资源化利用 ……… 63

第一节　兔场建设 …………………………………… 63

　　一、场址的选择 ……………………………………… 63

　　二、兔场建筑物布局 ………………………………… 64

　　三、兔舍建筑的基本要求 …………………………… 66

　　四、兔舍形式及使用地区 …………………………… 68

　　五、兔笼 ……………………………………………… 70

第二节　养兔设备及用具 …………………………… 75

　　一、料槽 ……………………………………………… 75

　　二、饮水系统 ………………………………………… 77

　　三、产箱 ……………………………………………… 78

　　四、自动化饲喂设备 ………………………………… 79

　　五、清粪系统 ………………………………………… 80

第三节　兔舍环境调控技术 ………………………… 82

　　一、温度调控 ………………………………………… 82

二、有害气体的控制 ……………………………… 83

三、湿度调控 ……………………………… 86

四、光照调控 ……………………………… 86

五、噪声的控制 ……………………………… 87

第四节　兔场粪污资源化利用技术 ……………………… 88

一、兔场粪污处理和利用的原则 ………………… 88

二、兔场粪污减排方法 ……………………… 89

三、兔场粪污处理技术 ……………………… 89

第五章│家兔营养需求与饲料配制技术 …………… 91

第一节　家兔的营养需求 ……………………… 91

一、对蛋白质的需求 ……………………… 91

二、对能量的需求 ……………………… 93

三、对脂肪的需求 ……………………… 96

四、对碳水化合物的需求 ………………… 97

五、对水的需求 ……………………… 99

六、对矿物质的需求 ……………………… 99

七、对维生素的需求 ……………………… 102

第二节　家兔常用饲料原料 ………………… 106

一、能量饲料 ……………………… 106

二、蛋白质饲料 ……………………… 114

三、粗饲料 ……………………… 121

四、青绿多汁饲料 ……………………… 130

五、矿物质饲料 ……………………………………… 131

六、维生素饲料 ……………………………………… 133

七、饲料添加剂 ……………………………………… 133

第三节　家兔的饲养标准与饲料配方设计 ………… 135

一、家兔的饲养标准 ………………………………… 135

二、家兔的饲料配方设计 …………………………… 145

第四节　家兔的配合饲料加工与质量控制 ………… 147

一、家兔的配合饲料加工 …………………………… 147

二、家兔的配合饲料质量控制 ……………………… 149

第六章 ｜ 兔群繁殖 ………………………………… 151

第一节　家兔的生殖系统 …………………………… 151

一、公兔的生殖系统 ………………………………… 151

二、母兔的生殖系统 ………………………………… 153

第二节　家兔的繁殖生理 …………………………… 155

一、初配年龄 ………………………………………… 155

二、兔群公母比例 …………………………………… 155

三、种兔利用年限 …………………………………… 156

四、发情表现与发情特点 …………………………… 156

第三节　家兔繁殖技术 ……………………………… 157

一、配种技术 ………………………………………… 157

二、妊娠检查 ·· 159

三、分娩 ·· 160

第四节　人工授精技术 ······························ 161

一、人工授精技术的优缺点 ·························· 161

二、人工授精室的建设 ······························ 162

三、人工授精技术流程 ······························ 162

第五节　工厂化周年循环繁殖模式 ·················· 170

一、模式特点 ·· 170

二、配套技术及设施 ································· 170

三、不同间隔繁殖模式 ······························ 172

第六节　提高兔群繁殖力的技术措施 ··············· 174

一、选养优良品种（配套系）、加强选种 ·········· 175

二、满足营养需求 ··································· 175

三、提高兔群中适龄母兔比例 ······················ 175

四、人工催情 ·· 175

五、改进配种方法 ··································· 176

六、适度频密繁殖 ··································· 176

七、及时进行妊娠检查，减少空怀 ·················· 176

八、科学控光控温，缩短"夏季不孕期" ············· 177

九、严格淘汰，定期更新 ··························· 177

十、推广周年循环繁殖模式 ························· 177

第七章 │ 兔群的饲养管理 ·························· 178

第一节 种兔的饲养管理 ·······················178
一、种公兔的培育、饲养管理·············178
二、空怀母兔的饲养管理············181
三、怀孕母兔的饲养管理············182
四、哺乳母兔的饲养管理············185

第二节 仔兔、幼兔的饲养管理 ···········189
一、仔兔的饲养管理············189
二、幼兔的饲养管理············192

第三节 商品肉兔快速生产技术 ···········193
一、选养优良品种（配套系）和杂交组合·······194
二、抓断奶体重············194
三、过好断奶关············194
四、控制好育肥环境············194
五、饲喂全价颗粒饲料············195
六、限制饲喂与自由采食相结合，自由饮水 ···195
七、控制疾病············195
八、适时出栏············196
九、弱兔的饲养管理············196

第四节 商品獭兔的饲养管理 ···········197
一、选养优良品种（系），开展杂交，利用杂种优势
生产商品獭兔 ············197

二、提高断奶体重 ·················· 197

三、营养水平前高后低或前低后高 ········· 197

四、褪黑素在獭兔生产中的应用 ·········· 198

五、加强管理 ···················· 198

第五节　产毛兔的饲养管理 ··············· 199

一、选养优良种兔、加强选种选配 ········· 199

二、提高群体母兔比例 ··············· 200

三、保证营养供给、推行限制饲喂方案 ······· 200

四、加强管理 ···················· 200

五、适当增加采毛次数 ··············· 201

六、加强母兔妊娠后期及哺乳期的饲养，
　　增加毛囊密度 ················· 201

七、减少兔毛损耗 ················· 201

八、控制好环境温度 ················ 201

九、采用催毛技术 ················· 201

第六节　兔绒生产技术 ················· 202

一、兔绒的质量要求 ················ 202

二、兔绒的生产方法 ················ 203

三、重复生产兔绒 ················· 203

第七节　福利养兔概念与技术 ············· 203

一、福利养兔概念 ················· 203

二、福利养兔技术 ················· 203

第八节　宠物兔的饲养管理 ·· 205

　　一、饲养技术 ·· 205

　　二、管理技术 ·· 205

第九节　兔群的常规管理 ·· 205

　　一、抓兔方法 ·· 205

　　二、公母鉴别 ·· 206

　　三、年龄鉴别 ·· 207

　　四、编号 ·· 208

　　五、去势 ·· 209

　　六、修爪技术 ·· 210

　　七、梳毛 ·· 211

第八章　家兔"全进全出"饲养模式 ·· 212

第一节　"全进全出"特点和条件 ·· 212

　　一、"全进全出"饲养模式的特点 ·· 212

　　二、实现"全进全出"的基本条件 ·· 213

第二节　"全进全出"的工艺流程和技术参数 ·· 217

　　一、工艺流程 ·· 217

　　二、"全进全出"养兔时间轴 ·· 219

　　三、技术参数 ·· 220

第三节　"全进全出"的核心技术 ·· 222

　　一、繁殖控制技术 ·· 222

二、人工授精技术 ·········· 222

三、注意事项 ·········· 222

第九章 | 商品兔销售与兔产品初加工 ·········· 224

第一节 商品肉兔、獭兔的销售 ·········· 224

一、我国肉兔、獭兔、毛兔生产及兔产品加工和
消费特点 ·········· 224

二、兔产品销售经纪人的选择 ·········· 225

三、兔产品销售合同的签订 ·········· 225

第二节 兔肉的加工 ·········· 226

一、家兔的屠宰 ·········· 226

二、兔肉初加工 ·········· 228

三、兔肉深加工 ·········· 228

第三节 獭兔取皮技术 ·········· 229

一、獭兔换毛规律 ·········· 229

二、獭兔皮的季节特征 ·········· 230

三、毛皮质量评定 ·········· 231

四、獭兔皮的剥取 ·········· 233

五、减少残次兔皮的技术措施 ·········· 237

第四节 兔毛的采集、贮藏与初加工 ·········· 238

一、兔毛的采集 ·········· 238

二、兔毛的分级 ·········· 240

三、兔毛的贮存 ●●●●●●●●●●●●●●●●●●●●●● 240

四、兔毛的运输 ●●●●●●●●●●●●●●●●●●●●●● 242

五、兔毛的初加工 ●●●●●●●●●●●●●●●●●●● 242

六、兔毛的销售 ●●●●●●●●●●●●●●●●●●●●●● 243

第十章 | 兔病防治技术 ●●●●●●●●●●●● 244

第一节　兔病发生基本规律、综合防治技术 ●●●●●●●244

一、兔病发生的原因 ●●●●●●●●●●●●●●●●●244

二、兔病的分类 ●●●●●●●●●●●●●●●●●●● 245

三、兔病发生的特点 ●●●●●●●●●●●●●●●●● 246

四、兔病综合防制技术 ●●●●●●●●●●●●●●●● 247

第二节　兔病诊断 ●●●●●●●●●●●●●●●●●●●● 250

一、临床诊断 ●●●●●●●●●●●●●●●●●●●●● 250

二、流行病学调查诊断 ●●●●●●●●●●●●●●●● 252

三、病理学诊断 ●●●●●●●●●●●●●●●●●●● 253

四、实验室诊断 ●●●●●●●●●●●●●●●●●●● 260

五、综合诊断 ●●●●●●●●●●●●●●●●●●●●● 260

第三节　兔病治疗方法 ●●●●●●●●●●●●●●●●●● 260

一、保定方法 ●●●●●●●●●●●●●●●●●●●●● 260

二、给药方法 ●●●●●●●●●●●●●●●●●●●●● 262

第四节　家兔主要疾病防治技术 ●●●●●●●●●●●●● 266

一、兔病毒性出血症（兔瘟、2型兔瘟）●●●●●● 266

二、兔传染性水疱口炎·····271

三、巴氏杆菌病·····273

四、支气管败血波氏杆菌病·····278

五、魏氏梭菌病·····280

六、大肠杆菌病·····284

七、葡萄球菌病·····287

八、传染性鼻炎·····292

九、密螺旋体病·····294

十、毛癣菌病·····297

十一、球虫病·····299

十二、豆状囊尾蚴病·····305

十三、螨病·····308

十四、栓尾线虫病·····311

十五、脑炎原虫病·····312

十六、腹泻·····314

十七、盲肠嵌塞·····315

十八、软瘫症·····317

十九、真菌毒素中毒·····320

二十、脓肿·····325

二十一、妊娠毒血症·····327

二十二、不孕症·····328

二十三、异食癖·····330

二十四、直肠脱、脱肛·····333

二十五、创伤性脊椎骨折·····335

二十六、溃疡性、化脓性脚皮炎·····336

二十七、遗传性疾病 …………………… 338

第五节　兔群主要疾病防制技术方案 …………… 340

　　一、防控技术方案 …………………… 340

　　二、防疫过程中应注意的事项 ……………… 342

第十一章　兔场经营管理 …………………… 343

第一节　兔场经营管理的主要内容 …………… 343

　　一、生产前的经营管理决策 ……………… 343

　　二、生产中的组织管理 ………………… 345

　　三、生产后的经济核算 ………………… 348

第二节　兔场的"一业多营" ……………… 350

　　一、饲养的品种多元化 ………………… 350

　　二、开展兔产品加工增值 ………………… 350

　　三、开展产品的综合利用 ………………… 350

　　四、积极开展兔场的配套服务 ……………… 352

第三节　提高养兔经济效益的技术途径 ………… 352

　　一、选养适宜家兔类型及优良品种（或配套系）…… 352

　　二、适宜的养殖规模 …………………… 352

　　三、采用兔舍笼具标准化、环境控制自动化、
　　　　清粪机械化、饲喂自动化等方式 …………… 352

　　四、饲料资源本地化、饲粮均衡化 …………… 353

　　五、抓好兔群繁殖工作 ………………… 353

六、采用综合配套技术，争取商品兔多出栏，
　　早出栏，及时出售 ·········· 353

七、做好兔群安全生产工作 ············ 353

八、重视环境排放问题 ············ 353

九、开发生产适销对路的兔产品 ·········· 354

十、以人为本，提高员工的积极性 ········· 354

十一、重视"互联网+"在兔产业中的应用 ······ 354

参考文献 ················· 355

第一章

养兔意义与决策

　　家兔属单胃草食动物，养兔业属节粮型畜牧产业，愈来愈受到世界各国，尤其是发展中国家的重视。我国是世界养兔大国，年出栏量和兔产品贸易量位居世界首位。养兔业既可为人类提供肉、皮、毛等优质产品，也是广大农民重要的畜牧养殖项目之一。

　　企业或个人准备从事家兔养殖业前，首先对家兔产品特点、市场前景以及国内外发展概况等进行较为全面的了解，以便做到有的放矢。

第一节
发展养兔生产的意义

　　发展养兔生产可为人类提供大量优质的肉、皮、毛等多种产品，兔产品具有很高的经济价值（图1-1）。

一、家兔及其产品经济价值高

1. 兔肉营养特点

　　（1）蛋白含量高，品质好　以干物质计算，兔肉含蛋白质高达70%，比猪肉、牛肉、鸡肉、羊肉的蛋白质含量都高，可以制作各种美味佳肴（图1-2～图1-5）。兔肉中氨基酸种类齐全，含量丰富，其中限制性氨基酸赖氨酸、色氨酸含量均高于其他肉类。

图1-1 家兔的各种用途

图1-2 兔头制作的"回头望月"佳肴

图1-3 蜜汁兔肉

（2）脂肪含量低，胆固醇少，磷脂高　新鲜兔肉含脂肪9.76%，胆固醇65毫克/100克，低于其他肉类。长期食用兔肉可减少胆固醇在血管壁沉积的可能性。因此，兔肉是老人、动脉粥样硬化病人、冠心病患者理想的保健食品。同时，兔肉是益智延年食品，儿童长期食用兔肉可促进大脑的发育并提高智商，成年人常食兔肉可降低血液中胆固醇含量，使皮肤富有弹性，面部皱纹减少。因此，国

图1-4 "金牌兔腿"

图1-5 烤兔肉、兔肉串串烧

外将兔肉称为"保健肉""美容肉""益智肉"。

目前国内相关企业开发的兔肉产品琳琅满目,花样众多(图1-6、图1-7)。

图1-6 兔肉加工的产品　　　　图1-7 兔肉粒、兔肉丁和兔肉酱等

(3)消化率高　兔肉肌纤维细嫩,胶原纤维含量少,消化率高达85%,高于其他肉类。

(4)公共卫生形象好　到目前为止,人和畜禽的共患病超过200余种,家兔业还没有发现共患的主要传染病。而家禽业、养猪业、养牛业等则分别有禽流感、猪甲流、疯牛病等的困扰。在人类越来越重视健康的今天,良好的公共卫生形象将促进家兔产业的发展。

(5)接受程度高　兔肉除犹太人外,尚未任何宗教限食兔肉。因此,养兔业能够为更多国家的居民提供优质的兔肉。

兔肉与其他肉类营养成分及消化率的比较见表1-1、图1-8、图1-9。由表1-1可以看出,兔肉具有"三高三低"(高蛋白质、高赖氨酸、高消化率;低脂肪、低胆固醇、低能量)的特点,代表了当今人类对动物性食品需求的方向,发展兔业生产具有广阔的市场前景。

表1-1　兔肉与其他肉类营养成分及消化率的比较

项目	兔肉	猪肉	牛肉	羊肉	鸡肉
粗蛋白质/%	21.37	15.54	20.07	16.35	19.50
粗脂肪/%	9.76	26.73	15.83	17.98	7.8
能量/（千焦/千克）	676	1284	1255	1097	517
赖氨酸/%	9.6	3.7	8.0	8.7	8.4
胆固醇/（毫克/100克）	65.0	126.0	106.0	70.0	69～90
烟酸/（毫克/100克）	12.8	4.1	4.2	4.8	5.6
消化率/%	85.0	75.0	55.0	68.0	50.0

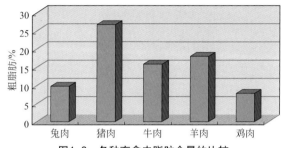

图1-8　各种畜禽肉脂肪含量的比较

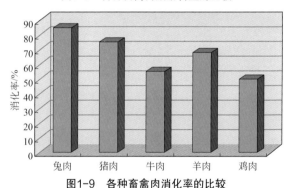

图1-9　各种畜禽肉消化率的比较

2. 兔皮

与野生动物的毛皮比较，兔皮是廉价的皮革、皮草加工原料。兔皮，尤其是獭兔皮，具有质地轻柔保暖的特性，白色皮张可染色成为野生动物的仿制品，天然的有色獭兔皮张无需染色即可制成色彩斑斓的兔皮服饰，消费者极易接受。各种色型的獭兔皮制作的服装与服饰（如大衣、围巾、玩具、饰品等），在国内外市场深受欢迎（图1-10～图1-16）。

图1-10　兔皮制作的大衣

图1-11　兔皮制作的围巾

图1-12　兔皮制作的围脖

图1-13　海狸色獭兔皮制作的服饰

图1-14　兔皮制作的玩具

图1-15　兔皮制作的
熊猫玩具

图1-16　兔皮制作的
"装死兔"饰品

在保护环境、保护生态、保护野生动物呼声日益高涨的今天，作为毛皮动物的獭兔，发展前景十分广阔。

3. 兔毛

兔毛是高档纺织原料，具有长、松、净的特点。其织品具有轻软、保暖、吸湿、透气、穿着舒适和保健的优点（图1-17）。

（1）轻软　兔毛纤维细且为多孔的髓腔组织，因而具有轻而

图1-17　兔毛制作的面料和服饰

柔软的特性，其细度比70支纱羊毛细30％，比羊毛轻20％。

（2）保暖　兔毛保暖性比棉花高90.5％，比羊毛高37.7％。

（3）吸湿性　吸湿性是评价高档毛纺原料的重要指标，也是保健服装的重要参数。兔毛纤维的吸湿性为52％～60％，而羊毛纤维为20％～30％，化学纤维仅0.1％～7.5％。

（4）透气性　兔毛纤维的透气性好，是生产高档衬衫、运动衫和保健品的理想原料。

（5）缓解关节、肌肉等疾病所引起的疼痛感　其主要原因是兔毛聚集着大量的静电荷。据资料报道，猫皮表面电荷0.5伏特，而含75％兔毛的纺织品表面电荷就达800伏特。此外兔毛保温性能好、吸水力强，能够吸附人体排泄的汗液，保持皮肤表面干燥，温度均匀。

目前，兔毛织品的掉毛、缩水和强度小等缺陷已通过技术手段得到解决。

4. 兔粪

兔粪是高效的有机肥料，含有的氮、磷、钾总量高于其他家畜粪便（表1-2），是动物粪尿中肥效最高的有机肥料。可作为果树、花卉等优质有机肥。还可作动物饲料和药用品等，具有杀虫、解毒等作用。

表1-2　兔粪与其他主要畜禽粪肥成分

项目　　　　粪肥类别	含氮量/%	含磷量/%	含钾量/%	每1000千克畜禽粪相当于		
				硫酸铵/千克	过磷酸钙/千克	硫酸钾/千克
兔粪	2.3	2.3	0.8	108.48	100.90	17.85
猪粪	0.6	0.4	0.4	28.30	17.60	8.92
牛粪	0.3	0.3	0.2	14.14	13.16	4.46
羊粪	0.7	0.5	0.3	33.50	21.96	6.70
鸡粪	1.5	0.8	0.5	70.91	35.10	11.2

兔粪直接或经过发酵处理，可作为鱼、猪、地鳖、蚯蚓和草食动物的饲料。

5. 其他副产品

家兔的其他副产品具有很高的经济价值。如兔肝脏可以提取硫铁蛋白，它具有抗氧化、抗衰老和提高免疫力的作用，被称为"软黄金"，价格昂贵。

6. 家兔是理想的实验动物

家兔是医学、药学和生殖科学最理想的实验动物。此外，目前很多生物制品（如疫苗、抗体、生物保健品等）也用家兔来生产。

从以上家兔的产品特点分析，养兔业发展前景广阔，具有较强的生命力。

二、家兔属高效节粮型草食家畜

1. 家兔饲粮以粗纤维饲料为主

家兔是严格的单胃草食家畜，饲粮中草粉比例一般占40%～45%，其他的农副产品（如麸皮、饼粕等）占据相当大的比例。与耗粮型的猪和鸡相比，我国人口多、土地资源短缺和粮食生产压力巨大，更适合大力发展家兔生产。

2. 生产力强

家兔是高产家畜。具有性成熟早、妊娠期短、胎产仔数多、四季发情、常年配种繁殖，一年多胎，以及仔兔生长发育速度快、出栏周期短等优势。1只母兔在农家养殖条件下一年可提供30只商品兔。在集约化饲养条件下一年可提供50～60只商品兔，每年提供的活兔重相当于母兔体重的18.75～30倍。在目前家养的哺乳动物中，家兔的产肉能力是最强的。

3. 饲料转化率高

在良好的饲养条件下，肉兔70日龄可达2.5千克体重出栏，其料重比在3∶1左右。而其饲料中，一半以上是草粉和其他农副产品。与目前的家养动物相比，家兔以草换肉、以草换皮和以草换毛的效率是最高的。每公顷草地畜禽生产能力见表1-3。

表1-3 每公顷草地畜禽生产力

畜种	蛋白质/千克	能量/兆焦	生产1千克肉消耗消化能/兆焦
肉兔	180	422.8	684.5
禽	92	262.7	517.2（鸡）
猪	50	451.2	671.1

续表

畜种	蛋白质/千克	能量/兆焦	生产1千克肉消耗消化能/兆焦
羔羊	23～43	120～308.6	1120（绵羊）
肉牛	27	177.1	1284.7

毛兔的产毛效率也高于其他家畜，见表1-4。

表1-4　安哥拉兔与其他家畜生产能力比较

畜种	生产1千克毛消耗的消化能/兆焦	比较/%
绵羊	2520	100
安哥拉山羊	920	36
长毛兔	710	29

由此可见，无论是单位面积产肉量，还是兔肉的营养价值，家兔均名列前茅，因此专家们认为家兔是节粮型畜牧业的最佳畜种之一。

三、养兔业属"节能减排型"畜牧业

家兔产业是资源节约型畜牧业，家兔产业对水、电、建材等资源的消耗小于家禽业和养猪业。家兔产业又是环境友好型畜牧业。种草养兔改善了当地环境气候。国内大中型兔场都种植有大面积的优良牧草。兔业的发展同时巩固了退耕还草区的种草成果。家兔的粪便很好处理，含有丰富的有机质，是非常好的改良土壤的肥料。如果配合以发酵沼气发电和生物复合肥等配套设施，则完全符合"节能减排"的要求。

四、养兔是农民增加经济收入的有效途径

与其他养殖业相比，养兔业具有投资少、见效快、效益高等优点。正如许多从事养兔生产的人深有体会地说："赚钱何必背井离乡，养兔可以实现梦想；致富何必去经商，养兔可以奔小康"。

近年来，在我国乃至世界上其他国家，很多欠发达地区的农民通过养兔经济收入明显增加，一些城郊农民通过养兔致富，一些再就业职工通过养兔重新就业，一些倒闭企业的老板转产养兔重新找到希望的支点，一些从煤炭、工业起家的大老板，投资兔业生产，为当地一方百姓致富提供帮助，得到了农民的称赞。无数事例说明，养兔业是一个朝阳产业，大有可为。

五、带动相关产业的发展

养兔业的发展带动相关产业的快速发展，如饲料工业、兽药和添加剂制造业、食品工业、生化制药业、毛纺及皮革加工业以及相关机械设备制造业；还有利于第三产业的发展和解决城乡就业问题。

六、成本优势明显

在我国养兔具有饲草饲料资源优势、气候环境优势和劳动力资源优势，而发达国家仅劳动力成本就难以维持。据测算，我国养兔综合成本比国外低30%～60%。因此，我国兔产品在国际市场有较强的竞争力，这也是开发国际市场的有利条件。

七、国内消费市场潜力巨大

据报道，我国年人均消费兔肉仅335克，但随着我国人们生活水平的逐渐提高和对兔肉营养特点认识的加深，兔肉消费一定会越来越多，我国也将成为世界兔肉消费的最大市场。

━━•᠅🌸᠅•━━ 第二节 ━━•᠅🌸᠅•━━

国内外兔业发展现状、趋势

一、国外兔业发展概况及趋势

目前国外兔业主要以饲养肉兔为主，獭兔、毛兔呈现下降的趋势。美国獭兔以观赏兔为主，色型有18种。欧洲是世界上肉兔生产水平较高的地区，兔业科研水平也位居世界前列，因此，了解欧洲兔业生产现状和科技水平，有利于我们借鉴先进养殖技术和科学研究方法，提高我国养兔业生产水平和研究水平。

2016年9月，笔者作为欧洲兔业考察团成员之一，对欧洲兔业进行历时10余天的实地考察，感受深刻。

1. 兔肉生产与消费呈现缓慢下降的态势

欧洲是世界主要兔肉生产区和主要消费区，但自1989年以来兔肉消费呈现缓慢下降的趋势（图1-9）。欧洲2013年产兔肉514845吨（2016年FAO数据），兔肉主要生产国排名前10位的有意大利、西班牙、法国、捷克、德国、俄罗斯、乌克兰、希腊、保加利亚、匈牙利，其中意大利产量占欧洲总产量的52%（图1-18、表1-5）。欧洲兔肉主要消费国家人均消费前10名的有意大利、捷克、卢森堡、马耳他、西班牙、保加利亚、法国、塞浦路斯、斯洛伐克、希腊（表1-6）。

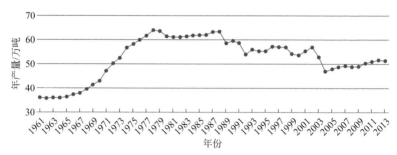

图1-18 欧洲兔业生产

表1-5 欧洲前十个兔肉主产国的兔肉产量、进出口量及消费总量（2013年）

排名	国家/地区	产量/吨	进口/吨	出口/吨	人口/万人	消费总量/吨
1	意大利	262500	2619	816	6125	264303
2	西班牙	63289	498	5624	4771	58163
3	法国	52131	2323	5272	6465	49182
4	捷克	38500	1234	493	1065	39241
5	德国	35200	5427	333	8139	40294
6	俄罗斯	15993	3305	0	14200	19298
7	乌克兰	14200	0	0	4403	14200
8	希腊	7400	352	0	1150	7752
9	保加利亚	6800	0	0	720	6800
10	匈牙利	6647	0	4881	988	1766

表1-6 欧洲前十个兔肉主要消费国的兔肉产量、进出口量及人均消费量（2013年）

排名	国家/地区	产量/吨	进口/吨	出口/吨	人口/万人	人均消费量/千克
1	意大利	262500	2619	816	6125	4.32
2	捷克	38500	1234	493	1065	3.68
3	卢森堡	0	3054	1240	55	3.30
4	马耳他	1725	0	0	54	3.19

排名	国家/地区	产量/吨	进口/吨	出口/吨	人口/万人	人均消费量/千克
5	西班牙	63289	498	5624	4771	1.22
6	保加利亚	6800	0	0	720	0.94
7	法国	52131	2323	5272	6465	0.76
8	塞浦路斯	864	7	0	117	0.74
9	斯洛伐克	4000	82	3	551	0.74
10	希腊	7400	352	0	1150	0.67

欧洲兔肉消费持续缓慢减少的主要原因如下：首先，新一代年轻人多数不会烹调兔肉，有的人认为烹调兔肉比较麻烦；其次，随着生活节奏的加快，消费者不愿意用更多的时间烹饪兔肉；另外，欧洲素食主义者逐年增多，对肉类包括兔肉消费也在下降。针对以上情况，法国兔业跨行业协会做了大量的宣传工作，通过电视宣传片、制作卡通画册、建立兔肉推广网站等形式，介绍兔肉营养特点、烹饪方法等，以推广兔肉消费。

2. 重视肉兔配套系的培育和人工授精技术的应用

欧洲肉兔配套系育种处于全球领先地位，其选育的配套系生产性能优良、适应性强、市场占有率很高。著名的肉兔育种公司主要有法国克里莫集团的海法姆公司（Hypharm）、法国的欧洲兔业公司（Eurolap）等。海法姆公司培育的伊普吕（Hyplus）和欧洲兔业公司培育的伊拉（Hyla）等配套系在工厂化肉兔生产过程中起了重要作用。

以上两个育种公司都与法国农业科学研究院（INRA）有深度的合作，而且育种持续时间长，同时在选育过程中不断采用新技术（如BLUP方法等）提高选种的准确性和缩短世代间隔，加快遗传进展，选育的目标是高而稳的产仔数、窝仔兔均匀度好，仔兔适应性、抗病力强，幼兔生长速度快，饲料利用率高。

据悉，2017年7月1日起，Hypharm和Eurolap正式合并，肉兔育种公司强强联合，将对世界肉兔种兔选育和销售产生深远的影响。

人工授精技术已成为欧洲兔业生产中的常规技术，与同期发情技术配合，采用"全进全出"制生产模式生产肉兔。

3. 重视肉兔营养需要研究和饲料生产工艺的改善

随着肉兔配套系的推广，与之配套的母兔、商品肉兔的营养需要量研究也随之得到深入的研究，并制定出各自的营养需要量标准，如Lebas-F推荐的集约化肉兔饲养标准，被世界各国广泛采用。

良好的饲料生产工艺是促进肉兔养殖自动化的有力保障。欧洲饲料厂制粒机的环模压缩比都在20左右，有的饲料公司的环模压缩比高，达（100 ∶ 3.8）～（120 ∶ 3.8），所生产的兔用颗粒饲料产品的粉率很低，非常适合在自动化喂料设备上使用。饲料通过罐车运输到养殖场兔舍外的饲料塔中。使用罐车运输饲料既降低了包装成本和装运成本，也减少了拆包倒料的两次污染机会。

4. 重视饲喂自动化、环境控制自动化的应用

在欧洲，即使是家庭农场也采用封闭兔舍，母兔、公兔笼具均采用"品"字形或单层笼饲养，笼具采取热镀锌，乳头式饮水器质量高，无漏水现象；采用自动喂料系统，自动化控制光照，自动清粪系统；通风采取纵向通风模式或横向通风模式。兔场均配备降温和加温设施，空气质量好，环境温度、湿度相对恒定，促进了生产指标的持续提高。

5. 实行"全进全出"制饲养模式，生产效率高

在欧洲规模兔场均采取同期发情、同期配种、同期产仔、同期出栏，实现"全进全出"制饲养模式。采用42天、49天等繁殖周期，提高了兔群生产效率。表1-7为法国肉兔生产技术指标，其中母兔的更新率13.3%～14.2%，断奶成活率84.9%～92.3%，育肥期成活率91.3%～91.8%，每只母兔年产出售商品兔数量52.0～53.4只，出售的商品兔日龄为73.5～73.8天，出售体重为2.47千克/只，全程料重比（饲料转化效率）3.3 ∶ 1。

表1-7　法国肉兔生产技术指标（2014—2015年）

生产指标		2014年平均	2015年平均	批次数量/只
母兔	母兔更新率/%	13.3	14.2	5732
	母兔存活率/%	96.3	96.0	5673
	每次人工授精产仔率/%	82.9	82.6	5989
	每次人工授精合计产仔数/只	10.69	10.67	5980
	每次人工授精合计产活仔数/只	10.08	10.08	5695

生产指标		2014年平均	2015年平均	批次数量/只
母兔	生长兔占出生兔百分比/%	92.5	92.2	5631
	断奶成活率/%	92.3	84.9	5624
	每次产仔的断奶仔兔数/只	8.57	8.55	5975
	每次人工授精断奶仔兔数/只	7.11	7.08	5979
	育肥期成活率/%	91.3	91.8	5980
	每次产仔售出商品兔数量/只	7.84	7.86	5980
	每次人工授精售出商品兔数/只	6.51	6.51	6003
	每只母兔年产售出商品兔数量/只	52.0	53.4	730
	每次人工授精平均每只母兔售出商品兔活重/千克	15.75	15.78	5772
育肥兔	中等大小活兔体重/（千克/只）	2.47	2.47	5782
	售出商品兔的平均日龄/天	73.5	73.8	5869
	不能售出商品兔百分比（重量比）/%	2.06	2.2	5753

6. 采取生物安全措施，做好重大疾病的防控

为保障兔群健康，减少和使用药物，多数兔场采取以下生物安全技术措施。

（1）所有与兔舍相通处均安装铁丝纱网，防止昆虫等进入兔舍，减少细菌或病毒的传入。

（2）实行"全进全出"制生产模式。

（3）加强消毒。

（4）环境控制自动化。

（5）精选饲料原料，配方科学。

（6）采用限制饲喂方式，可以有效控制小肠结肠炎等消化道疾病的发生。

7. 动物福利法对肉兔产业产生深远的影响

动物福利组织对畜牧业的影响不容忽视，动物福利法规对欧洲乃至世界的兔产业都产生了较大的影响。这些动物福利组织的工作主要集中在给动物造成长期痛苦的四大领域，即工厂化养殖场、实验室、皮草贸易和动物娱乐产业。

欧洲兔产业的动物福利法规始于 2006 年，荷兰是欧洲第一个制定了兔的动物福利法规的国家。法律规定了兔舍空气、笼具尺寸、光照强度、肉兔的玩具、饲料营养等各项指标。政府每年检查养兔场各项指标是否合格，处罚不达标的肉兔养殖场。然而，欧

图1-19　福利养殖

洲各国的动物福利标准并不统一，福利笼具的宽度为 38 ～ 53 厘米，长度为 100 ～ 120 厘米（图1-19），但高度规定不低于 60 厘米。每只母兔笼位面积，荷兰规定≥ 4500 厘米^2，德国规定≥ 5500 厘米^2。

福利养殖降低了生产效率，增加了饲养成本，削弱兔肉的市场竞争力。但倡导福利养殖的兔肉加工企业通过宣传介绍散养肉兔的好处，引导消费者不要购买非福利养殖所生产的兔肉，以便福利养殖所产兔肉产品可以较高价格销售。

值得我们注意的是，欧洲的肉兔动物福利法规也催生了一些双重标准，比如规定在欧洲养殖的散养母兔可以做人工授精，而规定中国散养母兔不能做人工授精，这制约了中国福利养殖的商品肉兔的出口，同时对散养商品肉兔的条件不断加码，必然产生贸易上的不公平，制造贸易壁垒，中国兔肉出口企业应该联合起来据理力争。

二、我国兔业生产的特点、存在的问题及应对策略

我国是世界上养兔大国，兔肉产量和贸易量均居世界首位。据报道，2018 年我国兔年存栏量达 1.2034 亿只，年出栏量 3.1671 亿只，兔肉产量 46.60 万吨，兔业产值达 226 亿元。其中年存栏中肉兔比例达 75.67%，獭兔 17.87%，毛兔 6.46%。

1. 我国兔业生产的特点

（1）肉兔、獭兔、毛兔生产，不同地区、不同时期略有不同　受养殖习惯、兔产品价格升降等因素的影响，我国肉兔、獭兔和毛兔等饲养量呈现上升或下降态势。目前肉兔饲养量呈现上升，獭兔饲养量下降，毛兔饲养量保持相对稳定的现状。

（2）饲养规模不断增加，零散饲养小户正在退出　随着商品生产的发展和兔业科技的进步，家兔养殖规模在逐渐增加，传统的养殖小户正在退出兔业。

（3）家兔品种优种普及率在逐年提高　随着规模的不断扩大，生产者对家兔优良品种的重视程度在不断增加，选养优质品种的数量和占比在逐年提高。理论和实践证明，采用肉兔配套系进行肉兔生产具有繁殖力强（产仔数高而稳、母性好、同窝仔兔均匀度好），仔兔、商品兔生长速度快，成活率高，全程饲料利用率高，每只母兔年出栏商品兔数量高（40～60只），综合经济效益高。为此，目前大型肉兔养殖场多饲养肉兔配套系，利用父母代生产商品兔，而饲养单一的纯种品种（如新西兰白兔、加利福尼亚兔、弗朗德巨兔等）仅在小规模饲养户中采用。獭兔选养体形大、繁殖性能优良、毛皮质量好的选育群体和品种（如川白獭兔等）。毛兔多饲养国审品种，如浙系长毛兔、皖系长毛兔或苏系长毛兔等。

（4）家兔生产向标准化、智能化方向发展步伐加快　随着兔业科技进步、相关设备与设施的发展以及劳动力成本的提高，兔业生产向标准化、智能化方向发展步伐加快，其内容包括笼具标准化、饮水和饲喂自动化、清粪（机械）自动化以及环境控制智能化等，提高了劳动生产率和兔群生产水平。

（5）饲料营养全价均衡化　随着对家兔营养需要研究的深入，我国已相继出台肉兔、獭兔和毛兔营养需要地方或团体标准，用于指导养兔生产。家兔饲料生产继续向全价、均衡化、绿色方向发展，饲养效率显著提升，生产的兔产品绿色安全。

（6）人工授精普及率逐年提升　随着养兔规模的发展和人工授精技术的成熟，目前，我国大中型养兔企业配种已基本实现了人工授精，配种效率高，受胎率显著提高。

（7）"全进全出"饲养模式正在普及　家兔的"全进全出"是指一栋兔舍内饲养同一批次、同一日龄的家兔，全部兔子采用统一的饲料、统一的管理，同一天出售或屠宰。因其具有许多优点，大型养兔企业正在广泛采用、普及。

（8）粪污处理向资源化方向发展　随着养殖企业对环境污染认识

程度的不断加深和相关部门对环境监控力度加大，兔业企业、养殖大户在建设兔场、日常运行过程中，十分重视对兔场粪污的控制。采用粪尿分离，减少粪污的排出量，对粪污通过堆积发酵、生产有机肥等方式进行资源化利用，既保护了环境，又增加了收入，同时促进了兔业可持续发展。

（9）兔病防控程序化　危害家兔生产的主要疾病包括兔瘟（2型兔瘟）、呼吸道疾病（巴氏杆菌病、波氏杆菌病等）、大肠杆菌病、魏氏梭菌病、真菌病、球虫病、螨病等，这些疾病（除2型兔瘟）目前均有有效的防控措施。企业根据兔群情况等制订确实可行的疾病防控程序，并严格执行，达到较好的防控效果。采用生物安全防控措施做好2型兔瘟的防控

（10）订单生产模式正在形成　目前大型养兔企业生产的兔产品具有可预见性，即什么时候出栏多少只商品兔、体重是多少，因此，必须提前与兔产品加工企业、经纪人提前签订供货合同，以便出栏时能够及时售出，获得预期的经济效益。

（11）家兔福利养殖得到业界关注　我国兔业界同人对家兔福利养殖等相关环节进行了研究。如编者研究团队开展了"家兔福利养殖及设备开发"科研项目，经过三年多的研究，比较了福利养兔与传统笼养兔的饲养效果，开发出散养笼具及饲喂设备，取得了阶段性成果，并在生产中推广应用。

2. 我国兔业生产存在的问题

（1）对国外的优质种兔依赖性比较大　我国肉兔生产的企业目前饲养的主要品种以伊拉、伊普吕等肉兔配套系为主，主要依靠进口来满足生产。我国虽然培育出自己的肉兔配套系，但市场占有率不高。大量进口不仅耗费大量外汇，而且可能导致一些疾病引入我国，给我国养兔业造成严重的威胁。

（2）国内兔肉消费水平偏低，地区差异较大　我国目前人均兔肉占有量小，消费水平较低；同时消费地区差异较大，兔肉消费集中在四川、重庆等地。随着养殖规模的增加，积极推广兔肉消费，增加国内消费量显得十分迫切。

（3）政府支持力度偏弱　养兔业属于弱势产业，而作为养兔生产主体的广大农民抗风险能力较弱，如果没有政府的支持，多数地区规模肉兔生产都是随市场的低迷而自生自灭。

（4）科研研发能力相对滞后　近年来，我国在国家层面加大了兔业科研的投资力度，如启动了国家兔产业技术体系，经费支持力度较大。而多数省市对兔业科研投资力度较弱，即使投资较多的如四川、山西、江苏、浙江、山东等，与猪、牛、鸡、羊等畜禽种投入相比，家兔科研投入还是偏少。许多兔生产中的关键技术尚未解决，阻碍了养兔生产率持续提升。

（5）禁抗后家兔养殖任重道远　农业农村部第194号文件指出，自2020年7月1日起，饲料生产企业停止生产含有促生长类药物饲料添加剂（中药类除外）的商品饲料。为此，禁抗条件下，如何利用生物安全防制措施，保障兔群安全生产将是一项长期、艰巨、系统的工作。

（6）2型兔瘟尚无有效的防控措施　2010年，法国出现一种与传统兔瘟病毒在抗原形态和遗传特性方面存在差异的兔瘟2型病毒，被命名为2型兔瘟。2020年4月该病型在我国四川首次被发现，死亡率达73.3%。因本病不仅感染成年兔，还感染仔幼兔，同时目前尚无疫苗可供使用，为此，养殖户要做好2型兔瘟的防控。

（7）信息交流不畅　兔产品生产者和兔肉市场之间信息交流渠道不畅，导致兔产品售价很低或销售不畅。

3. 应对策略

（1）扩大国内兔产品消费　我国是世界上养兔大国，为此应采取宣传、引导等方式，积极扩大国内兔产品消费，使之形成国内、国际市场相互竞争的格局。

我国兔肉人均消费水平很低，这与我国是世界上养兔大国格格不入。为了提高国人的身体素质和健康水平，增加国人的兔肉消费量无疑是一条可行的路径。中国畜牧业协会兔业分会为了扩大国内消费，将每年6月6日定为兔肉节，将对促进国人消费兔肉起到积极作用（图1-20）。

随着国人对兔肉消费量的增加，我国兔产品市场价格将在较高价位上持续稳定，也为广大养兔企业（户）持续增收提供了保障（图1-21）。

图1-20　2020年中国兔肉节
山西太原会场

图1-21　兔头专卖店

（2）政府应加大对养兔业的扶持力度　养兔是广大群众的产业，每当市场低迷，养兔户往往血本无归，而原本想依靠养兔来脱贫致富的广大农民，却雪上加霜。建议政府像对待养牛、养猪、养禽等产业那样对待养兔户，在市场价格大落时给予一定的补助，让养兔户渡过难关。

（3）加强兔业科技投入力度、兔业相关技术开发力度　加大兔产业科技投入，尽快攻克兔产业关键技术，提高养兔生产率。与其他畜禽相比，各地在家兔方面的科研投入相对较少。我国是世界上养兔大国，加大对兔业科技的投入，受益的首先是我国广大养兔户和企业。建议国家在成立兔产业技术体系的基础上，重点产区也应建立本区域产业技术体系，增加兔业项目的投资。采取地方与国家联合攻关的方式，攻克养兔生产的关键技术，支持兔业的健康可持续发展。

加强兔业相关技术研究力度，近期应主要开展以下研究。

① 加强肉兔配套系选育力度　政府、行业主管等部门应加大对畜禽种业工程的支持，尤其是对肉兔配套系的支持，集中优势科研力量和具有远见卓识的企业通力合作，培育出我国具有自主知识产权的肉用兔配套系并进行推广。

② 开展集约化条件下肉兔营养需求研究、饲料资源开发　针对我国肉兔集约化生产特点，研究其营养需要，尽快推出集约化肉兔营养需要标准；同时开发不同地区兔用饲料资源，推出家兔饲料营养成分数据库，指导养兔生产。

③ 研究禁抗条件下，兔群健康生产配套技术　研究出一套从饲料配制、绿色添加剂研制、饲喂方式确定和生物安全防制等配套技术，为

生产绿色兔产品提供技术支持。

（4）加强信息传递、交流　加强信息网络平台建设力度，为养兔生产者和消费者架起一座桥梁。生产者可以根据市场供求关系，及时调整养殖规模和养殖方向，减少盲目生产带来的损失。消费者也可通过信息平台，获得价廉物美的兔用产品。

第三节
养兔决策

准备养兔的企业或养殖户在开始投资养兔前要充分了解家兔养殖特点、国内外生产现状和市场需求等情况，切不可一时冲动，草率上马。

一、市场调研

通过到市场上对兔产品（如兔肉、兔皮制品或兔毛制品）销路、价格等进行调研，实际了解市场需求量、价格等。

二、专家咨询

向有实践经验的国内兔业专家咨询了解兔业养殖的各种技术问题和市场情况等，倾听其建议和意见。实际上，畜禽养殖业（包括兔业养殖等）是一项低利润的行业，不建议那种有一夜暴富想法的人从事该行业；工作环境相对较差；工作中要有较强的责任心，同时一旦进入这一行业，就要有长期坚持的决心，要把它作为自己的事业来做，不要半途而废。

三、企业调研

建议到国内知名养兔企业进行实地考察、走访等，了解兔业生产特点、经营模式、技术难点和盈利情况等，获取第一手资料。

四、技术培训

如果决定从事养兔业，首先要通过技术培训、资料查询或自学，提高自己的专业知识，了解兔业生产的全过程。那种依靠请来的技术人员而自己却一无所知的，实践证明是不可行的，往往以失败告终。

五、企业定位

家兔养殖按照饲养的类型可分为肉兔、皮兔（獭兔）和毛兔。企业（生产者）应根据所处的地理位置、自身经济情况、市场情况（需求量、价格等）等综合因素，决定饲养何种类型的家兔、饲养规模和饲养模式等。

（任克良）

第二章

家兔品种及引种

据测算，家兔品种对兔产业的贡献率达40%。品种的优劣影响家兔生产力和养殖经济收入的高低，为此，了解不同家兔品种及特性，选择饲养适宜的家兔品种对提高养兔的经济效益至关重要。

第一节

家兔起源

目前认为现在饲养的家兔品种是从欧洲野生穴兔驯化而来的。在动物分类学上，家兔的分类地位为：

动物界、脊索动物门、脊索动物亚门、哺乳纲、兔形目、兔科、兔亚科、穴兔属、穴兔种、家兔变种。

分布于我国各地的野兔都属兔类（即旷兔），穴兔与旷兔有着明显的区别（表2-1），生产中试图用我国野兔与现有的家兔进行杂交，从理论上讲，是无法实现的。

表2-1 穴兔与旷兔的区别

项目	穴兔	旷兔
分类地位	穴兔属	兔属
外貌特征	体形较大，耳除个别品种外，一般比较大	耳较小，体形也较小
生活习性	夜行性、穴居性、群居性等	早晚活动，无穴居性和群居性

续表

项目		穴兔	旷兔
是否会打洞		会打洞	不会打洞
繁殖季节		无明显的季节性，一年四季均可繁殖	一年1～2次
怀孕期/天		30～32	40～42
胎产仔数		平均7只左右	1～4只
初生仔兔特征		全身裸露无毛，眼睛和耳朵未开，基本没有行动能力，无法自行调节体温	全身有毛，开眼，有听力和行动能力
解剖特征	四肢	四肢较短，不善跑动	四肢较长，善于奔跑
	头骨	顶尖骨终生与上枕骨不愈合	顶尖骨终生与上枕骨愈合
染色体		44个	48个
人工饲养		容易	难

第二节
家兔品种（配套系）及特点

按照家兔的经济用途，可把家兔分为肉用兔、皮用兔、毛用兔、兼用兔、实验用兔和观赏用兔等。

一、肉兔品种（配套系）

1. 新西兰白兔

原产地：美国。

外貌特征：被毛纯白，体形中等，头圆额宽，耳较宽厚而直立，腰肋肌肉丰满，后躯发达，臀圆（图2-1）。

生产性能：成年兔体重4～5千克。繁殖性能好，每胎产仔7～8只，耐频密繁殖。

特点：早期生长发育快，肉质细嫩。脚底被毛粗密，耐脚皮炎。适应性及抗病力强。低营养水平时，早期增重快的优点难以发挥。

图2-1 新西兰白兔

杂交利用情况：加利福尼亚兔作父本与新西兰白兔母兔杂交，杂种优势明显。欧洲育种公司对该品种进行定向选育，培育出肉兔杂交配套系亲本，其商品代生产性能优良。

2. 加利福尼亚兔

原产地：美国。

外貌特征：被毛纯白，体形中等，头圆额宽，耳较宽厚而直立，腰肋肌肉丰满，后躯发达，臀圆（图2-2）。

生产性能：成年兔体重4～5千克。繁殖性能好，每胎产仔7～8只。母性好，被誉为"保姆兔"。耐频密繁殖。

图2-2　加利福尼亚兔

特点：早期生长发育快，肉质细嫩。脚底被毛粗密，脚皮炎发生率较低。适应性及抗病力强。低营养水平时，早期增重快的优点难以发挥。

杂交利用情况：加利福尼亚兔作父本与新西兰白兔、比利时兔等母兔杂交，杂种优势明显。该品种经过欧洲育种公司多年选育，成为肉兔杂交配套系优良的亲系。

3. 青紫蓝兔

原产地：法国。

外貌特征：标准型兔，耳短且竖立，体形小。大型青紫蓝兔耳较长大，母兔有肉髯（图2-3）。

生产性能：成年兔体重标准型2.5～3.5千克，大型4～6千克。

特点：适应性和抗病力强，耐粗饲，繁殖力和泌乳力强。皮板厚实，毛色华丽，是良好的裘皮原料。缺点是生长速度慢，饲料利用率较低。

杂交利用情况：多作为杂交用母本。

4. 弗朗德巨兔

原产地：比利时。

图2-3　青紫蓝兔

外貌特征：在我国长期被误称为比利时兔，与野兔颜色相似，但被毛颜色随年龄增长由棕黄色或栗色转为深红褐色。头形粗大，体躯较大，四肢粗壮，后躯发育良好（图2-4）。

图2-4　弗朗德巨兔

生产性能：兼顾体形大和繁殖性能优良的品种。成年兔体重为5～6千克，窝产仔数6～7只。

特点：适应性强，耐粗饲，生长快，繁殖性能良好。采食量大，饲料利用率、屠宰率均较低。体形较大，笼养时易患脚皮炎。

杂交利用情况：作父本或母本，杂交效果均较好。

图2-5　黄褐色塞北兔

5. 塞北兔

原产地：张家口农业专科学校培育。

外貌特征：有黄褐色、纯白色和草黄色3种色型。耳宽大，一耳直立，另一耳下垂。颈部粗短，颈下有肉髯。四肢短粗、健壮（图2-5～图2-7）。

生产性能：成年兔体重5～6.5千克。繁殖力较强，平均窝产仔数7～8只。

图2-6　纯白色塞北兔

特点：耐粗饲，生长发育快，抗病力强，适应性强。易患脚皮炎。

杂交利用情况：多作杂交用父本。

6. 福建黄兔

福建黄兔为原产于福建的小型兼用品种，因毛色独特、肉质优良而素有"药膳兔"之称。

图2-7　草黄色塞北兔

原产地：福建省福州地区各个县、市。

外貌特征：全身紧披深黄色或米黄色标准型被毛，具有光泽，下颌至腹部到胯部呈白色带状延伸（图2-8）。头大小适中，呈三角形。两耳直立、厚短，耳端钝圆、呈"V"字形。眼大，虹膜呈棕褐色。头、颈、腰部结合良好，胸部宽深，背腰平直，后躯较丰满，腹部紧凑、有弹性。四肢强健，后腿粗长。

生产性能：成年兔体重2.8千克，窝产仔数7.7只，年产活仔数33～37只，年育成断奶仔兔数28～32只。30日龄断奶兔体重491.7克，3月龄体重1767.2克，30～90日龄料重比（2.77～3.15）：1。

利用情况：福建黄兔具有毛色独特、性早熟、耐粗饲、适应性强、兔肉风味好等优良特性，在药膳中利用广，市场畅销。是目前保存和开发利用最好、种群最大的地方品种。

图2-8　福建黄兔（谢喜平）

7. 闽西南黑兔

闽西南黑兔原名福建黑兔，在闽西地区俗称上杭乌兔或通贤乌兔，在闽南习惯称德化黑兔。属小型皮肉兼用但以肉为主的地方品种遗传资源。2010年7月通过国家畜禽遗传资源委员会鉴定，命名为闽西南黑兔。

原产地：福建省闽西龙岩和闽南泉州市的山区地带。

外貌特征：闽西南黑兔体躯较小，头部清秀。两耳短且直立，耳长一般不超过11厘米。眼大，眼结膜为暗蓝色。颌下肉髯不明显，背腰平直，腹部紧凑，臀部欠丰满，四肢健壮有力（图2-9）。乳头4～5对。绝大多数闽西南黑兔全身被深黑色粗短毛，乌黑发亮、紧贴体躯，脚底毛呈灰白色，少数个体在鼻端或额部有点状或条状白毛。闽西南黑兔白色的皮肤上有不规则的黑色斑块。

生产性能：成年兔体重2.3～2.4

图2-9　闽西南黑兔（谢喜平）

千克，窝产仔数5.9只，年产5～6胎，4周龄仔兔成活率88.8%。4周龄断奶体重公兔379.5克、母兔373.1克，13周龄体重公兔1212.9克、母兔1205.4克，断奶至13周龄平均日增重13.2克。

利用情况：闽西南黑兔除具有我国家兔地方品种适应性强、耐粗饲、繁殖率高、胴体品质及风味好等优良遗传特性外，其毛色、体形外貌的一致性以及种群规模，在我国现有的地方兔种资源中具有鲜明的特点。

8. 康大肉兔配套系

康大肉兔配套系包括康大1号、2号和3号，由青岛康大兔业发展有限公司和山东农大培育而成。于2011年10月通过国家畜禽遗传资源委员会审定。

（1）康大1号配套系　为三系配套，由康大肉兔Ⅰ系、Ⅱ系和Ⅵ系3个专门化品系组成（图2-10、图2-11）。

图2-10　康大肉兔专门化品系Ⅰ系　　图2-11　康大肉兔专门化品系Ⅱ系

父母代父系（Ⅵ系♂）：被毛为纯白色。20～22周龄性成熟，26～28周龄可配种繁殖（图2-12）。

父母代母系（Ⅰ/Ⅱ♀）：体躯被毛呈纯白色，末端呈黑灰色（图2-13）。窝产活仔数10～10.5只。35日龄平均断奶个体重920克以上。成年母兔体长40～45厘米，胸围35～39厘米，体重4.5～5.0千克。

图2-12　康大肉兔配套系父母代公兔　图2-13　康大肉兔配套系父母代母兔

商品代：体躯被毛白色或末端灰色（图2-14）。10周龄出栏体重2400克，料重比低于3.0：1；12周龄出栏体重2900克，料重比（3.2～3.4）：1。全净膛屠宰率53%～55%。

图2-14 康大1号肉兔配套系断奶商品代仔兔

（2）康大2号配套系 为三系配套，由康大肉兔Ⅰ系、Ⅱ系和Ⅶ系3个专门化品系组成。

Ⅰ系、Ⅱ系特征特性：同康大1号配套系。

Ⅶ系：被毛黑色，部分深灰色或棕色。被毛较短。眼球黑色。窝均产活仔数8.5～9.0只，28日龄平均断奶个体重700克。全净膛屠宰率53%～55%。

父母代父系（Ⅶ系♂）：被毛黑色，部分深灰色或棕色。被毛较短。眼球黑色。20～22周龄性成熟，26～28周龄可配种繁殖。

父母代母系（Ⅰ系/Ⅱ系♀）：体躯被毛呈纯白色，末端呈黑灰色。胎产活仔数9.7～10.2只，35日龄平均断奶个体重950克以上。成年公兔体重4.5～5.3千克，母兔4.5～5.0千克。全净膛屠宰率为50%～52%。

商品代：毛色为黑色，部分深灰色或棕色（图2-15）。10周龄出栏体重2300～2500克，料重比（2.8～3.1）：1；12周龄出栏体重2800～3000克，料重比（3.2～3.4）：1。全净膛屠宰率53%～55%。

（3）康大3号配套系 为四系配套，由康大肉兔Ⅰ系、Ⅱ系、Ⅵ系和Ⅴ系专门化品系组成（图2-16）。

图2-15 康大2号肉兔配套系商品代

图2-16 康大肉兔专门化品系Ⅴ系

父母代父系（Ⅵ/Ⅴ♂）：纯白色（图2-17）。胎产活仔数8.4～9.5只，成年公兔体重5.3～5.9千克。

父母代母系（Ⅰ/Ⅱ♀）：体躯被毛呈纯白色，末端呈黑灰色（图2-18）。胎产活仔数9.8～10.3只，35日龄平均断奶个体重930克以上。成年公兔体重4.5～5.3千克，母兔4.5～5.0千克。全净膛屠宰率为50%～52%。

商品代：被毛白色或末端黑色。10周龄出栏体重2400～2600克，料重比低；12周龄出栏体重2900～3100克，料重比（3.2～3.4）∶1。全净膛屠宰率53%～55%。

图2-17　康大肉兔配套系父母代公兔　图2-18　康大肉兔配套系父母代母兔

9. 蜀兴1号肉兔配套系

蜀兴1号肉兔配套系，由四川省畜牧科学研究院培育而成。2020年通过国家畜禽遗传资源委员会审定。

蜀兴1号为三系配套，其配套模式见图2-19，由S86、F86和D99三个专门化品系组成。

父母代父本（SF）：全身被毛白色，眼睛红色，双耳直立较长，头形粗短，胸部宽深，肌肉丰满，腿臀发达，生长速度快，成年兔体重

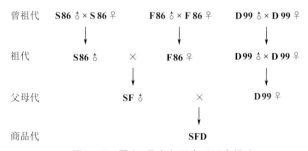

图2-19　蜀兴1号肉兔配套系配套模式

4.7 ～ 5.5 千克，适宜初配年龄 26 ～ 28 周龄，初配体重 4.0 千克以上（图 2-20）。

父母代母本（D99）：全身被毛白色，眼睛红色，体形中等，头形清秀，耳中等长略偏薄，部分母兔颌下有肉髯，体躯结构紧凑，腹部平软，有效乳头数 4 ～ 5 对。适宜初配年龄 20 ～ 22 周龄，初配体重 3.0 千克以上，成年兔体重 3.8 ～ 4.6 千克。发情明显，配种容易，连产性能好，综合繁殖性能好，适应性强，平均受胎率 87.66%，胎产活仔数 8.28 只，年产活仔数 51 只，年提供断奶仔兔数 48 只（图 2-21）。

图 2-20　父母代父本　　　　　　图 2-21　父母代母本

商品代（SFD）：全身被毛白色，眼睛红色，头形较清秀，背腰平直，后躯丰满。65 日龄体重达 2 千克，料重比 2.91∶1，育肥成活率 96.31%，全净膛屠宰率 49.50%，半净膛屠宰率 54.39%；12 周龄体重 2.7 千克以上，料重比 3.49∶1，育肥成活率 95.17%，全净膛屠宰率 52.27%，半净膛屠宰率 57.42%（图 2-22）。

图 2-22　商品代兔

10. 布列塔尼亚兔（艾哥）

原产地：法国艾哥（ELCO）公司培育而成。

生产性能：为四系配套。

A系（GP111，图2-23）　成年兔体重5.8千克以上，性成熟26～28周龄，70日龄体重2.5～2.7千克，28～70日龄料重比2.8：1。

图2-23　艾哥GP111（A系）

B系（GP121，图2-24）　成年兔体重5.0千克以上，性成熟期（121±2）天，70日龄体重2.5～2.7千克，28～70日龄料重比3.0：1，每只母兔每年可生产断奶仔兔50只。

图2-24　艾哥GP121（B系）

C系（GP172，图2-25）　成年兔体重3.8～4.2千克，性成熟22～24周龄，性情活泼，性欲旺盛，配种能力强。

图2-25　艾哥GP172（C系）

D系（GP122，图2-26）　成年兔体重4.2～4.4千克，性成熟期（117±2）天，年产成活仔兔80～90只，具有极好的繁殖性能。

父母代公兔：性成熟26～28周龄，成年兔体重5.5千克，28～70日龄日增重42克，料重比2.8：1。

图2-26　艾哥GP122（D系）

父母代母兔：白色被毛，性成熟期117日龄，成年兔体重4.0～4.2千克，胎产活仔10～10.2只。

商品代兔70日龄体重2.4～2.5千克，料重比（2.8～2.9）：1。

组成及配套模式：由4个专门化品系组成的配套系。

11. 伊拉配套系（Hyla）

原产地：法国欧洲育种公司育成，属肉用型配套系。由我国山东康大引进。

A系生产性能：全身白色，鼻端、耳、四肢末端呈黑色，成年兔体重5.0千克，受胎率76%，平均胎产仔8.35只，断奶死亡率10.31%，日增重50克，饲料报酬3.0∶1。

B系生产性能：全身白色，鼻端、耳、四肢末端呈黑色，成年兔体重4.9千克，受胎率80%，平均胎产仔9.05只，断奶死亡率10.96%，日增重50克，料重比2.8∶1。

C系生产性能：全身白色，成年兔体重4.5千克，受胎率87%，平均胎产仔8.99只，断奶死亡率11.93%。

D系生产性能：全身白色，成年兔体重4.5千克，受胎率81%，平均胎产仔9.33只，断奶死亡率8.08%。

商品代生产性能：外貌呈加利福尼亚兔色，28天断奶重680克，70日龄体重2.25千克，日增重43克，料重比（2.7～2.9）∶1，全净膛屠宰率58%～59%。

配套模式：为四系配套。

12.伊普吕配套系

伊普吕配套系属肉兔配套系。

原产地：由法国克里默兄弟育种公司培育而成。我国河南阳光等企业引进数批在各地推广。

祖代A系（公）体形外貌及生产性能：巨型白兔，初生体重73克，断奶体重1220克，日增重58～60克，70日龄体重3.25千克，全净膛屠宰率59%～60%。成年兔体重6.4～6.5千克。使用年限1～1.5年（图2-27）。

图2-27 祖代A系

祖代B系（母）体形外貌及生产性能：被毛白色，耳、足、鼻、尾有黑色，初生体重78克，断奶体重1180克，日增重56～61克，70日龄体重3.15千克，全净膛屠宰率59%，成年兔体重6.1～6.2千克。配种周龄18～19周龄，使用年限1～1.5年（图2-28）。

图2-28 祖代B系

祖代C系（公）体形外貌及生产性能：被毛白色，耳、足、鼻、尾有黑色。初生体重66克，断奶体重1020克，70日龄体重2.3～2.4千克，成年兔体重4.5～4.6千克。最佳配种周龄21～23周龄，产活仔数9.2～9.5只，使用年限0.8～1.5年（图2-29）。

图2-29　祖代C系

祖代D系（母）体形外貌及生产性能：被毛白色。初生体重61克，断奶体重920克，70日龄体重2.2～2.3千克，成年兔体重4.6～4.7千克。最佳配种周龄18～19周龄，产活仔数9.2～9.5只。使用年限0.8～1.5年（12胎）（图2-30）。

图2-30　祖代D系

父母代AB（公）体形外貌及生产性能：被毛白色，耳、足、鼻、尾有黑色。初生体重75克，断奶体重1200克，70日龄体重3.1～3.2千克，料肉比（3.1～3.3）：1，全净膛屠宰率58%～59%，成年兔体重6.3～6.7千克。配种20周龄。使用年限1～1.5年。

父母代CD（母）体形外貌及生产性能：被毛白色，耳、足、鼻、尾有黑色。初生体重62克，断奶体重1025克，70日龄体重2.25～2.35千克，料肉比（3.1～3.3）：1，成年兔体重4.7千克。配种17周龄，乳头数9～10个，窝产仔数10～11只，母性好。使用年限0.8～1.5年。

商品代兔体形外貌及生产性能：被毛白色，耳、足、鼻、尾有黑色。初生体重65～70克，断奶体重1035克，70日龄体重2.5～2.55千克，料肉比（3.0～3.2）：1，全净膛屠宰率57%～58%。平均每窝（人工授精）产肉17～18.5千克，出栏成活率93%以上（图2-31）。

配套模式：为四系配套。

13. 伊高乐肉兔配套系

伊高乐配套系属肉用型配套系。

图2-31　商品代兔

原产地：由法国欧洲伊高尔育种公司培育而成。2012年重庆从法国引进。

该配套系由L、A、C和D四个不同配套系组成。

商品代生产性能：35日龄断奶平均体重1千克，70日龄平均体重达2.5千克，母兔窝产仔数10只，乳头数5～6对。断奶成活率、生长出栏率均可达到95%以上，料肉比2.8：1，全净膛屠宰率59%。

配套模式：为四系配套（图2-32）。

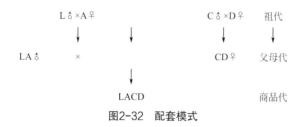

图2-32　配套模式

二、獭兔品种（系）

獭兔原产于法国，因在不同国家、地区育种方法、培育方向不同而形成各具特色的品种或品系。

1. 原美系獭兔（图2-33）

原产地：美国。1991年前从美国引进。

外貌特征：头小嘴尖，眼大而圆，耳中等直立，颈部稍长，肉髯明显，胸部较窄，腹部发达，背腰略呈弓形。以白色为主。成年兔体重3.5～4.0千克。

生产性能：繁殖力较强，窝产仔6～8只。母性好，泌乳力强。初生体重40～50克，40日龄断奶体重400～500克。5～6月龄体重2.5千克左右。

特点：毛皮质量好，表现为密度大，粗毛率低，平整度好。繁殖力较强。由于引入我国时间较长，适应性好，易饲养。

图2-33　原美系獭兔（任克良）

缺点：体形偏小，品种退化较严重。

2. 新美系獭兔

山西2002年从美国引进。主要有白色、加利福尼亚色等色型。

（1）白色獭兔（图2-34）头大粗壮，耳长9.67厘米，耳宽6.5厘米。胸宽深，背宽平，俯视兔体呈长方形。成年公兔体重3.8千克，母兔3.9千克。被毛密度大，毛长平均2.1厘米，平整度极好，粗毛率低。窝均产仔数6.6只。

图2-34　新美系白色獭兔

（2）加利福尼亚色獭兔（图2-35）头大较粗壮，耳长9.43厘米，耳宽6.5厘米。成年公兔体重3.8千克，母兔3.9千克。被毛密度大，毛长平均2.07厘米，平整度好，粗毛率低。窝均产仔数8.3只。该批獭兔与我国饲

图2-35　加利福尼亚色獭兔

养的原美系獭兔相比，具有体形大、胸宽深、前后发育一致、被毛长、被毛密度大、粗毛率低等特点。

3. 法系獭兔（图2-36）

原产地：法国。1998年由山东引入我国。

外貌特征：体形较大，胸宽深，背宽平，四肢粗壮，头圆颈粗，嘴巴呈钝形，肉髯不明显，耳朵短而厚，呈"V"字形上举，眉须弯曲，被毛浓密，平整度好，粗毛率低，毛纤维长1.55～1.90厘米。

生产性能：成年兔体重4.5千克。窝均产仔数7.16只，初生体重约52克。年产4～6窝，32日龄断奶重640克，3月龄体重2.3千克，6月龄

图2-36　法系獭兔

体重3.65千克。

特点：毛皮质量较好。对饲料营养要求高，不适于粗放饲养。

4. 德系獭兔（图2-37）

原产地：德国。1997年由北京引入我国。

图2-37 德系獭兔

外貌特征：体大粗重，头方嘴圆，尤其是公兔更加明显。耳厚而大，四肢粗壮有力，全身结构匀称。

生产性能：成年兔体重4.5～5.0千克。生长速度快，6月龄平均体重4.1千克，被毛密度大。胎均产仔数6.8只，初生体重54.7克。适应性、繁殖力不及美系兔。

特点：德系獭兔作父本与美系獭兔母兔杂交，杂种优势明显。繁殖力较弱，适应性还有待进一步驯化。

5. 四川白獭兔（图2-38）

原产地：由四川省草原科学研究院育成。2015年通过国家审定。

图2-38 四川白獭兔（刘汉中）

外貌特征：被毛白色。眼睛呈粉红色。体格匀称、结实，肌肉丰满，臀部发达。头形中等，公兔头形较母兔大。双耳直立。腹毛与被毛结合部较一致，脚掌毛厚。

生产性能：成年兔体重3.5～4.5千克，体长和胸围分别为44.5厘米和30厘米左右，被毛密度23000根/厘米^2，细度16.8微米，毛丛长度16～18毫米。窝产仔数7.29只，产活仔数7.1只。8周龄体重1268.92克，13周龄体重2016.92克，22周龄体重3040.44克。

特点：体形较大，繁殖力强。

6. 海狸色獭兔（图2-39）

原产地：法国。

外貌特征：头形中等大小。被毛呈暗褐色或者红棕色、黑栗色。背部毛色较深，腹部毛为黄褐色或白色（我国现饲养的多为白色）。毛纤维基部呈瓦蓝色，中段呈浓橙色或黑褐色，毛尖略带黑色。毛色随年龄的增长逐渐加深。眼睛为棕色，爪为暗色。

图2-39　海狸色獭兔（任克良）

生产性能：据山西省农业科学院畜牧兽医研究所任克良等测定，成年母兔体重（3485.98±390.91）克，体长（42.85±1.82）厘米，胸围（32.04±1.75）厘米。臀部被毛长度（1.94±0.11）厘米。成年公兔体重（3471.22±357.19）克，体长（41.85±1.44）厘米，胸围（31.80±1.47）厘米。繁殖性能良好，母兔乳头数为（8.31±0.62）个。第一胎、第二胎窝产仔数分别为6.90只和7.28只。母性好。被毛浓密柔软。粗毛含量较低，但随日龄的增大而有提高的趋势。

特点：有的个体毛色带灰色，毛尖太黑或带白色或带胡椒色，前肢、后肢外侧有杂色斑纹（多为灰色），均属缺陷。群体有待扩大。

目前，山西省农业科学院畜牧兽医研究所开展海狸色獭兔选育研究，其体形较大，被毛质量好、繁殖性能优良，已成为我国海狸色獭兔育种基地。

7. 青紫蓝色獭兔（图2-40）

外貌特征：毛色酷似青紫蓝兽（即毛丝鼠），全身被毛基部为石盘蓝色，中段为珍珠灰色，尖端为浅黑色，颈部毛略浅于体侧，背部毛较深，腹部毛呈浅蓝色或白色。眼圈绒毛呈浅珍珠灰色，眼球呈棕色、蓝色或灰色。爪为暗色。有深色、浅色、淡色之分，均属正色。

图2-40　青紫蓝色獭兔（任克良）

生产性能：成年兔体重3.9千克，体长51.25厘米，胸围30.92厘米。窝产仔数8.25只。毛丛长度2.08厘米。

特点：该毛色最受市场欢迎，但遗

传性、稳定性较差。被毛黑色过重，带锈色、淡黄色、白色或胡椒色，均属缺陷。

8. 红色獭兔（图2-41）

被毛呈深红黄色，色调一致。一般背部颜色略深于体侧部，腹部毛色较浅。最理想的被毛颜色为暗红色，腹部也不例外，眼睛为褐色或榛子色，爪为暗色。

腹部毛色过浅或有锈色，杂色或带白斑者均属缺陷。

图2-41 红色獭兔（任克良）

9. 黑色獭兔（图2-42）

全身被毛乌黑发亮，毛根基部黑蓝色，尖端黑色，是毛皮工业中较受欢迎的一种色型。眼睛为黑褐色或深棕色，爪为暗色。

被毛带棕色、锈色、白色或白色斑块，均属缺陷。

图2-42 黑色獭兔（任克良）

10. 蓝色獭兔（图2-43）

全身被毛呈天蓝色，整个毛纤维从基部到尖部色泽纯一，是最早育成的獭兔色型之一，也是各类獭兔中毛绒最柔软的一种。属毛皮工业中较受欢迎的毛色类型之一。眼睛为蓝色或瓦灰色，爪为暗色。

被毛带霜色、锈色、杂色或带白色斑块，均属缺陷。

图2-43 蓝色獭兔（任克良）

11. 宝石花獭兔（图2-44）

又称碎花獭兔、花色獭兔。根据被毛颜色不同可分为两种：一种是全身被毛以白色为主，杂有一种其他不同颜色的斑点，这种颜色有黑色、青紫蓝色、蓝色、海狸色、猞猁色、蛋白石色、巧克力色、海豹色

图2-44 宝石花獭兔（谷子林）

等，其典型的标志是背部有一条较宽的有色背浅，有色眼圈和嘴环，体侧有对称的斑点；另一种是全身被毛也以白色为主，同有兼有两种其他不同颜色的斑点，颜色有深黑色和橘黄色、紫蓝色和淡黄色、巧克力色和橘黄色等，花斑主要分布于背部、体侧和臀部，鼻端有蝴蝶状色斑。眼睛颜色与花斑色泽一致，爪为暗色。

理想的花斑和花点应该是全身对称，分布均匀，花斑面积占全身面积的30%（10%～50%）；或者是呈不均匀地分布在全身的星星点点的碎花点。

三、长毛兔

1. 德系安哥拉兔（图2-45）

原产于西德，是世界著名的细毛型长毛兔。成年兔体重3.5～4.0千克。繁殖力较强，窝均产仔6只。

特点：被毛密度大，细毛含量高（95%以上），毛丛结构明显，兔毛不易缠结。兔毛品质好，毛纤维有波浪形弯曲，细毛细度为12～13微米。德系安哥拉兔所产兔毛适合于精纺。在我国饲养条件下，成年兔年产毛量一般为800～1000克。

缺点：耐高温性能较差，在盛夏高温季节，公兔常出现少精甚至无精现象。对饲养条件要求较高。

2. 法系安哥拉兔（图2-46）

原产于法国。属粗毛型长毛兔。头部稍尖削，额部、颊部、四肢均为短毛，耳长且宽，耳壁较薄，耳背部无长毛，大部分兔耳尖也无长毛，仅少数的耳尖部有少量长毛，腹毛较短。体躯中等长，骨骼较粗壮。成年兔体重3.5～4.8千克。年产毛量700～800克。在我国饲养条件下，年产毛量500～600克。

特点：法系安哥拉兔兔毛中粗毛含量高达20%左右，毛纤维较粗，适合于粗纺、制作外套等。

图2-45　德系安哥拉兔

图2-46　法系安哥拉兔

缺点：兔毛被毛密度较差，产毛量较低。

3. 浙系长毛兔（图2-47～图2-49）

产地：由我国浙江嵊州市畜产品有限公司、宁波市巨高兔业发展有限公司和平阳县全盛兔业有限公司三家公司育成。2010年通过国家品种审定。

图2-47　浙系长毛兔——嵊州系

体形外貌：体形长大，肩宽，背长，胸深，臀部圆大，四肢强健，颈部肉髯明显。头部大小适中，呈鼠头或狮子头形，眼红色，耳型有半耳毛、全耳毛和一撮毛三个类型。全身被毛洁白、有光泽，绒毛厚、密，有明显的毛丛结构，颈后、腹部及脚毛浓密。

图2-48　浙系长毛兔——巨高系

生产性能：成年母兔体重5.4千克，公兔5.2千克。胎产仔（6.8±1.7）只，3周龄窝重（2511±165）克，6周龄体重（1579±78）克。11月龄估测年产毛量，公兔1957克，母兔2178克。对180～253日龄73天养毛期的兔毛进行品质测定，公兔松毛率98.7%，母兔99.2%；公兔绒毛长度4.6厘米，母兔4.8厘米；公兔绒毛细度13.1微米，母兔13.9微米；公兔绒毛伸度42.2%，母兔42.2%。

图2-49　浙系长毛兔——平阳系
（母兔）

4. 皖系长毛兔（图2-50、图2-51）

皖系长毛兔属中型粗毛型长毛兔。是由安徽省农业科学院畜牧兽医研究所、固镇种兔场、颍上县庆宝良种兔场等单位育成，2010年通过国家畜禽遗传资源委员会审定。

图2-50　皖系长毛兔（公兔）

外貌特征：体形中等，头圆、中等大。两耳直立，耳尖少毛或为一撮毛。全身被毛洁白。

生产性能：12月龄体重公兔（$n=20$）4115克，母兔（$n=32$）4000克；5～8月龄91天养毛期一次剪毛量公兔278.7克、母兔288.0克，折合年产毛量公兔为1114.9克，母兔1152.1克。公兔11月龄粗毛率16.2%，母兔17.8%；11月龄毛纤维的平均长度、平均细度、断裂强力、断裂伸长率，粗毛分别为9.5厘米、45.9微米、24.7厘牛顿、40.1%，细毛分别为6.9厘米、15.3微米、4.8厘牛顿、43.0%。窝均产仔7.21只。

图2-51　皖系长毛兔（母兔）

图2-52　苏系长毛兔
（中国畜禽遗传资源志）

5. 苏系长毛兔（图2-52）

苏系长毛兔属粗毛型长毛兔。由江苏省农业科学院畜牧兽医研究所与原江苏省畜牧兽医总站培育而成。2010年通过国家畜禽遗传资源委员会认定。

外貌特征：体躯中等偏大，头圆、稍长。两耳直立、中等大，耳尖多有一撮毛。面部被毛较短，额毛、颊毛量少。全身被毛较密，毛色洁白。11月龄体重公兔4245克，母兔4355克。

生产性能：8周龄产毛量32.5克，11月龄兔估测年产毛量898克，粗毛率15.71%，被毛长度粗毛8.25厘米，绒毛5.16厘米。被毛细度粗毛41.16微米、绒毛14.20微米，绒毛单纤维强度2.8克，伸度54.4%。窝均产仔7.1只，产活仔6.8只。

四、实验用兔

实验用兔是指主要以实验为目的家兔品种，如日本大耳白兔、新西兰白兔等。

1. 日本大耳白兔

原产地：日本。

外貌特征：被毛白色，两耳直立、大而薄，耳根细，耳端尖、形似柳叶。体形较大，躯体较长，棱角突出，肌肉不够丰满。母兔颌下有发达的肉髯（图2-53）。

生产性能：成年兔体重4～5千克。繁殖力强，泌乳性能好，常用作"保姆兔"。

特点：生长发育较快，适应性强，耐粗饲。皮张品质优良。是理想的实验用兔。缺点是：骨骼较大，用于产肉，屠宰率较低。

图2-53 日本大耳白兔

2. 新西兰白兔

详见本章本节"一、肉兔品种""1.新西兰白兔"。

五、观赏兔

主要指外貌奇特，或毛色珍贵，或体格微小用于人类观赏的家兔，如公羊兔、小型荷兰兔等（图2-54）。

图2-54 荷兰兔

六、选养适宜的家兔类型和品种（配套系）

养兔企业（户）饲养何种类型、什么品种的家兔，应根据饲养者本身所处的地理位置、经济条件、技术水平、产品销路、价格和市场走势等因素来决定。

1. 肉兔生产

一般来讲，与獭兔、毛兔相比，肉兔小规模养殖对技术、资金、笼舍规格和饲料营养要求较低，适合于一般养殖户。建议以饲养弗朗德巨兔、塞北兔、新西兰白兔、加利福尼亚兔等为主，可以利用加利福尼亚兔作公兔与新西兰或弗朗德巨兔母兔杂交，利用杂种优势生产商品兔（图2-55）。也可利用配套系生产商品兔。

对于大型养殖企业，建议采用兔舍、笼具标准化，兔舍环境控制自动化、自动饲喂系统、自动清粪，全价颗粒饲料，"全进全出"制饲养模式，品种为肉兔配套系，则生产效率较高，70日龄体重可达2.25～2.40千克，在肉兔市场平稳的情况下，可以获得较高的规模效益（图2-56）。缺点：投资较大，技术力量要求较强。这种模式是我国肉兔生产发展的主要方向。

有的地方特色品种（如福建黄兔等）其产品市场认可度高，售价高，当地养殖企业（户）饲养，经济效益较高。有很多肉兔品种也是实验用兔（如新西兰白兔、日本大耳白兔等）、观赏兔，如果有订单或有市场的情况下也可饲养。

图2-55　肉兔养殖　　　　　　图2-56　肉兔规模养殖

2.獭兔生产

獭兔生产对饲料营养、技术、资金、兔舍规格、规模要求相对较高，如果皮张市场好，经济效益也较高。若生产者掌握一定的饲养技术，有足够的资金和场地，可发展獭兔生产。区域獭兔养殖有助于獭兔皮的及时销售，有助于獭兔皮售价的提高，获得较高的收入。獭兔适宜较大规模生产，这样可在品种、饲料营养、颗粒饲料、饲养周期、疫病防治、取皮等环节进行标准化生产，一次可生产大量、较高质量的兔皮，依靠数量、质量优势，以较高卖价成交，获得较高的经济收入。

偏远地区、小规模零散户未形成区域规模，不适于獭兔饲养。合格獭兔的生产需要较大的资金投入。目前在选择獭兔注重品种（系）的情况下，着重在优良群体中选择体形较大、被毛质量好的个体。对已有的兔群应淘汰体形较小（成年兔体重小于3.0千克）、被毛质量差（密度小、粗毛含量高）的个体。不考虑技术、管理和资金的情况下，一味追求大规模獭兔生产，实践证明是不能获得较高的经济效益的。

獭兔生产以选养白色或加利福尼亚色型为主。白色獭兔遗传性稳定，易饲养，销路广（图2-57）。但随着人们对自然色泽的崇尚，同时有色獭兔在利用时无需染色，对人体无害，对环境压力较小，发展有色獭兔（如青紫蓝獭兔、海狸色獭兔等）前景十分广阔（图2-58）。

图2-57 獭兔规模养殖（白色）

图2-58 獭兔规模养殖（有色獭兔）

3. 毛兔生产

毛兔对饲料营养、技术、兔舍的规格要求相对较高，经济效益也较高。选择饲养毛兔时不仅要看国际、国内兔毛行情，也要着重考虑本地兔毛收购价。区域长毛兔饲养有助于兔毛的销售，有助于兔毛售价的提高。品种选择以德系、浙系长毛兔和皖系长毛兔等为宜（图2-59）。彩色长毛兔应慎重发展。

图2-59 长毛兔规模养殖（麻剑雄）

4. 实验兔生产

与医疗单位有实验兔订单，并有实验动物生产许可证的单位可进行实验兔生产（图2-60），这样可获得较高且稳定的收入。目前用于实验的家兔品种主要有日本大耳白兔、新西兰白

图2-60 实验兔生产

兔等。

大型规模兔场也可同时饲养两种或两种以上家兔，这样在市场瞬息万变的情况下可以获得稳定的收入。

5. 观赏兔生产

大城市周边根据市场情况可适当发展观赏兔。

❀⊱⊱ 第三节 ⊰⊰❀

引种技术

引种是养兔生产中的一项重要技术工作。新建的兔场需要引种，老的养殖企业（户）为了扩大规模、调换血统或改良现有生产性能低、质量差的兔群也需要引种。

一、引种前需要考虑的因素

1. 确定引什么品种

首先，必须事先考虑市场行情（如产品销路、价格等），同时考虑当地气候、饲料和自身条件，选购适宜的家兔类型和具体品种。老养殖场（户）应考虑所引品种（系）与现有品种（系）相比有何优点、特点。需要更换血缘时，应着重选择品种特征明显的个体（一般以公兔为主）。

2. 详细了解种源场的情况

对种源场的具体细节（如饲养规模、种兔来源、生产水平、系谱是否完整、有无当地畜牧主管部门颁发的种畜禽生产经营许可证、卫生防疫证、是否发生过疫情及种兔月龄、体重、性别比例、价格等）进行详细了解。杜绝到发生过毛癣病、呼吸道疾病等的兔场引种。大、中型种兔场，设备好，人员素质高，经营管理较完善，种兔质量有保证，对外供种有信誉，从这样的地方引种，一般比较可靠。一般农户自办的种兔场规模较小，近亲现象比较严重，种兔质量较差，且价格不定，从这样的地方购种时要特别注意。

3. 做好接兔准备工作

购进种兔前，要进行兔笼、器具的消毒，准备好饲料及常用药品。新建的兔场还要对饲养人员进行岗前培训。

二、种兔选购技术

1. 品种（系）的选定

根据需要选择适宜的品种、品系或配套系。

2. 选择优良个体

同一品种（系）其个体的生产性能、毛皮质量、产毛性能也有明显差别，因此要重视个体的选择。所选个体应无明显的外形缺陷，如门齿过长、八字腿、垂耳（除品种特征外）、小睾丸、隐睾或单睾、阴部畸形者，均不宜选购。所选母兔乳头数应不少于4对。

3. 引种年龄

一般以3～4月龄青年兔为宜。要根据牙齿、爪核实月龄，以防购回大龄的兔。老年兔的种用价值和生产价值较低，高价买回不合算，还可能存在繁殖功能障碍的风险。

目前，为了降低运输成本，减少应激，欧洲兔业公司多选购1～2日龄的仔兔，这时本场需要有同期产仔的母兔代为哺乳（图2-61）。

图2-61　2日龄的种兔

4. 血缘关系

所购公兔和母兔之间的亲缘关系要远，公兔应来自不同的血统。特别是引种数量少时，血缘更不能近。另外，引种时要向供种单位索要种兔卡片系谱资料。

5. 重视健康检查

引种时对所引兔群进行全面健康检查，一旦发现群体有毛癣菌病、呼吸道疾病，应终止在该场引种。用手触摸种兔全身，发现皮下、腹部内有脓肿者，尾部有稀粪污染，眼结膜、鼻腔不净或有脓液者不宜选购。

兔群毛癣菌病的检查方法：对引种场的仔兔进行仔细检查，即使发现有少量患兔，表明引种场有该病史，因为该病青年兔可以自愈，但已成为带菌者，一旦引入，后患无穷，强烈建议终止引种。

6. 引种数量

根据需要和发展规模确定引种数量。

7. 引种季节

家兔怕热，且应激反应严重，引种应选在气温适宜的春秋季。夏季引种时，必须做好运输过程中的防暑工作。

三、种兔的运输

家兔神经敏感，应激反应明显，运输不当，轻则掉膘，身体变弱，重则致病甚至死亡。因此必须做好种兔的运输工作。

1. 种兔运输前的工作

（1）对所购兔进行健康检查　由当地兽医对所购兔逐只进行健康检查，并请供种单位或当地兽医部门开具检疫证明，对该批种兔免疫记录进行询问和记录，以便确定下次免疫时间和免疫种类。

（2）确定运输方式　根据路途长短、道路交通状况、引种数量等确定运输方式。根据运输方式，在相关部门开具相应的检疫证明、车辆消毒证明等。

（3）准备好运输笼具　种兔笼具可选木箱、纸箱（短途）、竹笼、铁笼等。以单笼为宜（大小以底面积 $0.06 \sim 0.08$ 米 ^{2}、高25厘米为宜）。笼子应坚实牢固，便于搬动（图2-62、图2-63）。包装箱应有通风孔，有漏粪尿和存粪尿的底层设施，内壁和底面要平整，无锐利物。笼内铺垫干草。

（4）对笼具、车辆、饲具进行全面消毒。

（5）了解供种单位的饲料及饲养制度，带足所购兔2周以上的原饲料。

图2-62　运输笼具（一）　　　图2-63　运输笼具（二）

2. 运输途中家兔的饲养管理

1天左右的短途运输，可不喂料、不供饮水。2～3天的运输中途，可喂些干草和少量多汁饲料，定时供饮水。5天以上的运输中途，可定时添加饲料和饮水，注意不宜喂得过饱。运输过程既要注意通风，又要防止家兔着凉、感冒。车辆起停及转弯时速度要慢，以防兔腰部折断事故的发生。

3. 到达目的地后家兔的饲养管理

兔子到达目的地后，要将垫草、粪便进行焚烧或深埋，同时将笼具进行彻底消毒，以防疾病的发生和传播。

（1）隔离饲养　引回的种兔笼舍应远离原兔群。建议等该批种兔产仔后，确认仔兔无毛癣病、呼吸道病等传染病后方可混入原兔群。

（2）切忌暴食暴饮　到达目的地后兔要休息一段时间才开始喂给少量易消化的饲料，同时喂给温盐水，杜绝暴饮暴食。

（3）饲养制度、饲料种类应尽量与原供种单位保持一致　如需要改变，应有7～10天的适应期。每次饲喂达八成饱为宜。

（4）定时健康检查　每天早晚各检查1次食欲、粪便、精神状态等，发现问题及时采取措施。新引进兔一般在引回1周后易暴发疾病（主要是消化道疾病）。对于消化不良的兔，可喂给大黄苏打片、酵母片或人工盐等健胃药；对粪球小而硬的兔，可采用直肠灌注药液的方法治疗。

（任克良）

第三章

家兔生物学特性

了解家兔的生物学特性，掌握家兔自身的生物学规律，生产中尽可能创造适合其习性的饲养管理条件，并运用科学的饲养管理方法，发挥其最大的生产潜力。

第一节
家兔的生活习性

一、昼伏夜行性

家兔是从野生穴兔驯化而来的。穴兔体格弱小，御敌能力差，在"适者生存"的自然选择下，形成了昼伏夜行的习性，家兔至今仍保留这种习性，夜间十分活跃，采食、饮水次数频繁。据测定，家兔夜间采食的饲粮和水占全天的60%左右。白天除采食、饮水活动外，大部分时间处于静卧或睡眠状态（图3-1）。

根据家兔这一习性，要合理安排饲养日程，晚上要喂给充足的饲料和饮水，尤其冬季夜长时更应如此。白天除饲喂和必要的管理工作外，尽量

图3-1　白天静卧（任克良）

不要影响家兔的休息和睡眠。

二、胆小、易受惊

图3-2　受惊造成的截瘫

家兔是一种胆小动物，遇到突然的响声、生人或陌生动物（如猫、狗等），都会使家兔受惊，在笼里乱跳乱撞，同时发出很响的顿足声和低沉的叫声，这种异常响声可使相邻的其他兔出现同样的反应，会对家兔造成不良影响。受到惊吓时，食欲下降，掉膘，发生截瘫（图3-2），孕兔发生流产。正分娩的母兔停止产仔，有时吃掉仔兔。带仔的母兔突然跳向产窝或在窝内顿足，踏死初生的仔兔。正在哺乳的母兔中止喂奶，可把正在吃奶的仔兔带出产箱（俗称吊乳），因此，兔场应选择在安静、噪声小的地方；兔舍要有防止野兽、狗、猫等动物侵入的措施，如门、窗装铁丝网或纱窗；日常管理操作中，动作要稳，尽量避免发出使兔群惊恐的响声；避免生人或者猫、狗等动物进入兔舍。严禁在兔场周围燃放鞭炮。

三、喜干燥、爱清洁

家兔抵抗疾病能力很差，如果环境潮湿、污秽，就容易滋生病原微生物，增加患病概率，因此在多年的生存、繁衍中形成了"爱清洁、喜干燥"的习性，如经常看到家兔卧在干燥的地方，成年兔在固定位置排粪尿，常用舌头舔舐自己体躯的被毛，以清除身上的脏物等（图3-3）。所以，修建兔场、兔舍和日常饲养管理中，必须遵循干燥、清洁的原则，合理选择场址，科学设计兔舍和兔笼，定期清扫和消毒兔舍、笼具，这样既可减少疾病的发生，又可提高兔产品（兔皮、兔毛）的质量。

图3-3　家兔喜欢干净

四、视觉迟钝、嗅觉灵敏

家兔视觉不发达，但嗅觉十分灵敏。常用嗅觉识别饲料，所以采食前先用鼻子闻一闻再吃。通过嗅觉也可辨认出仔兔是否是自己生的，因此，管理上要注意防止仔兔染有其他气味，否则母兔不给哺乳，甚至咬死仔兔。寄养仔兔时，必须进行适当的处理，方可寄养。

五、群居性差，更具好斗性

家兔与马、牛等家畜相比，其群居性很差，好斗。常常看到家兔散养时，各自寻觅食物，稍有异常声响，都四散逃跑，俗称"炸群"。群养的家兔，经常发生争斗，尤其公兔之间，常常被咬得遍体鳞伤，引起外伤，甚至被咬掉睾丸，失去种用价值，重则被咬死。对獭兔的这一特性必须引起注意，因为一旦皮肤被咬伤，毛皮质量就要降低，严重的甚至影响皮张的利用价值，因此，生产中只有幼兔才能群养，3月龄以上的兔子必须分笼饲养。

六、易发脚皮炎

家兔好动，每天运动量大，足底与底板的摩擦增加，容易将踏地部分足毛磨光，伤及皮肤而极易患脚皮炎（图3-4），獭兔更易发。当笼底为金属网丝结构，固定竹条的钉子外露时或环境温热时，特别易发脚皮炎。发病的兔子采食量下降，体重下降，毛皮质量变差，四肢发病时，有的甚至消瘦、衰竭死亡。为此，兔笼底板最好用竹板制作，且应锉平竹节，固定竹板的钉子不能外露。

七、仔幼兔惧寒，成年兔惧热

仔兔怕冷、成年兔怕热。兔舍低温时，小兔变得不好动，蜷缩，消瘦，甚至四肢运步不便，似病态。冬季家兔室内温度不宜过低，炎热季节成年兔要注意防中暑。

八、穴居性

家兔至今仍保留其祖先打洞穴居的习性。穴居有利于隐藏自身和繁殖后代，怀孕的母兔更喜欢打洞，用锐利的前爪，一

图3-4　脚皮炎

夜之间就可打成一个洞，在洞中产仔。因此，在修建兔舍和确定饲养方式时，应针对这一习性，采取相应的措施，以免因选材不当或设计不合理，致使家兔在舍内打洞造穴，给饲养管理、防疫带来困难，同时严重影响家兔毛皮质量。

也可利用家兔穴居特性，建地窖式窝用于母兔产仔。

第二节
家兔的采食习性

一、草食性

家兔属单胃草食动物，以植物性饲料为主，主要采食植物的根、茎、叶和种子。家兔特异的口腔构造、较大容积的消化道、特别发达的盲肠和特异淋巴球囊的功能等，都是对草食习性的适应。

二、择食性

家兔对饲料具有选择性，像其他草食动物一样，喜欢吃素食，不喜欢吃鱼粉、肉骨粉等动物性饲料。因此，饲料中添加动物性饲料时，须均匀地拌在饲料中喂给，并由少到多，或在饲料中加入一定量的调味剂（如大蒜粉、甜味素等）。

植物性饲草中，家兔喜欢吃多叶性饲草（如豆科牧草），不喜欢吃叶脉平行的草类（如禾本科草）。在各类饲料中，喜欢吃整粒的大麦、燕麦，而不喜欢吃整粒玉米。多汁饲料中喜欢吃胡萝卜等。家兔喜欢吃带甜味的饲料，因此，有条件的地方，可将制糖的副产品或甜菜丝拌入饲料中，来提高适口性。家兔也喜欢吃添加植物油（如玉米油等）的饲料。

与粉料相比，家兔更喜欢采食颗粒料。

三、啃咬性

家兔的大门齿是恒齿，不断生长，必须啃咬硬物，以磨损牙齿，使之保持上下颌牙齿齿面的吻合。当饲料硬度小而牙齿得不到磨损时，家兔就会寻找易咬物体（如食槽、门、产箱、踏板等），或导致畸形齿。用颗粒饲料喂兔时，应经常检查其硬度，对硬度小、粉料多的，应通过及时调整饲料水分，更换磨板等方法，来获得硬度高的粒料。饲喂粉料时，可在笼内投放一些木板和树枝，也可挂铁链等，让兔啃咬磨牙。制作兔笼、用具时，笼具材料要坚固，笼内要平整，尽量不留棱角，以延长其使用寿命。

四、异食癖

家兔除了正常采食饲料和吞食粪便外，有时会出现食仔、食毛、食足等异常现象，称之为异食癖（图3-5～图3-7）。

图3-5　被母兔吞食后剩余的
仔兔残体（任克良）

图3-6　食毛症（任克良）

图3-7　食足症（被啃
咬的后脚趾露出趾骨）
（任克良）

第三节
家兔的消化特点

一、消化器官的解剖特点

家兔的消化器官包括口腔、咽、食管、胃、小肠（包括十二指肠、空肠和回肠）、大肠（包括盲肠、结肠和直肠）和肛门等（图3-8）。与其他动物相比，有以下特点。

1. 特异的口腔构造

家兔的上唇从中线裂开，形成豁嘴，上门齿露出，以便摄取接近地面的物体或啃咬树皮等。家兔没有犬齿，臼齿发达，齿面较宽，并具有

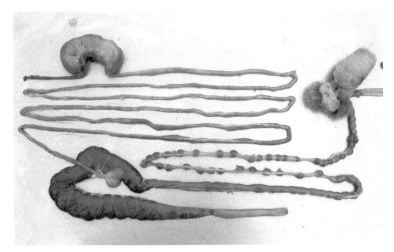

图3-8 家兔消化道

横崎，便于磨碎植物饲料。

2. 发达的胃肠

家兔的消化道较长，容积也大。胃的容积较大，约占消化道总容积的1/3。小肠和大肠的总长度为总体长的10倍左右。盲肠特别发达，长度接近体长，容积约占消化道总容积的42%。结肠和盲肠中有大量微生物繁殖，具有反刍动物第一胃的作用，因此，家兔能有效利用大量饲草。

3. 特异的淋巴球囊

在家兔的回肠和盲肠相接处，有一个膨大、中空、壁厚的圆形球囊，称为淋巴球囊或圆小囊，为家兔所特有（图3-9）。其有机械作用、吸收作用和分泌作用三大生理作用。回肠内的食糜进入淋巴球囊时，球囊借助发达的肌肉压榨，消化后的最终产物大量地被球囊壁的分支绒毛所吸收。同

图3-9 淋巴球囊（任克良）

时，球囊还不断分泌出碱性液体，中和由于微生物生命活动而产生的有机酸，从而保证了盲肠内有利于微生物繁殖的环境，有助于饲草中粗纤维的消化。

二、家兔的消化特点

1. 能够有效利用低质高纤维饲料

一般认为，兔依靠结肠、盲肠中微生物和淋巴球囊的协同作用，能很好地利用饲料中的粗纤维。但很多研究表明，兔对饲料中粗纤维的利用能力是有限的，如对苜蓿干草中粗纤维消化率，马为34.7%，兔仅为16.2%。但这不能看成是兔利用饲料的一个弱点。由于粗纤维饲料具有快速通过兔消化道的特点，在这一过程中，粗纤维饲料中大部分非纤维成分被迅速消化、吸收，排出难以消化的纤维部分。

2. 能充分利用粗饲料中的蛋白质

与猪、禽等单胃动物相比，兔能有效利用粗饲料中的蛋白质。以苜蓿蛋白质的消化率为例，猪低于50%，而兔则为75%，与马相当。然而兔对低质量的饲草（如玉米、秸秆等农作物）中所含蛋白质的利用能力却高于马。

由于有以上特点，所以家兔能够采食大量粗饲料，并能保持一定的生产水平。

3. 饲粮中粗纤维对家兔必不可少

饲粮中粗纤维对维持家兔正常消化功能有重要作用。研究证实，粗纤维能预防肠道疾病。如果家兔饲喂高能量低纤维饲粮，肠炎性疾病（如大肠杆菌病、魏氏梭菌病等）发病率较高，而提高饲粮中粗纤维含量后，肠炎发病率下降，因此在饲料配方设计中要充分考虑这一特性，饲料中必须保持足够比例的粗纤维饲料。

4. 食粪性

所谓食粪性是指家兔具有吞食自己部分粪便的本能特性（图3-10）。且在食粪时具有咀嚼动作，因此有人称之为假反刍或食粪癖。与其他动物的食粪癖不同，家兔的这种行为不是病理的，而是正常的生理现象，对家兔

图3-10　兔子正在食粪（任克良）

本身具有重要的生理意义（图3-11）。

图3-11　家兔食粪的生理意义

5. 能忍耐饲料中的高钙

与其他动物相比，家兔钙代谢具有以下特点：①钙的净吸收特别高，而且不受体内钙代谢需要的调节；②血钙水平也不受体内钙平衡的调节，直接和饲粮钙水平呈正比，而不像其他动物，血钙水平较为稳定；③血钙的超过滤部分很高，其结果是肾脏对血钙的清除率很高；④过量钙

图3-12　排出白色尿液（任克良）

的排出途径主要是尿，其他动物主要通过消化道排泄。我们经常看到许多兔笼下的白色粉末状物就是随尿排出的钙盐（图3-12）。由于以上特点，即使饲粮中含钙较多时，也不影响家兔的生长发育，其骨质也正常。

6. 可以有效利用饲料中的植酸磷

植酸是谷物和蛋白质补充料中的一种有机物质，它和饲料中的磷形成一种难以吸收的复合物质叫植酸磷。非反刍动物不能有效利用植酸磷，而家兔则可借助盲肠和结肠中的微生物，将植酸磷转变为有效磷，使其得到充分利用。因此，降低饲粮中无机磷的添加量，不仅对家兔生长无不良影响，同时也减少了粪便中磷的排泄量，减轻磷对环境的污染。

7. 对无机硫的利用

在家兔饲料中添加硫酸盐或硫黄，对家兔增重有促进作用。同位素示踪表明，经口服的硫酸盐可被家兔利用，合成胱氨酸和蛋氨酸，这种由无机硫向有机硫的转化，与家兔盲肠微生物的活动和家兔食粪习惯有关。

胱氨酸、蛋氨酸为含硫氨基酸，是家兔限制性氨基酸，饲料中最易缺乏，生产中利用家兔可将无机硫转化为含硫氨基酸这一特点，在饲料中加入价格低、来源广的硫酸盐来补充含硫氨基酸的不足，从经济方面考虑是可行的。

8. 消化系统疾病发生率高

家兔特别容易发生消化系统疾病，尤其是腹泻病，仔兔、幼兔一旦发生腹泻，死亡率很高。造成腹泻的主要诱因有高碳水化合物、低纤维饲粮，断奶不当，腹部着凉，饲料过细，体内温度突然降低，饲料突变、饮食不洁，滥用抗生素等。

（1）高碳水化合物、低纤维饲料与腹泻 饲喂高碳水化合物（即高能量）、高蛋白、低纤维饲粮，它们通过小肠的速度加快，未经消化的碳水化合物（即淀粉）可迅速进入盲肠，盲肠中有大量淀粉时，就会导致一些产气杆菌（如大肠杆菌、魏氏梭菌等）大量繁殖和过度发酵，破坏盲肠内正常的微生物区系。而那些致病的产气杆菌同时产生毒素，被肠壁吸收，使肠壁受到破坏，肠黏膜的通透性加强，大量毒素被吸收入血，造成全身性中毒，引起腹泻并导致死亡。此外，由于肠道内过度发酵，产生挥发性脂肪酸，这些脂肪酸增加了后肠内液体的渗透压，大量水分从血液中进入肠道，造成腹泻。因此，粗纤维对维持肠道内正常消化功能有重要作用，饲粮中必须含有足够的粗纤维（主要是木质素），才可预防腹泻的发生。最近研究表明：粗纤维的颗粒不宜过小。

（2）断奶不当与腹泻 断奶不当也容易引起断奶仔兔腹泻，这是因为从吃液体的乳汁完全转变到吃固体饲料的过程中，由于饲料的突然变换，引起断奶仔兔的应激反应，改变了肠道内的生理平衡，一方面减少了胃内抗微生物奶因子的作用；另一方面断乳兔胃内盐酸的酸度达不到成年兔胃内的酸度水平，因此不能经常有效地杀死进入胃内的微生物（包括致病菌）。同时，断奶幼兔对有活力的病原微生物或细菌毒素比较敏感。断奶仔兔特别容易发生胃肠道疾病（如腹泻）。

为此，养兔实践中常采取有效措施，降低因断奶不当所造成腹泻的发病率。

① 仔兔补饲（注意补饲料营养、数量等）。

② 断奶时离乳不离窝（减少因环境变换带来的应激）。

③ 饲料中添加绿色添加剂；注射预防大肠杆菌病的疫苗等。

④ 饲喂遵循"定时定量"；要有足够的采食面积，使仔幼兔都能采食到饲料，防止过饥或过饱。

（3）腹部着凉与腹泻　家兔的腹壁肌肉比较薄，特别是仔兔脐周围的被毛稀少，腹壁肌肉更薄。当兔舍温度低，或家兔卧在温度低的地面（如水泥地面），肠壁受到冷刺激时，蠕动加快，小肠内尚未消化吸收的营养物质便进入盲肠，由于水分吸收减少，使盲肠内容物迅速变稀而影响盲肠内环境，消化不良的小肠内容物刺激大肠，使大肠的蠕动亢进而造成腹泻。仔兔对冷热刺激的适应性和调节能力又差，所以特别容易着凉导致腹泻。

腹部着凉引起腹泻极易造成激发感染，故要增加舍温，避免兔子腹部着凉，同时对腹泻兔及时用抗生素或微生态制剂加以预防和治疗。

（4）饲料过细与腹泻　家兔采食过细的饲料入胃后，形成紧密结实的食团，胃酸难以浸透食团，使胃内食团pH值长时间保持在较高的水平，有利于胃内微生物的繁殖，并允许胃内细菌进入小肠，细菌产生毒素，导致家兔腹泻或死亡。

家兔盲肠的生理特点是能主动选择性吸收小颗粒，结肠袋能选择性地保留水分和细小颗粒，并通过逆蠕动又送回盲肠。颗粒太细，会使盲肠负荷加大，有利于诱发盲肠内细菌的暴发性生长，大量的发酵产物和细菌毒素损害盲肠和结肠的黏膜，导致异常的通透性，使血液中的水分和电解质进入肠壁，使胃肠道功能紊乱，引起家兔的胃肠炎和腹泻。

为此，用粉料或颗粒饲料饲喂家兔时，粗纤维颗粒不宜太细，一般以能通过2.5～3.5毫米的筛网即可。

（5）体内温度突然降低与腹泻　家兔对外界温度的变化有较大的耐受能力，但对体内温度变化的抵抗力较差。在寒冷季节，如给幼兔喂多量的冰冻湿料或含水分高的冰冻过的湿菜或多汁饲料后，就会立即消耗体内大量热能。兔子特别是幼兔不能很快地补充这些失去的热能，就会引起肠道过敏，特别是受凉的肠道运动增强而使内部机能失去平衡，并诱发肠道内细菌异常增殖而造成肠壁炎性病变，发生腹泻。养兔实践中，当饲料中干物质和水分的比例超过1∶5时，就容易发生腹泻，尤其寒冷季节，这一点应引起注意。

（6）饲料突变、饮食不洁与腹泻　饲料突变及饮食不洁使肠胃不能适应，改变了消化道的内环境，破坏了正常的微生物区系，导致消化功能紊乱，诱发大肠杆菌病、魏氏梭菌病等，因此要特别注意饲料成分的相对稳定和卫生，坚持"定时、定量、变化饲料逐步进行"的原则。

（7）滥用抗生素与腹泻　保持家兔肠道内微生物区系相对平衡是家兔消化功能正常运转的基本保障，选择适当的抗生素可以预防和治疗家兔消化道疾病，而不恰当的使用抗生素是造成胃肠功能紊乱、诱发其他疾病的常见原因，主要有抗生素种类、给药途径、用药时间等，因此用抗生素防治家兔疾病时要慎重选择抗生素种类，新开发的抗生素初次使用时要做小群试验，证明安全才可大群使用；给药方式应根据药物特性、家兔消化道特点等选择；抗生素用药时间不宜过长，否则极易诱发其他疾病。

第四节
家兔的繁殖特性

一、繁殖力强

家兔繁殖力强，表现为多胎，窝产仔数多，怀孕期短，年产窝数多，而且性成熟早，繁殖不受季节的影响，一年四季均可发情配种，不过气温过高或过低都会影响受胎率。在良好的饲养管理条件下，一般年产5～6胎，每胎产仔6～10只，每年可获断奶仔兔25～60只，表现出很强的繁殖力。

二、刺激性排卵

刺激性排卵就是成熟卵子的排出，出现在母兔受刺激（如交配、药物刺激）之后。家兔的排卵多发生在交配后10～12小时，母兔在发情期内，如果不予交配，就不排卵，或成熟的卵子（图3-13）逐渐老化而被机体吸收。家兔的这一特性，对生产极为有利，人们可以采取强制交配的方法，使之受胎，并获得正常的仔兔。另外，人工授精前后，必须做刺激性处理（如与试情公兔交配或注射药物）。

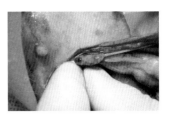

图3-13 母兔卵巢
（上面有成熟的卵泡）

三、属双子宫阴道射精型动物

家兔有两个子宫共同开口于阴道（图3-14），由于家兔阴道特别长，而公兔的阴茎比较短，这就决定了公兔的射精位置，即阴道射精型。为此，在人工授精时，输精管不能插得过深，否则造成单侧子宫受孕，影响繁殖力。

四、卵子大

家兔的卵子是目前所知哺乳动物中最大的，直径约为160微米，是许多科学研究的好材料。

图3-14 双子宫（未生产母兔的生殖系统）（任克良）

五、公兔的睾丸位置因年龄而异

初生仔兔睾丸位于腹腔内，附着于腹壁，4～8周龄时睾丸下降到腹股沟内，这时从外部不易摸到，11周龄时公兔阴囊已形成，成年家兔的睾丸在阴囊里。腹股沟管宽而短，终生不封闭，有时睾丸可回到腹股沟管内或腹腔内。如果检查睾丸或阉割时遇到此情况时，可将兔头提起，用手拍打家兔臀部，睾丸就会进入阴囊里。

六、泌乳独特

在饲养的哺乳动物中，家兔泌乳是独特的。多数母兔一天仅喂一次乳，时间往往在清晨，并且2～5分钟完成。个别母兔也会在仔兔初生2～3天内哺乳多次。了解这一特性，生产中可以采取母仔分离饲养法，每天早上或早晚喂一次或二次仔兔以达到提高仔兔成活率和母兔年繁殖力的目的。

母兔的泌乳量多,乳的营养成分极为丰富。泌乳量从产后到第三周,一直是上升的趋势,第三周达到泌乳高峰,第四周开始逐渐下降(图3-15),为此,对仔兔要适时断奶。

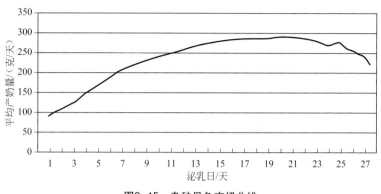

图3-15　杂种母兔产奶曲线

七、母兔"假孕"

母兔因相互爬跨、异常兴奋或与试情公兔交配排出卵子而未受精,卵巢内形成黄体,并分泌孕酮,刺激母兔生殖系统的其他部分,使乳腺激活,表现为不接受公兔交配,乳腺膨胀,衔草做窝等现象,好似妊娠,这种现象称作假妊娠,一般持续16～18天。由于假妊娠期母兔不能发情和受胎,影响繁殖。所以在生产中一旦发现假孕母兔,应及时处理(如注射前列腺素)。假妊娠期母兔易发生妊娠毒血症。

第五节
家兔的体温调节特点

家兔属于恒温动物,正常体温一般为38.5～39.5℃,临界温度为5～30℃。如外界气温高于或低于临界温度,均会使家兔生产性能下降。因此为保持家兔最佳的生产性能,调节兔舍温度是十分重要的。

一、家兔体温调节功能不全

仔兔怕冷，成年兔怕热而容易中暑。家兔被毛密度大，汗腺很少，仅分布于唇的周围和鼠鼷部。家兔是依靠呼吸散热的家畜。长期高温对家兔的健康是有害的，特别容易发生中暑（图3-16）。在高温季节要注意防暑降温。

图3-16　中暑的家兔全身瘫软（任克良）

实践证明，当外界温度在32℃以上，家兔的生长发育和繁殖率显著下降。如果家兔长期在35℃或更高温度条件下，会引起死亡。相反，在防雨、防风条件下，成年兔能够忍受0℃以下的温度，可见成年兔是耐冷不耐热的。

初生仔兔全身无毛，体温调节功能很差，体温不恒定，出生后第10天，体温才趋于恒定，30天后被毛基本形成，对外界环境才有一定的适应能力。因此，生产实践中，仔兔须有较

图3-17　仔兔怕冷，聚集在一起相互取暖

高的环境温度，以防被冻死（图3-17）。

二、适宜的环境温度

不同生理阶段的家兔要求的环境温度不同，初生仔兔需要较高的温度，最适温度为30～32℃。成年兔不耐高温，适宜温度为15～20℃。一般适合家兔生长和繁殖的温度是15～25℃。

◆◆ **第六节** ◆◆

家兔的生长发育规律

仔兔出生时，体表无毛，耳、眼闭塞（图3-18），各系统发育都很差，尤其是体温调节功能和感觉功能更差。3～4日龄绒毛长出，11～12日

龄开眼，开始有视觉。21日龄时出巢吃饲料。体重增加也很快，一般初生时为40～60克，生后一周体重可增加一倍以上，4周龄时其体重约为成年兔体重的12%，8周龄时体重约为成年兔体重的40%。8周龄后生长速度逐渐下降。从图3-19家兔的生长曲线可知：家兔早期生长速度较快，因此商品肉兔在早期给予较丰富的营养物质，发挥其生长速度快的优势，当生长速度转慢时进行出售或屠宰，生产者获利最高。

母兔的泌乳力和窝产仔数多少都会影响幼兔的早期生长发育。加强泌乳母兔的饲养管理，合理调整哺乳仔兔数，以获得较高的断奶重，断奶重将影响家兔一生的生长速度和成活率。

图3-18　初生仔兔（任克良）

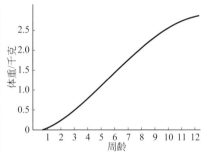

图3-19　家兔的生长曲线

第七节
家兔的脱毛规律

家兔被毛脱毛分年龄性换毛和季节性换毛，详见本书第九章第三节。

（李燕平）

第四章

兔场建设、环境控制与粪污资源化利用

良好的兔舍、完善的设备和环境控制是养好家兔的基础。做好兔场粪污处理是兔业可持续发展的基本条件。

随着劳动力成本不断上升、土地资源短缺以及对环境保护力度的加强，兔业生产者必须从兔场场址选择、兔舍建筑、设施设备、环境控制、生产方式到粪尿处理等环节入手，采取相应的技术措施，最终实现高产、优质、高效和环境友好的目标。

第一节
兔场建设

一、场址的选择

养兔场址应选在地势高燥、平坦或略有坡度的地方（坡度以1%～3%为好）（图4-1）。场址或周围必须有水量充足、水质良好的水源。场址应选在交通便利的地方，但不能紧靠公路、铁路、屠宰场、牲畜市场、畜产品加工厂、化工厂及车站或港口。兔场一般应离交通主干线200米以上，

图4-1 兔舍建在地势较高的地方

离一般道路100米以上。兔场应设在居民区、村庄的下风头，与居民点的距离应在400米以上。考虑到饲料原料运输、产品的销售和职工生活与工作的方便等，兔场也不宜建在交通不便或偏远的地方。

兔场占地面积要根据饲养种兔的类型、饲养规模、饲养管理方式和集约化程度等因素而定。计算兔场面积时以一只母兔及其仔兔占建筑面积0.8米^{2}计算，兔场的建筑系数约为15%，500只基础母兔的兔场需要占地约2700米^2。

二、兔场建筑物布局

兔场内应设行政区域、生产区和粪便尸体处理区等，根据当地主方向等情况，合理布局（图4-2、图4-3）。

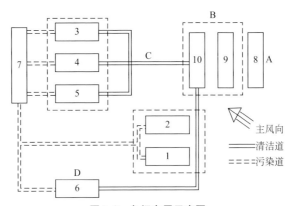

图4-2　兔场布局示意图

A—生活福利区；B—辅助生产区；C—繁殖育肥区；D—兽医隔离区
1，2—核心种群兔舍；3～5—繁殖育肥区；6—兽医隔离区；7—粪便处理场；
8—生活福利区；9，10—办公管理区

图4-3　山西某现代化兔场

1. 行政区域

包括办公室、宿舍、会议室、食堂、仓库、门房、车库、厕所等。饲料加工由于噪声大，且与外界接触较多，应设在行政区域一角，远离兔舍。

2. 生产区

包括兔舍、饲料间、更衣室、消毒池、消毒间、送料道、排水道等建筑物（图4-4～图4-9）。生产区应与行政区域隔开，建2米高围墙，并

图4-4 生产区
（现代化兔舍）

图4-5 生产区
（全封闭式兔舍）

图4-6 家兔生产区
（半开放式兔舍）

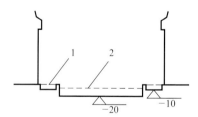

图4-7 兔场大门口车辆消毒池及人的脚踏消毒池断面示意图（单位：厘米）
1—脚踏消毒池；2—车辆消毒池

图4-8 更衣室

图4-9 兔场入口消毒间

设门卫，严防闲杂人员出入。

3. 粪便尸体处理区

包括粪便堆放处、污水贮存池，与生产区应有一定距离，并铺设有粪便运输道与外界相连（图4-10）。一般安置在下风向、地势较低的地方。兽医诊疗室也应设在这一区域。大型兔场应专门建粪便无害化处理场地（图4-11、图4-12）。

图4-10　粪便堆积区

4. 其他

中、大型兔场，兔舍间应保持10～20米的间距，在间隔地带内栽植树木、牧草或藤类植物等。

图4-11　粪污处理

三、兔舍建筑的基本要求

1. 基本要求

建筑兔舍要因地制宜，就地取材，经济耐久，科学实用。兔舍要能防雨、防风、防寒、防暑和防鼠等，要求干燥、通风良好、光线充足，冬季易于保温，夏季易于通风降温。

图4-12　粪污处理设备

2. 朝向

兔舍应坐北朝南或偏南向。

3. 地面处理

兔舍地面应致密、坚实、平坦、防潮、保温、不透水、易清扫，抗各种消毒剂侵蚀，一般用水泥地或防滑瓷砖。粪沟用水泥或瓷砖。出粪口一般设在兔舍两端或中央（兔舍较长者）。舍内地面应高于舍外地面20～25厘米。

4. 墙壁

兔舍墙壁应坚固、抗震、抗冻，具有良好的保温和隔热性能。距离地面1.5米以下的表面应用水泥抹平，以利消毒。

5. 门窗

舍门一般宽1米，高1.8～2.2米。窗户面积的大小以采光系数来表示。兔舍采光系数（即窗户的有效面积与兔舍面积之比）：种兔舍10%，育肥舍15%左右。窗台高度以0.7～1米为宜。兔舍门、窗户上应安装铁丝网（夏季要装纱窗），以防蚊蝇、兽进入。封闭式兔舍一般不设窗户。

6. 兔舍屋顶

要求完全不透水，隔热。可采用水泥制件、瓦片、彩钢等。为保证通风换气，半开放式兔舍一般可在舍顶上均匀设置排气孔。兔舍内高度以2.5～3.5米为宜。

7. 排污系统

兔舍的排污系统对保持兔舍清洁、干燥和卫生有重要意义。排污系统由粪沟、沉淀池、暗沟、关闭器、蓄粪池等组成。粪沟主要是排除粪尿及污水，建造时要求表面光滑、不渗漏，并且有1%～1.5%的倾斜度。家兔粪尿等污物一般由人工清除或机械清除。

机械化程度较高的兔场可用传送带式和铰链式刮粪板等清除（图4-13）。

8. 跨度、长度

兔舍的跨度要根据家兔的类型、兔笼形式和排列方式以及当地气候环境而定（表4-1）。

图4-13 机械式刮粪板

表4-1　兔舍全重叠兔笼列数与跨度对应表

列数	跨度	布局
单列式	不大于3米	一个走道，一个粪沟
双列式	4米左右	两个走道，一个粪沟；或一个走道，两个粪沟
三列式	5米	两个走道，两个粪沟
四列式	6.5～7.5米	三个走道，两个粪沟
六列式	12米	四个走道，三个粪沟

　　从理论上讲，跨度越大，单位面积建筑成本下降，但跨度不宜太大，过大不利于通风和采光，同时给兔群实现责任制带来不便。一般兔舍跨度应控制在12米以内。

　　兔舍的长度没有严格的规定，可根据场地条件、建筑物布局或一个班组的饲养量而灵活掌握，一般控制在50米以内。

　　9. 缓冲间

　　为了缓解进入兔舍空气温度过高或过低对家兔的影响，一般在安装通

图4-14　缓冲间

风设备一侧建一缓冲间，同时设置调节器调整进入兔舍的风的大小和方向（图4-14）。

四、兔舍形式及使用地区

　　兔舍建筑形式很多，各有特色。不同地区可因地制宜修筑不同式样的兔舍，也可利用闲置的房舍进行家兔生产。专门化养兔场，一般都要修建规格较高的室内笼养式兔舍。

　　1. 开放式兔舍

　　这种兔舍无墙壁，屋柱可用木、水泥或钢筒制成，屋顶以双坡式为好。兔笼安放在舍内两边，中间为走道。优点是造价较低，通风良好，呼吸道疾病和眼疾较少，管理方便。缺点是无法进行环境控制，不易防兽害和蚊虫。适用于较温暖的地区（图4-15 ～图4-17）。

图4-15 开放式兔舍（一）

图4-16 开放式兔舍（二）

图4-17 开放式兔舍（三）

2. 半开放式兔舍

这种兔舍上有屋顶，四周有墙，前后有窗户。通风换气依赖门窗和通风口。优点是有较好的保温和防暑性能，可以进行环境控制，便于人工管理，可防兽害（图4-18）。缺点是兔舍内空气质量较差，冬天要处理好通风和保温这对矛盾。目前我国北方一般规模兔场多属这种形式。

3. 封闭式兔舍

封闭式兔舍也叫环境控制兔舍。这种兔舍无窗户，舍内温度、湿度、光照、通风等全部靠人工控制（图4-19～图4-21），有的仅在墙壁上设置可开闭的小窗（图4-22），以防停电或通风设备故障时临时用。优点是可以为家兔提供一个适宜的生活环境，生产效率高。缺点是对电和设备依赖性强。大型兔场应配备发电设备。

为了实现全进全出制饲养模式、降低单位面积建设成本、减轻转运兔劳动强度，有的兔场采用联排兔舍，

图4-18 半开放式兔舍

图4-19 封闭式兔舍

图4-20　无窗兔舍

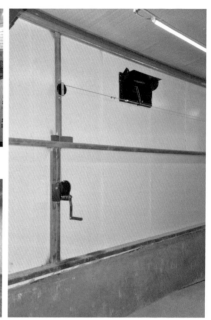

图4-21　无窗兔舍的通风设施　　图4-22　设置可开闭的小窗户

两个兔舍中间设有门，便于转运兔等。

五、兔笼

1. 兔笼构造

（1）大小　根据家兔类型、品种、生理阶段而定。一般笼长为体长的1.5～2倍，宽（深）为体长的1.3～1.5倍，高为体长的0.8～1.2倍。我国一般兔笼尺寸为：笼宽70～80厘米，笼深50～60厘米，笼高35～40厘米。目前多采用标准化"品"字形兔笼。

（2）高度　以1～3层为宜，总高度一般为2米左右。"品"字形兔笼一般为两层，也有兔场采用单层兔笼，生产效率不比两层低。

（3）笼壁　固定式兔笼多用砖、石和水泥板砌成，移动式兔笼多用冷、热拔丝网以及铁丝网、不锈钢网、冲眼铁皮、竹板等制作。笼壁要平滑，网孔大小要适中。网孔过大，仔兔、幼兔易跑出或窜笼。

（4）笼门　一般安装在笼前或笼顶。可用铁丝网、冲眼铁皮、竹板等制作。笼门以（40～50）厘米×35厘米为宜。笼门框架要平滑，以免划破兔体。目前"品"字形兔笼的笼门采用弹簧式结构，容易开闭。

（5）笼底板 材料和制作方式的不同，一般有以下几种。

板条式底板的材料一般为竹板等。板条宽2～5厘米，厚度适中。间距1.2厘米，要求既可漏粪，又能避免夹住兔脚。要求竹板表面无毛刺，竹板间隙前后均匀一致，

图4-23 四肢向外伸展，腹部着地（任克良）

固定竹板的铁钉不要突出在外面。板条走向应与笼门相垂直，以免引起"八"字腿（图4-23）。底板以活动式为佳（图4-24）。

若用镀锌条式底板，铁丝线径为3～5毫米、间隙1.2厘米（图4-25）。该底板适用于肉用仔幼兔，不适用于繁殖种兔、獭兔和体形较大的兔，否则易患溃疡性脚皮炎。

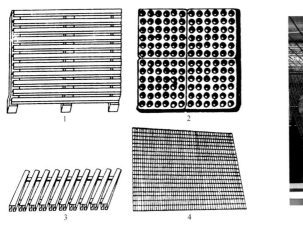

图4-24 兔笼底板类型
1—竹板底板；2—板式塑料底板；
3—条式塑料底板；4—金属底板

图4-25 铁丝笼底

目前有专门生产塑料底板的厂家，条间距离一致，尺寸规范（图4-26）。

有的规模兔场，种兔笼笼底中间塑料底板镶嵌其中，周边为铁丝底板，这样可以避免兔患脚皮炎（图4-27）。

图4-26　塑料底板　　　　　　图4-27　中间为塑料底板

（6）承粪板及笼顶　可用塑料板、镀锌铁皮等。砖石兔笼多用水泥板、石板作承粪板。宽度应大于兔笼，前伸3～5厘米，后延5～10厘米，前高后低，倾斜10°～15°，以便粪尿直接流入粪沟。多层兔笼上层承粪板就是下层的笼顶。室外兔笼最上层要求厚一些，前伸和后延更长一些，以防雨水浸入笼内或淋湿饲草。笼底板与承粪板之间应有14～18厘米的间隙，以利于打扫粪尿和通风透光。

（7）支架　移动式兔笼均需一定材料为骨架。可用角铁（35厘米×35厘米）、铁管等制作。底层兔笼应离地30厘米左右，笼间距（笼底板与承粪板之间的距离）前面5～10厘米，后面20厘米。

2. 兔笼的形式

兔笼按层数可分为单层、双层和多层，按排列方式可分为重叠式、阶梯式和半阶梯式等。

（1）活动式兔笼　目前室内养兔多采用此类兔笼。用木、竹或角铁做成架，四周用铁丝网、冲眼铁皮或竹片做成。笼底板用竹板做成，承粪板用铁皮、塑料板或石棉瓦做成。

（2）固定式三层兔笼　这是一种适于养兔户使用的兔笼，特点是投资小，空间利用率高。按放置位置不同可分为室内和室外两种。

①室内固定式三层兔笼　有砖混、水泥和铁丝等结构（图4-28～

图4-28　室内三层固定式砖混结构兔笼

图4-31）。重叠式清粪需要人工辅助。

　　"品"字形笼具粪便可以自动落到粪沟内，利于自动清粪，是目前较为科学、应用十分广泛的笼具（图4-32），建议推广使用。

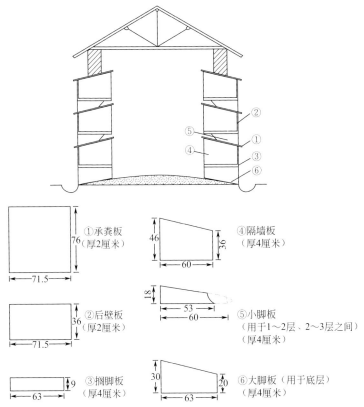

①承粪板（厚2厘米）　76　71.5

④隔墙板（厚4厘米）　46　36　60

②后壁板（厚2厘米）　36　71.5

⑤小脚板（用于1～2层、2～3层之间）（厚4厘米）　18　53　60

③搁脚板（厚4厘米）　9　63

⑥大脚板（用于底层）（厚4厘米）　30　20　63

图4-29　水泥式兔笼构造（单位：厘米）

图4-30　水泥预制的兔笼

图4-31　室内三层铁丝结构兔笼

图4-32　"品"字形三层兔笼

图4-33　单层兔笼（一）

图4-34　单层兔笼（二）

② 室外固定式三层兔笼　门、窗比室内固定式兔笼小些。在两笼之间的墙壁上安装镶嵌式草架，供两侧家兔采食。两笼之间设两个半间产仔室，供母兔产仔、哺乳。

3. 兔笼的放置

（1）平台式　单层兔笼放在离地面30厘米左右高的垫物上，或放在离粪沟70厘米高的架子上。这种方法便于管理，利于通风和光照（图4-33、图4-34），多用于工厂化规模生产、实验兔及种公兔的饲养。

（2）阶梯式　将兔笼放置在互不重叠的几个水平层上（图4-35）。优点是通风良好，饲养密度略高于平台式。有利于采用机械化清粪系统。

（3）组合式　兔笼重叠地放在一个垂直面上，可以叠放2～3层。根据多列重叠兔笼的放置方向不同可分为面对面式和背对背式（图4-36～图4-38）。

图4-35　"品"字形两层兔笼
（输送带式清粪）

图4-36　双层兔笼背对背

图4-37　三层兔笼面对面　　　　　图4-38　三层兔笼背对背

第二节
养兔设备及用具

一、料槽

有多种形式。家庭散养兔可用大竹筒劈成两半，除去中节隔片，两边各用一块长方形木块固定，使之不易翻倒。竹片食槽口径为10厘米，高6厘米，长30厘米。也可专门定制底大、口小、笨重且不易翻倒的瓷盆。用塑料或镀锌铁皮制成的饲盒，颗粒料可以不断自动滑落到料槽里，一般需要在槽底打一些孔眼，把颗粒料中的粉末料漏到盒外，防止饲料霉变或被家兔吸入肺内。料槽上沿应该向内弯曲15～20毫米，防止家兔抛撒饲料（图4-39、图4-40），大容量料槽适用于一天

图4-39　各式料盒　　　　　　　图4-40　加长式料盒

饲喂1次的饲养方式。规模化兔场也可采用自动加料机、机械加料机（图4-41～图4-46）。

图4-41　可供数个兔笼内兔子采食的料盒

图4-42　饲料塔

图4-43　自动喂料系统（绞龙式）

图4-44　自动喂料（一）

图4-45　自动喂料（二）

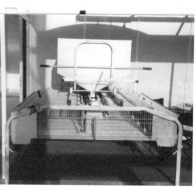

图4-46　机械加料机

二、饮水系统

小型或家庭兔场可用广口罐头瓶或特制底大、口小瓷盆等。此法方便、经济，但易被粪尿、饲草、灰尘、兔毛污染，加之兔喜啃咬，极易咬翻容器，影响饮水，必须定期清洗消毒，且需频繁添水，较为费工。

目前大中型兔场均采用自动饮水系统。自动饮水系统特点是能不断供给清洁的饮水、省工，但对水质要求高。主要由过滤器（图4-47）、自动水嘴、三通、输水管等组成。采购、使用饮水器应注意以下事项。

（1）采购质量高的饮水器。高质量的饮水器可减少漏水，避免频繁更换。

（2）水箱位于低压饮水器（即最顶层饮水器）上不得超过10厘米，以防下层水压太大。

（3）水箱出水口应安在水箱上方5厘米处，以防沉淀的杂质直接进入饮水器。箱底设排水管，以便定期清洗、排污。

（4）水箱应设活动箱盖。

（5）供水管必须使用颜色较深（如黑色、黄色）的塑料管或普通橡皮管，以防苔藓滋生。使用透明塑料软管，应定期或至少两周清除管内苔藓。也可以在饮水中加一些无害的清除水藻的药物。

（6）供水管与笼壁要有一定距离，以防兔子咬破水管。

（7）发现乳头滴漏时，及时修理或更换。

（8）饮水嘴应安在距离笼底8～10厘米、靠近笼角处，以保证大小兔均能饮用，防止兔触碰滴漏，导致笼底板长期潮湿，引发脚皮炎，同时避免兔体触碰导致兔体脱毛等（图4-48）。

图4-47　饮水过滤器　　　　　图4-48　兔用饮水器

有的乳头饮水器附设一圆形盛水器可以防止家兔饮水时水滴到笼底板，保障兔舍干燥清洁（图4-49）。

图4-49　新型饮水器

三、产箱

产箱是母兔分娩、哺乳及仔兔出窝前的生活场所，其制作得好坏对断奶仔兔成活率的高低影响很大。

制作产箱的材料应能保温、耐腐蚀、防潮湿。目前多用木板、塑料、铁片制作。若用铁片制作，内壁、底板应垫上保温性能好的纤维板或木板。产箱内外壁要平滑，以防母兔、仔兔出入时擦破皮肤。产箱底面可粗糙一些，使仔兔走动时不至于滑脚。产箱的大小根据所养种兔的大小而定（表4-2）。产箱有内置式（月牙、平式等）（图4-50）、外置式（图4-51、图4-52）等。采用封闭式产箱，母兔食仔现象较少。在我国寒冷地区，小规模养兔可采用地窖式产窝（图4-53、图4-54），仔兔成活率较高，但要防止鼠害和潮湿。

目前采用的"品"字形兔笼，其产箱与兔笼为一体，中间用圆形隔板分隔，圆形洞兔子可以进出。通过开启笼门让母兔哺乳，其余时间关闭笼门。待仔兔21天后将隔板取走，加大兔笼内的面积（图4-55）。

表4-2　产仔箱的最小尺寸

种兔体重	面积/米²	长度/厘米	宽度/厘米	高/厘米
4千克以下	0.11	33	33	25
4千克以上	0.12	30	40	30

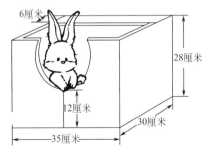

图4-50　月牙式产箱

图4-51　外挂式产箱（一）

图4-52　外挂式产箱（二）

图4-53　地窖式产窝

图4-54　地窖式产窝（最底层兔笼）

图4-55　笼内前置式产箱

四、自动化饲喂设备

目前有绞龙式、自动定量和输送带式等自动饲喂系统。绞龙式要求颗粒饲料硬度较高，否则粉料过多，适宜于自由采食模式（图4-56、图4-57），目前国内外大型兔场采用本系统；自动定量饲喂系统可以根据不同生理阶段的兔子进行定时定量饲喂（图4-58）。输送带式结构简单，投资较少（图4-59、图4-60）。如果设定采食时间也可进行粗略定量方式。

图4-56　自动化饲喂系统（北京四方）

图4-57　自动饲喂装置

图4-59　自动饲喂系统（轨道式）

图4-58　自动化定量饲喂系统

图4-60　输送带式饲喂系统

五、清粪系统

目前，除人工清除粪便外，效率较高的有机械式和输送带式清粪等方式。

1. 机械清理粪便

兔场使用机械清粪系统可以减少饲养人员劳动强度，提高工作效率。兔舍一般采取导架刮板式清粪机，由牵引机、转角轮、限位清洁器、紧张器、刮板装置、牵引绳和清洁器等组成。粪沟地面制作要求平整，以便粪便能够清理干净。利用斜度清洁器有利于粪尿分离（图4-61～图4-64）。

图4-61　自动清粪系统（右为转角轮，左为刮板装置）

图4-62 斜度刮粪板

2. 输送带式清粪

输送带安装在兔笼下，同时完成承粪和清粪工作，主要由减速电机、链传动机构、主被动辊、输送带、刮粪板、张紧轮、调节丝杆等组成（图4-65、图4-66）。刮粪板装在输送带的排粪处，可使粪和带分离，防止带子粘粪。输送带由低压聚乙烯塑料制成，延伸率小，表面光滑，且容易在带的连接处粘接。

图4-63 机械清粪

图4-64 室外清粪端

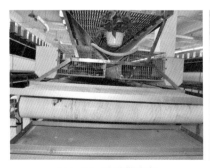

图4-65 输送带清粪

图4-66 输送带清粪（北京四方）

第三节
兔舍环境调控技术

兔舍温度、湿度、有害气体、光照、噪声等环境因子是影响家兔生产性能和健康水平的重要因素之一。对兔舍环境因素进行人为调控，创造适合家兔生长、繁殖的良好环境条件，是提高兔群生产水平的重要措施之一。

一、温度调控

环境温度直接影响家兔的健康、繁殖、采食量、毛皮质量和生长速度等。

1.高温、低温的危害

环境温度过高或过低，家兔机体会通过物理和化学方法调节气温，消耗大量营养物质，从而降低生产性能，生长兔表现为生长速度下降，料肉比升高。高温可以导致兔群"夏季不孕"、毛皮质量下降甚至发生中暑。低温可引起消化道疾病发生率升高。

2.家兔适宜的环境温度要求（表4-3）

表4-3　不同日龄、不同生理阶段家兔对环境温度的要求

生理阶段	适宜温度	备注
初生仔兔	30～32℃	指巢箱内温度
1～4周龄	20～30℃	
成年兔	15～20℃	成年兔耐受低温、高温的极限分别为-5℃和30℃。繁殖公兔长时间在30℃条件下生存，易出现"夏季不孕"，甚至发生中暑

3.兔舍人工增温措施

（1）修建兔舍前，应根据当地气候特点，选择开放式、半开放式或全封闭式室内笼养兔舍，同时注意兔舍保温隔热材料的选择。

（2）集中供热。可采取锅炉或空气预热装置等集中产热，再通过管道将热水、蒸汽或热空气送往兔舍，有挂式暖气片、地暖、燃气加温等

形式（图4-67～图4-69）。

（3）局部供热。在兔舍中单独安装供热设备，如火炉、火墙、电热器、保温伞、散热板、红外线灯等。现有生产的电褥子垫放在产箱下进行增温。使用火炉时要注意防止煤气中毒。

图4-67　暖气加温

（4）适当提高舍内饲养密度也可提高舍温。

（5）设置专用产房。有的兔场设置单独的供暖产房和育仔间等，也是做好冻繁经济有效的方式之一。农村也可修建塑料大棚兔舍以减少寒冷季节的取暖费用。

图4-68　地暖加温

4. 兔舍散热与降温措施

（1）修建保温隔热兔舍。

（2）兔舍前种植树木、攀缘植物，窗外搭建遮阳网、设挡阳板，挂窗帘，减少阳光对兔舍的照射。

（3）安装通风设备，加大通风量。

（4）安装水帘（图4-70～图4-72）。

（5）安装空调。大型兔场一般公兔专用舍安装空调。

图4-69　燃气加温

二、有害气体的控制

兔舍中有害气体主要有氨、二氧化碳等。

1. 兔舍有害气体产生的原因

兔舍内粪尿和被污染的垫草在一定温度下分解产生有害气体。其浓度与粪尿等污物的数量、兔舍温度和通风

图4-70　水帘降温（一）

图4-71 水帘降温（二）

图4-72 水帘降温（三）

大小等有关。

2. 有害气体的危害

与其他动物相比，家兔对环境空气质量特别敏感，污浊的空气会显著增加兔群呼吸道疾病（如巴氏杆菌病、波氏杆菌病等）和眼病（眼结膜炎等）的发生率。据报道，每平方米空气中氨的含量达50毫升时，兔呼吸频率减慢，流泪，鼻塞；达100毫升时，会使兔眼泪、鼻涕和口涎显著增多。

3. 兔舍内有害气体允许浓度

氨＜30毫克/千克，硫化氢＜10毫克/千克，二氧化碳＜3500毫克/千克。

4. 减少舍内有害气体浓度的措施

（1）减少有害气体的生成量，适度降低饲养密度，增加清粪次数，减少舍内水管、饮水器等泄漏。

（2）根据兔舍结构，采取自然通风和动力通风相结合的方式将舍内污浊空气排到舍外（图4-73～图4-78）。

兔舍排气孔面积应为地面面积的2%～3%，进气孔的面积为地面面积的3%～5%。机械通风的空气流速夏天以0.4米/秒、冬天以不超过0.2米/秒比较适宜。

注意事项：注意进出风口位置、大小，防止形成"穿堂风"。进出风口要安装网罩，防止兽、蚊、蝇等进入。

图4-73　排风系统

图4-74　通风系统（屋顶安装通风道）

图4-75　通风系统

图4-76　通风设备（一）

图4-77　通风设备（二）

图4-78　通风系统（国外）

三、湿度调控

家兔舍内相对湿度以60%～65%为宜，一般不应低于55%或高于70%。

1.高湿的危害

湿度往往伴随着温度高低而对兔体产生影响。如高温高湿会影响家兔散热，易引起中暑；低温高湿又会增加散热，使家兔产生冷感，特别对仔兔、幼兔影响更大；温度适宜而潮湿，有利于细菌、寄生虫活动，可引起兔疥癣病、球虫病、湿疹等。

2.干燥的危害

空气过于干燥，可引起呼吸道黏膜干燥，感染细菌、病毒而致病。但一般兔舍很少出现干燥的情况。

3.控制湿度的措施

加强通风；降低舍内饲养密度；防止饮水器漏水，增加粪尿清除次数，排粪沟撒落一些吸附剂（如石灰、草木灰等）；冬季舍内供暖。

四、光照调控

光照对家兔有很大的影响。光照可以促进兔体新陈代谢，增强食欲，使红细胞和血红蛋白含量增加；促进皮肤合成维生素D，调节钙、磷代谢，促进生长。同时光照有助于家兔生殖系统的发育，促进性成熟（表4-4、表4-5）。

1.适宜的光照时间与强度

表4-4　家兔适宜的光照时间与强度

类型	光照时间/小时	光照强度/勒克斯	说明
繁殖母兔	14～16	20～30	繁殖母兔需要较强的光照
公兔	10～12	20	公兔喜欢短光照，如果持续光照超过16小时，将导致公兔睾丸重量减轻和精子数减少，影响配种能力
育肥兔	8	20	采用暗光育肥，可控制性腺的发育，促进生长，降低活动量和减少相互咬斗

表4-5　兔舍光效采用电源的特性

光源种类	功率/瓦	光效/（勒克斯/瓦）	寿命/小时
白炽灯	15～1000	6.5～20	750～1000
荧光灯	6～125	40～85	5000～8000

2.采光方式

普通兔舍多依靠门窗供光（图4-79），密闭式兔舍采用人工补充光照。不足的自然光照时间用白炽灯或日光灯来补充（图4-80），LED耗电少，值得推广。舍内灯光的布局要合理。灯的高度一般为2.0～2.4米，行距大约3米。为使舍内的照度比较均匀，应当降低每个灯的瓦数，而增加舍内的总灯数。使用平面或伞式灯罩可使光照强度增加50%。要经常对灯泡等进行擦拭。

图4-79　自然光照良好的兔舍

图4-80　人工补充光照

目前我国大型兔场将温度、湿度、通风、光照控制等进行系统集成。系统根据兔舍温度、空气质量等指标可进行自动控制（图4-81）。

五、噪声的控制

家兔胆小怕惊，突然的噪声可引起一系列不良反应和严重后果，尤其对妊娠母兔、泌乳母兔和断奶后的幼兔影响更为严重。

减少噪声的措施如下。

（1）修建兔场时，场址一定要选在远离公路、工矿企业等的地方。

图4-81　兔舍环境控制系统

（2）饲料加工车间应远离生产区。

（3）换气扇、清粪等舍内设备要选择噪声小的。

（4）饲养人员操作时动作要轻、稳。

（5）用汽（煤）油喷灯消毒时，尽量避免在母兔怀孕后期集中进行。

（6）禁止在兔舍周围燃放鞭炮等。

第四节
兔场粪污资源化利用技术

兔场生产过程中产生的废弃物主要包括粪尿、垫料等，其中含有多种病原微生物、寄生虫虫卵等，若不进行处理直接排放，会造成严重的环境污染，同时也是对宝贵资源的浪费。为此，对粪污进行资源化利用，既可以保护环境，又可以增加经济收入。

一、兔场粪污处理和利用的原则

1. 减量化原则

随着养兔规模化发展，粪污集中大量排放，在粪便收集、处理和利用时首先要强调减量化原则。污水处理成本高，只有环境效益，没有经济效益，为此减少污水排放量是兔场防止环境污染的关键。选择采用先进的生产工艺，即倾斜式刮粪、输送带清粪方式等，尽量不使用水冲式清粪方式，可以减少污水的排放。

2. 资源化、生态化原则

养兔场粪污资源化利用是保障兔业发展与环境保护统筹兼顾的有效手段。兔粪是很好的有机肥，可用于蔬菜、花卉、果树或其他大田作物有机栽培，也可作为培养料、燃料等进行有效利用。将养兔业与种植业紧密结合，实现"以农养牧，以牧促农，实现生态系统良性循环"，是养兔业粪污最为理想的利用方向，是解决兔业生产粪污污染问题的根本途径，也是农业发展的必由之路。

二、兔场粪污减排方法

1. 雨水分离管理

在兔场规划设计中要做到雨水和污水分离，是减少养殖污水产生量的基本前提。如果兔场设计不合理或兔场粪污管理不当，雨水直接混入兔场污水中，会加大粪污后处理难度，兔场排污量也会相应增加。

因此，通过兔场场区和兔舍的合理设计以及兔场排水规划，粪便和污水贮存处理的严格管理，可以做到雨污分离，减少污水的排放量。

2. 采用干清粪工艺

干清粪工艺是指家兔粪便经人工或机械收集运走，尿液及冲洗污水通过排水管道进入污水池的清粪工艺。目前，我国规模化兔场主要清粪工艺主要有水冲式清粪和干清粪等。与干清粪相比，水冲式清粪耗水量大，污水与粪便混合，粪便后期好氧堆肥及厌氧发酵难以达到理想效果，并且在运输、贮存及使用时均不方便，水冲式清粪后污水排放量大大增加，耗氧堆肥或沼气发酵均不能完全处理污水，需要使用昂贵的固液分离设施设备和污水处理系统。同时固液分离后干物质肥效大大降低，粪便中大部分可溶性有机物进入污水，使液体部分浓度很高，极大地增加了粪便和污水的处理难度及成本。

因此，在家兔养殖中尽量采用人工干清粪、刮粪板或传送带清粪方式（图4-82），减少清洗用水，防止饮水器漏水，便于后期粪尿分离和粪便处理。推广干清粪工艺对减少粪污排放总量，降低环境污染具有重大意义。

三、兔场粪污处理技术

兔场粪便有用作肥料、制作沼气等利用方式，污水处理主要有氧化塘处理后还田等方式。

1. 堆肥技术

堆肥技术只依靠自然界的微生物对粪便有机物有控制地进行生物降

图4-82　粪尿分离刮粪板

解，使各种复杂的有机物转化为可溶性养分和腐殖质，同时利用堆积时产生的高温杀死粪便中病原微生物、虫卵等，使之控质化、腐殖化和无害化的生物处理技术。

堆肥技术操作简单，经济投入低，处理量大，易于推广。

有的大型养兔企业对通过在兔粪中添加菌种、有机质生产有机肥，可获得较高的经济效益（图4-83、图4-84）。

图4-83　兔粪处理装置

2.厌氧发酵技术（沼气工程）

厌氧发酵技术是在一定温度、湿度和酸碱度等条件下利用微生物将粪便中的有机物进行分解产生沼气的过程。

图4-84　有机肥生产

3.污水处理技术

氧化塘处理畜牧场污水是污水处理的常用方法。氧化塘处理污水实际上是水体自净的过程。污水进入塘内被塘水稀释，随后，污水中的有机物在塘内菌类、藻类、水生动物和植物作用下逐渐分解（图4-85、图4-86）。

图4-85　兔舍污水进入氧化塘通道

图4-86　氧化塘

（任克良）

第五章

家兔营养需求与饲料配制技术

饲料是养兔的物质基础，饲料成本占养兔成本的60%～70％。根据不同类型家兔营养需要，选择适宜的饲料原料生产全价配合颗粒饲料，保证家兔健康生产是获得较高经济效益的重要保证。

第一节
家兔的营养需求

一、对蛋白质的需求

蛋白质是维持生命活动的基本成分。是兔体、兔皮、兔毛生长不可缺少的营养成分。

1. 蛋白质的组成

蛋白质主要由碳、氢、氧、氮等元素组成。

蛋白质由氨基酸组成，常见的氨基酸有20种。

家兔10种必需氨基酸分别为蛋氨酸、赖氨酸、精氨酸、苏氨酸、组氨酸、异亮氨酸、亮氨酸、苯丙氨酸、色氨酸、缬氨酸。生产中使用普通饲料原料时，赖氨酸、含硫氨基酸和苏氨酸为第一限制性氨基酸。

2. 蛋白质的营养生理作用

蛋白质是机体和兔产品的重要组成部分，是机体内生物功能的载体和组织更新、修补的主要原料，同时可以供给机体能量。

3. 蛋白质的需要

（1）维持需要 生长兔每天消化蛋白质维持需要量（DPm）估计为 2.9 克/千克 $LW^{0.75}$。泌乳母兔、泌乳+妊娠母兔每天蛋白质维持需要分别为 3.73 克 DE/千克 $LW^{0.75}$ 和 3.76～3.80 克 DE/千克 $LW^{0.75}$。非繁殖成年兔与生长兔是相同的 DPm。

（2）生长需要 可消化蛋白的需要随生长速度而改变。

一般认为，生长兔每 4184 千焦 DE 需要 46 克 DCP（可消化蛋白质）。兔饲粮蛋白质消化率平均为 70%，饲粮 DE 含量为 10.04 千焦/千克时，就可计算 CP（粗蛋白质）含量：

生长兔最低饲粮的粗蛋白质含量=46×2.4/0.70 = 158（克/千克）或 15.8%。

青年母兔饲粮蛋白质的水平推荐为 15%～16%，青年公兔为 10.5%～11%。

在考虑蛋白质含量的同时，要注意蛋能比。可消化蛋白（DP）对消化能（DE）的比例：青年母兔、青年公兔为 10.5～11.0 克/兆焦。

生长兔饲粮中不仅要有一定量的蛋白质，同时氨基酸也极为重要。生长兔赖氨酸的最佳比例为 0.75%。

（3）繁殖母兔的需要 兔乳中蛋白质、脂肪含量丰富，为牛乳的 3～4 倍，其能值大约有 1/3 由蛋白质提供。

泌乳的最低粗蛋白质=51×2.5/0.73 = 175（克/千克）或 17.5%。

（4）成年兔的粗蛋白质需要 成年兔用于维持的粗蛋白质需要量很低，一般 13% 就可满足其需要。

表5-1 中列出了繁殖母兔、断奶兔、育肥兔饲粮中粗蛋白、最低氨基酸的推荐量。

表5-1 家兔饲粮蛋白质和氨基酸的最低推荐量

饲粮水平（89%～90%的干物质）	繁殖母兔	断奶兔	育肥兔
消化能/（兆焦/千克）	10.46	9.52	10.04
粗蛋白/%	17.5	16.0	15.5
可消化蛋白/%	12.7	11.0	10.8

续表

饲粮水平（89%～90%的干物质）	繁殖母兔	断奶兔	育肥兔
精氨酸/%	0.85	0.90	0.90
组氨酸/%	0.43	0.35	0.35
异亮氨酸/%	0.70	0.65	0.60
亮氨酸/%	1.25	1.10	1.05
赖氨酸/%	0.85	0.75	0.70
蛋氨酸+胱氨酸/%	0.62	0.65	0.65
苯丙氨酸+酪氨酸/%	0.62	0.65	0.65
苏氨酸/%	0.65	0.60	0.60
色氨酸/%	0.15	0.13	0.13
缬氨酸/%	0.85	0.70	0.70

注：选自Maertebs。

（5）皮用兔、毛用兔的蛋白质需要　产皮兔和产毛兔的终产品（皮和毛）中的含氮化合物和含硫氨基酸含量高，因而对它们的蛋白质营养需要应特别关注。

一般建议，皮用兔饲粮中的蛋白质含量最少应为16%，含硫氨基酸最少为0.7%。产毛兔的蛋白质含量根据产毛量来确定，但其中含硫氨基酸最低为0.7%。

（6）蛋白质不足或过量的危害　蛋白质不足时，家兔生长速度下降；母兔发情不正常、胎儿发育不良、泌乳量下降；公兔精子密度小，品质降低。换毛期延长；出现食毛现象。獭兔被毛质量下降。毛兔产毛量下降，兔毛品质下降。

蛋白质过高，不仅增加成本，同时加重肝、肾等器官的负担，还极易导致魏氏梭菌等疾病的发生。大量的氮排放造成环境污染加剧。

二、对能量的需求

1. 能量的概念、单位、能量体系

（1）概念　能量可定义为做功的能力。动物的所有活动，如呼吸、心跳、血液循环、肌肉活动、神经活动、生长、生产产品（繁殖、泌乳等）等都需要能量。

（2）能量的单位　能量的国际标准单位为焦耳（J）和兆焦，1千焦=

1000焦（J），1兆焦=1000千焦。

（3）家兔的能量体系

动物摄入的饲料能量伴随养分的消化代谢过程发生一系列转化，饲料能量可相应划分成若干部分（图5-1）。

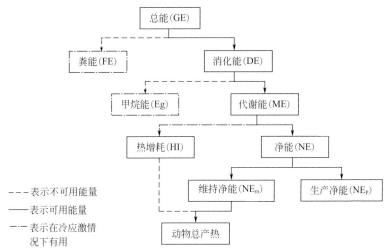

— — — 表示不可用能量
——— 表示可用能量
—·— 表示在冷应激情况下有用

图5-1 饲料能量在动物体内的分配 [引自动物营养学（第三版 ）]

目前家兔的能量体系一般为消化能（digestible，DE），是指饲料可消化养分所含的能量，即家兔摄入饲料的总能（gross energy，GE）与粪能（fecal energy，FE）之差。即

$$DE=GE-FE$$

式中，FE为粪中物质所含的总能，称为粪能。

家兔对饲料的能量利用率见图5-2。

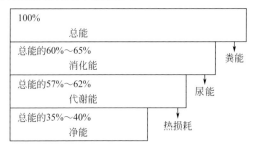

图5-2 家兔对饲料的能量利用率

[Carlos de Bgas,Jugianwiseman.唐良美主译.家兔营养[M]（第二版 ）]

2. 能量来源

能量主要来源于碳水化合物、脂肪和蛋白质。其中碳水化合物是主要的能量来源，因为饲料中碳水化合物含量最高。脂肪是含能量最高的营养素，其有效能值约为碳水化合物的2.25倍。蛋白质必须先分解为氨基酸，氨基酸脱氨基后再氧化释放能量，能量利用效率较低。试验数据表明，家兔的脂肪和蛋白质具有独特的热值，分别为35.6兆焦/千克和23.2兆焦/千克。

3. 能量需要

（1）维持需要　家兔的维持需要与代谢体重和生理状况有关。

生长兔每天消化能维持需要平均为430千焦/千克$LW^{0.75}$，每天代谢能维持需要为410千焦/千克$LW^{0.75}$。

每天消化能维持需要的建议值为：空怀母兔400千焦/千克$LW^{0.75}$，妊娠或泌乳母兔430千焦/千克$LW^{0.75}$，泌乳期的怀孕母兔470千焦/千克$LW^{0.75}$。

（2）生长兔的能量需要　试验数据表明，当饲粮消化能浓度为10.0～10.5兆焦/千克时生长兔平均日增重最高。

（3）繁殖母兔的能量需要　繁殖母兔的能量需要量=维持需要+泌乳需要+妊娠需要+仔兔生长需要。繁殖母兔能量需要量与所处生理阶段等有关，表5-2是不同生理阶段高产母兔总的能量需要量。

表5-2　高产母兔在繁殖周期不同阶段的能量需要量
[4千克标准母兔的需要量（千焦/天）]

阶段		维持	妊娠	泌乳	总计	饲料/（克/天）
青年母兔（妊娠）（3.2千克）		240	130	—	370	148
妊娠母兔	0～23天	285	95		385	154
	23～31天	285	285	—	570	228
泌乳母兔	10天	310	—	690	1000	400
	17天	310	—	850	1160	464
	25天	310	—	730	1160	464
泌乳+妊娠母兔	10天	310	—	690	1000	400
	17天	310	95	850	1255	502
	25天	310	95	730	1135	454

注：1. 选自Maerens。

2. 假定每千克饲粮能量含量为10.46千焦 DE。

3. 妊娠+生长。

4. 产奶量：10天时，235克；17天时，290克；25天时，220克。

（4）产毛能量需要　据刘世明等（1989）报道，每克兔毛含能量约为21.13千焦，DE用于毛中能量沉积效率为19%，所以每产1克毛需要供应大约111.21千焦的消化能。

（5）能量不足或过量的危害　能量不足，生长兔增重速度减慢，饲料利用率下降。

能量过高时，饲粮中碳水化合物比例常常增加，家兔尤其是幼兔消化道疾病发病率升高；母兔肥胖，发情紊乱，不孕、难产或胎儿死亡率升高；公兔配种能力下降。同时饲料成本升高。

三、对脂肪的需求

1. 脂类、脂肪的概念

脂类可分为简单的脂质和复杂的类脂，前者不含脂肪酸（FA），后者与FA酯化。脂肪是由碳、氢、氧组成的复杂有机物，以能溶于非极性有机溶剂为特征。

甘油三酯可以被称之为真脂，因为它们是动物、植物有机体贮存能量最典型的形式。因此，只有这种脂类具有真正的营养价值。

2. 脂肪的营养作用

（1）供能和储能的作用　甘油三酯是饲料中产生能量最高的成分，平均产生的能值是其他成分（如蛋白质和淀粉）的2.25倍。

（2）提高适口性　适量的脂肪，可提高饲料适口性，增加采食量。

（3）促进脂溶性营养素的吸收　脂肪是脂溶性维生素的良好溶剂，有利于机体对脂溶性维生素和脂类的吸收。

（4）刺激免疫系统发育、改变脂肪酸谱，提高兔肉营养价值和被毛光泽度。

3. 脂肪的需要

集约化生产方式中，添加1%～3%的脂肪是必要的。家兔饲粮中脂肪适宜量为3%～5%。最新研究表明，育肥兔饲粮脂肪比例增加到5%～8%，可改善育肥性能，提高肉质。

添加脂肪以植物油为好，如玉米油、大豆油和葵花籽油等。

4. 脂肪含量过低、过高的影响

饲粮中脂肪含量过低，会引起维生素A、维生素D、维生素E和维生素K的营养缺乏症。兔皮、兔毛品质下降。

脂肪含量过高，饲粮成本升高，且不易贮存，胴体脂肪含量增加。同时饲料不易颗粒化。在热环境下，会减少家兔抗热应激的潜力。

四、对碳水化合物的需求

碳水化合物是多羟基的醛、酮或其简单衍生物以及能水解产生上述产物的化合物的总称。碳水化合物中淀粉、粗纤维对家兔营养和肠道健康影响较大，分述如下。

1. 淀粉

（1）概念　淀粉（α-葡聚糖）是一种绿色植物储存的主要多糖，并且也许是自然界中仅次于纤维素的含量最丰富的碳水化合物。

（2）淀粉的需要

① 仔兔的需要　研究表明，饲粮的淀粉水平对仔兔从开始吃饲料到断奶这段时间死亡率的影响并不大。主要是乳的摄取是仔兔养分摄取的重要部分，并有保护健康的功效。

② 生长兔的需要　已经证明，兔对消化功能紊乱的敏感性在断奶后要大得多，这是由于这个时期出现了许多生理学的改变。饲粮中淀粉含量应低于通常的15%～15.5%，或者甚至更低一些。

③ 成年兔的需要　当饲粮的淀粉含量在常用水平之内时，淀粉摄入量与成年家兔消化功能紊乱的关系很有限。

2. 纤维

（1）定义、存在部位　饲粮纤维一般定义为：对哺乳动物的内源酶消化和吸收具有抗性，并能在肠道内被部分或全部发酵的饲料成分。

（2）纤维的表示方法　粗纤维是传统表达方式。目前替代粗纤维的较为先进的方法是范氏（Van Soest）测定方法。纤维按照中性洗涤剂纤维（NDF）、酸性洗涤纤维（ADF）、酸性洗涤木质素（ADL）等

来表示。饲粮纤维测定的重量分析法和残渣分析的识别见图5-3。

图5-3　饲粮纤维测定的重量分析法和残渣分析的识别（Nutrition of the rabbit 2nd Edition）

（3）纤维的作用

① 提供能量　纤维经盲肠微生物发酵，产生挥发性脂肪酸（VFA），挥发性脂肪酸在后肠很快被吸收并为家兔提供常规能源。

② 维持胃肠正常蠕动，刺激胃肠道发育　肠胃正常蠕动是影响养分吸收的重要因素。

饲粮中不仅要有一定量的粗纤维，同时木质素要有一定水平。法国研究小组已经证实了饲粮中木质素（ADL）对食糜流通速度的重要作用及其防止腹泻的保护作用。

消化功能紊乱所导致的死亡率与他们试验饲粮中的ADL水平密切相关（$r = 0.99$）。关系式表示如下：死亡率（%）= 15.8−1.08ADL

以上关系式表示，随着饲粮中木质素（ADL）增加，家兔消化道疾病导致的死亡率呈现下降的趋势。

③ 预防毛球症　饲粮中保持适宜的粗纤维，可促使胃肠道的蠕动，将兔毛排出体外，防止发生毛球症（图5-4）。

3. 淀粉、纤维的需要

一般传统的观点认为：家兔饲粮中粗纤维含量以12% ～ 16%为宜。粗纤维含量低于6%会引起腹泻。粗纤维含量过高，生产性能下降。

表5-3中给出了繁殖母兔、青年兔、育肥兔饲粮中淀粉和纤维含

图5-4　兔胃中取出的毛球（任克良）

量的最小值。纤维推荐量以平均水平为基础。根据健康状况，这个值可适当增加或减少。

表5-3　饲粮中纤维和淀粉的推荐量

饲粮水平（85%~90%干物质）	繁殖母兔	断奶的青年兔	育肥兔
淀粉	自由采食	13.5	18.0
酸性洗涤纤维（ADF）/%	16.5	21	18
酸性洗涤木质素（ADL）/%	4.2	5.0	4.5
纤维素（ADF-ADL）/%	12.3	16	13.5

注：选自Maertens。

4. 纤维过高、过低的影响

纤维过低，易导致生长兔消化功能紊乱，消化道疾病发生率增加。纤维过高，易导致其他营养素不足，饲料不易颗粒化，粉料比例增加。

五、对水的需求

水是兔体的主要成分，约占体内瘦肉重的70%。水对饲料的消化、吸收、机体内的物质代谢、体温调节都是必需的。家兔缺水比缺料更难维持生命。

饮水量和采食量随环境温度和湿度的变化而变化，因此建议自由饮水（图5-5）。

缺水的影响：生长兔采食量急剧下降，并在24小时内停止采食。母兔泌乳量下降，仔兔生长发育受阻。

饮用水应该清洁、新鲜、不含生物和化学物质。

六、对矿物质的需求

矿物质是家兔机体的重要组成成分，也是机体不可缺少的营养物质，其含量占机体5%左右，可分为常量元素和微量元素。

图5-5　自由饮水

1. 常量元素

（1）钙、磷 钙、磷占体内总矿物质的65%～70%。钙、磷是骨骼的主要成分，参与骨骼的形成。还参与其他代谢等。钙的代谢与其他畜种存在较大差异。家兔可以很好地利用植酸磷。

钙、磷的营养需要：生长育肥兔钙的推荐剂量为0.4%～1.0%，磷为0.22%～0.7%。母兔饲粮中的钙为0.75%～1.5%，磷为0.45%～0.8%。

钙、磷缺乏或过量的危害：缺乏钙、磷和维生素D时，幼兔可引起软骨症；成年兔可发生溶骨作用；怀孕母兔在产前和产后发生产后瘫痪。

（2）镁 镁是构成骨骼和牙齿的成分（身体所含镁的70%存在于骨骼中），为骨骼正常发育所必需。作为多种酶的活化剂，在糖、蛋白质代谢中起重要作用。保证神经、肌肉的正常功能。

镁的需要量为0.34%。

镁不足或过量的危害：镁不足，家兔生长缓慢，食毛，神经、肌肉兴奋性提高，发生痉挛。过量的镁会通过尿排出，所以，多量添加镁很少导致严重的副作用。

（3）钾 钾在维持细胞内液渗透压、酸碱平衡和神经、肌肉兴奋中起重要作用，同时还参与糖的代谢。钾还可促进粗纤维的消化。

钾的需要量为0.6%～1.0%。

钾不足或过量的危害：缺钾时会发生严重的进行性肌肉不良等病理变化；钾过量时，采食量下降，肾炎发生率高，还会影响镁的吸收。

（4）钠、氯 钠和氯在维持细胞外液的渗透压中起重要作用。

钠和氯的需要量：生长兔、泌乳母兔饲粮中推荐量分别为0.5%和0.3%。

钠和氯不足或过量的危害：长期缺乏钠、氯会影响仔兔的生长发育和母兔的泌乳量，并使饲料的利用率降低；过高时，会引起家兔中毒。

（5）硫 硫的作用主要通过含硫有机物来实现，如含硫氨基酸合成体蛋白、被毛和多种激素。硫胺素参与碳水化合物代谢。硫作为黏多糖的成分参与胶原和结缔组织的代谢等。硫对毛、皮生长有重要作用，因此，长毛兔、獭兔对硫的需要具有特殊的意义。

硫的需要量：常用饲粮中硫的含量一般在0.2%以上，一般不需要补充。

硫不足或过量的危害：缺乏时表现为毛皮质量下降，粗毛率提高，皮张质量下降，毛兔产毛量下降。

2. 微量元素

（1）铁　铁为形成血红蛋白和肌红蛋白所必需，是细胞色素类和多种氧化酶的成分。

铁的需要量：每千克饲粮中铁为50毫克。

铁不足或过量的危害：兔缺铁时则发生低血红蛋白性贫血和其他不良现象。兔初生时机体就储有铁，一般断奶前是不会患缺铁性贫血的。

（2）铜　铜是多种氧化酶的组成成分，参与机体许多代谢过程。铜在造血、促进血红素的合成过程中起重要作用。此外，铜与骨骼的正常发育、繁殖和中枢神经系统机能密切相关，还参与毛中蛋白质的形成。

铜的需要量：每千克饲粮中铜为10毫克/千克。铜与钼呈拮抗作用，硫的存在会加剧这种拮抗作用。

铜不足或过量的危害：铜缺乏时，会引起家兔贫血，生长发育受阻，有色毛脱色，毛质粗硬，骨骼发育异常，异嗜，运动神经失调和神经症状，腹泻及生产能力下降。高铜（100～400毫克/千克）能够提高家兔的生长性能，但对环境造成污染。

（3）锰　锰参与骨骼基质中硫酸软骨素的形成，为骨骼正常发育所必需。锰与繁殖、神经系统及碳水化合物和脂肪代谢有关。

锰的需要量：每千克饲粮中含8～15毫克。

锰不足或过量的危害：家兔缺乏锰时骨骼发育不正常，繁殖功能下降。

（4）锌　锌为体内多种酶的成分，其功能与呼吸有关，为骨骼正常生长和发育所必需，也是上皮组织形成和维持其正常机能所不可缺少的。锌对兔的繁殖有重要作用。

锌的需要量：一般为25～60毫克／千克。

锌不足或过量的危害：缺乏时表现为掉毛，皮炎，体重减轻，食欲下降，嘴周围肿胀，下颌及颈部毛湿而无光泽，繁殖功能受阻。

（5）硒　硒是机体内过氧化酶的成分，它参与组织中过氧化物的解毒作用，但防治家兔过氧化物损害方面，主要依赖于维生素E而不是硒。

硒的需要量：饲粮中补充0.05毫克／千克硒是必要的。

硒不足或过量的危害：硒缺乏时表现为被毛质量下降，粗毛率提高，皮张质量下降，毛兔产毛量下降。过量的硒造成家兔中毒。

（6）碘　碘是甲状腺素的组成部分，碘还参与机体几乎所有的物质代谢过程。

碘的需要量：为0.2～1.1毫克／千克。如果家兔饲喂甘蓝、芜菁和油菜籽等富含甲状腺肿原时，须增加碘的添加量。

碘不足或过量的危害：缺碘时，表现甲状腺明显肿大。母兔生产的仔兔体弱或死胎，仔兔生长发育受阻等。过量碘能使新生仔兔死亡率升高并引起碘中毒。

（7）钴　钴是维生素B_{12}的组成成分，也是很多酶的成分，与蛋白质、碳水化合物代谢有关。家兔消化道微生物利用无机钴合成维生素B_{12}。

钴的需要量：为0.25毫克／千克。

家兔很少患钴缺乏症。

七、对维生素的需求

维生素是一类动物代谢所必需的需要量极少的低分子有机化合物。

维生素按其溶解性可分为脂溶性维生素（维生素A、维生素D、维生素E和维生素K）和水溶性维生素（B族维生素和维生素C）两种。

各种维生素生理功能、推荐量及缺乏症、中毒症见表5-4。

表5-4 维生素生理功能、推荐量及缺乏症、中毒症

种类	生理功能	机体可否合成	推荐量	缺乏症、中毒症	备注
维生素A	防止夜盲症和干眼病，保证家兔正常生长，骨骼、牙齿正常发育，保护皮肤、消化道、呼吸道和生殖道的上皮细胞完整。增强兔体抗病能力	—	6000～12000国际单位/千克饲料	缺乏时易引起繁殖力下降（降低母兔的受胎率、产奶量、增加流产率和胎儿起中毒反应），眼病和皮肤病。过量时易引起中毒反应	
维生素D	对钙、磷代谢起重要作用	+（皮肤）	900～1000国际单位/千克饲料	缺乏时引起生长家兔的软骨病（佝偻病），成年家兔的骨软化症和产后瘫痪。过量时可诱发钙质沉着于高铜可以抑制沉着症的发生	
维生素E（生育酚）	主要参与维持正常繁殖功能和肌肉的正常发育，在细胞内具有抗氧化作用	—	40～60毫克/千克饲料	缺乏时主要症状是生长兔的肌肉萎缩（营养不良）和繁殖性能下降母兔的流产率和死胎增加，还可引起心肌损伤，渗出性素质、肝功能障碍、水肿、溃疡和无乳症等。过量易引起中毒	繁殖器官感染和炎症以及患球虫病时，维生素E需求量增加
维生素K	与凝血机制有关，是合成血素和其他血浆凝固因子所必需的物质，最新研究表明，也与骨钙素有关	+（肠道微生物）	1～2毫克/千克饲料	缺乏时导致生长兔出血，跛行以及妊娠母兔发生胎盘出血及流产。肝型球虫病和某些含有双香豆素的饲料（如草木樨）能影响维生素K的吸收和利用	饲料中含有抗代谢药物（如氨丙啉增加量）、霉变原料时，需维生素K的补充量

续表

种类	生理功能	机体可否合成	推荐量	缺乏症、中毒症	备注
维生素B₁（硫胺素）	是糖和脂肪代谢过程中某些酶的辅酶	＋（肠道微生物）	0.8～1.0毫克/千克饲料	缺乏时典型症状为神经障碍，心血管损害和食欲低下，有时会出现轻微性瘫痪等	
维生素B₂（核黄素）	构成一些氧化还原酶的辅酶，参与各种物质代谢	＋（肠道微生物）	3～5毫克/千克饲料	缺乏时表现在眼、皮肤和神经系统以及繁殖性能降低等	
泛酸	辅酶A的组成成分，辅酶A在碳水化合物、脂肪和蛋白质代谢过程中起着重要作用	＋（肠道微生物）	20毫克/千克饲料	缺乏时生长减缓，毛皮受损，神经功能紊乱，胃肠道功能受损和抗感染力下降	
生物素（维生素H）	参与体内许多代谢反应，包括蛋白质、碳水化合物的相互转化	＋（肠道微生物）	0.2毫克/千克饲料	缺乏时表现皮肤发炎，脱毛和继发性皮炎等	
维生素B₅（烟酸、尼克酸）	与体内脂肪代谢有关，碳水化合物、蛋白质代谢，其作用是保护组织的完整性，特别是对皮肤、胃肠道和神经系统的组织完整性起到重要作用	＋（肠道微生物、组织内）	50～180毫克/千克饲料	缺乏时引起脱毛、皮炎、腹泻，食欲缺乏和溃疡性病损，出现细菌感染和肠道环境的恶化	饲喂含有抗生物素蛋白的食物时，易出现缺乏症
维生素B₆（吡哆醇）	包括吡哆醇、吡哆醛和吡哆胺。参与蛋白质、脂肪和碳水化合物的代谢。具有吡哆醇、吡哆醛和吡哆胺，提高生长速度和加速血凝速度的作用，对球虫病的损伤有特殊的意义	＋（肠道微生物）	0.5～1.5毫克/千克饲料	吡哆醇缺乏导致生长迟缓，皮炎、惊厥、贫血、皮肤粗糙、脱毛、腹泻和腹部周围脱毛，还可导致眼和鼻周围发炎、耳肝等症状，出现皮肤鳞状增厚，前肢脱毛和皮肤脱屑	饲粮中色氨酸可以转化为尼克酸

续表

种类	生理功能	机体可否合成	推荐量	缺乏症、中毒症	备注
胆碱	作为磷脂的一种成分来建造和维持细胞结构；在肝脏的脂肪代谢中防止异常脂质的积累；生成能够传递神经冲动的乙酰胆碱；贡献不稳定的甲基，以生成蛋氨酸、甜菜碱和其他代谢产物	在肝脏中合成	200毫克/千克饲料	缺乏时表现为生长迟缓、脂肪肝和肝硬化以及肾小管坏死，发生进行性肌肉营养不良	甜菜碱可以部分取代胆碱对胆碱的需要（甲基供体）
叶酸	叶酸的作用与核酸代谢有关，对正常血细胞的生长有促进作用	+（肠道微生物）	生长及育肥兔0.1毫克/千克饲料，母兔1.5毫克/千克饲料	缺乏时细胞的发育和成熟受到影响，发生贫血和血细胞减少症	母兔饲粮中额外补充5毫克的叶酸可以提高生产性能和多胎性
维生素B_{12}（钴胺素，钴维生素）	有增强蛋白质的效率，促进幼小动物生长的作用	+（肠道微生物，合成与钴相关）	生长兔0.01毫克/千克饲料，母兔0.012毫克/千克饲料	缺乏时生长停滞、贫血、被毛蓬松、皮肤发炎、腹泻、后肢运动失调、母兔窝产仔数减少	饲粮中能获得钴的情况下，通过食粪可获得维生素B_{12}量可获得维生素B_{12}
维生素C（抗坏血酸）	参与细胞间质的生成及体内氧化还原反应、参与胶原蛋白和细胞的吞食活性、防止维生素E被氧化的作用	+（肠道微生物）：能够在肝脏中从D-葡萄糖合成	50~100毫克/千克饲料	缺乏时发生坏血病、生长停滞、体重降低、关节变软、身体各部出血、导致贫血	添加维生素C须采用包被形式，以免被氧化，尤其在潮湿条件下以及钢、铁和其他微量元素接触的情况下

注："+"为可以合成，"-"为不能合成。

家兔常用饲料原料

一、能量饲料

能量饲料主要起供能作用，是指饲料干物质中粗蛋白质含量低于20%，粗纤维含量低于18%，含消化能1.05兆焦/千克的饲料原料，包括谷实类、糠麸类、脱水块根、块茎及其加工副产品、动植物油脂、乳清粉等饲料。

1. 谷实类饲料

谷实类饲料是指禾本科作物的子实。常用的谷实类饲料营养成分、营养价值见表5-5。

（1）玉米　玉米（图5-6）亦称包谷、玉蜀黍等，为禾本科玉米属一年生草本植物。玉米产量高，能量浓度在谷类饲料中几乎列在首位，被誉为"饲料之王"。

图5-6　玉米

营养特点：玉米中的养分含量、营养价值见表5-5。影响玉米营养成分的因素有品种、水分含量、贮藏时间、破碎与否等。

利用注意事项：采购玉米时，含水率≤14.0%，不完整粒≤8.0%，检查玉米是否发霉变质，杂质是否超标等。

家兔饲粮中玉米比例以20%～35%为宜。

注意：家兔饲粮中玉米比例过高，容易引起盲肠和结肠碳水化合物负荷过重，使家兔出现腹泻，或诱发大肠杆菌和魏氏梭菌等疾病。

表5-5 常用谷实饲料中的养分含量、营养价值

饲料名称	干物质/%	粗蛋白/%	粗脂肪/%	粗纤维/%	中性洗涤纤维/%	酸性洗涤纤维/%	酸性洗涤木质素/%	灰分/%	淀粉/%	钙/%	总磷/%	消化能/（兆焦/千克）
玉米	86.0	8.5	3.5	1.9	9.5	2.5	0.5	1.2	64.0	0.02	0.25	13.10
高粱	87.0	9.0	3.4	1.4	17.4	8.0	0.8	1.8	54.1	0.13	0.36	—
大麦（皮）	87.0	11.0	2.0	4.6	17.5	5.5	0.9	2.2	51.0	0.06	0.36	12.90
小麦	88.0	13.4	1.8	2.2	11.0	3.1	0.9	1.6	60.0	0.04	0.35	13.10
燕麦	88.0	10.6	—	11.1	28.0	13.5	2.2	2.6	37.0	0.01	0.03	10.90
稻谷	87.0	7.8	1.6	8.2	27.4	28.7		4.6		0.03	0.36	
碎米	88.0	10.4	2.2	1.1	0.8	0.6		1.6		0.06	0.35	

注："—"表示数据不详、含量无或含量极少而不予考虑。

（2）高粱 高粱（图5-7）为禾本科高粱属一年生草本植物。

营养特点：其养分含量、营养价值见表5-5。高粱中主要抗营养因子是鞣酸，其含量因品种不同而异，一般为0.2%～3.6%。

利用注意事项：适量的高粱有预防腹泻的作用，过高引起便秘。家兔饲料中以添加5%～15%为宜。

提示：鞣酸具有苦涩味，对家兔适口性和养分消化利用率均有明显不良影响。

（3）大麦 大麦（图5-8）是皮大麦（普通大麦）和裸大麦的总称。皮大麦子实外面包有一层种子外壳，是一种重要的饲用精料。

营养特点：大麦中的养分含量、营养价值见表5-5。

利用注意事项：影响大麦品质的因素有麦角病和鞣酸。大麦在家兔

图5-7 高粱

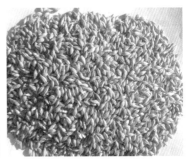

图5-8 大麦

饲料中可占到35％。

注意：麦角毒中毒症状为繁殖障碍、生长受阻、呕吐等。

（4）小麦 小麦（图5-9）是人类的主要粮食之一，极少用作饲料使用，但在小麦价格低于玉米时，也可作为家兔饲料。

营养特点：小麦中的养分含量、营养价值见表5-5。

利用注意事项：家兔饲料中小麦控制在15％以内。

（5）燕麦 燕麦（图5-10）为禾本科燕麦属一年生草本植物。

营养特点：燕麦中的养分含量、营养价值见表5-5。

利用注意事项：燕麦的添加量控制在10％以内。添加量太高会导致兔肉品质下降。

（6）稻谷 稻谷（图5-11）为禾本科稻属一年生草本植物。

营养特点：稻谷中的养分含量、营养价值见表5-5。必需氨基酸如赖氨酸、蛋氨酸、色氨酸等较少。

利用注意事项：家兔饲粮中用稻谷替代部分玉米是可行的。

2. 糠麸类饲料

（1）小麦麸和次粉 小麦麸（图5-12）和次粉是小麦加工成面粉的副产物。

营养特点：小麦因加工方法、精制程度、出麸率等的不同，其营养成分差异很大（表5-6）。利用时要注意补充钙和磷。

图5-9 小麦

图5-10 燕麦

图5-11 稻谷

图5-12 小麦麸

麸皮吸水性强，易结块发霉，使用时应注意。

表5-6　小麦麸、次粉的营养成分

成分	小麦麸	次粉	成分	小麦麸	次粉
干物质/%	87.0	87.9	粗纤维	9.5	2.3
粗蛋白质/%	15.0	14.3	无氮浸出物	—	65.4
粗脂肪/%	2.7	2.4	粗灰分	4.9	2.2

利用注意事项：小麦麸适口性好，是家兔良好的饲料。由于小麦麸物理结构疏松，含有适量的粗纤维和硫酸盐类，有轻泻作用，喂兔可防便秘。同时也是妊娠后期母兔和哺乳母兔的良好饲料。家兔饲料中可占10%～20%。次粉喂兔营养价值与玉米相当，是很好的颗粒饲料黏结剂，可占饲料的10%。

小麦麸因其营养成分与家兔营养需要基本相近，因此设计饲料配方时可多可少，最后不足部分用麸皮来弥补。

提示：小麦麸结块、霉变等禁止使用。

（2）米糠和脱脂米糠　稻谷去壳后果实为糙米，糙米再经精加工成为精米，是人类的主食。

米糠的加工过程如下：

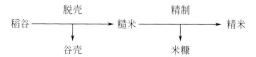

按此工艺可得到谷壳和米糠两种副产物。谷壳亦称砻糠，营养价值极低，可作为家兔粗饲料。米糠由糙米皮层、胚和少量胚乳构成，占糙米比重8%～11%。

营养特点：米糠及其饼粕的营养成分见表5-7。

表5-7　米糠及其饼粕的营养成分

成分	米糠粉	米糠饼	米糠粕
干物质/%	87.0	88.0	88.0
粗蛋白质/%	12.9	14.7	16.3
粗脂肪/%	16.5	9.1	2.0
粗纤维/%	5.7	7.1	7.5
无氮浸出物/%	44.4	48.7	51.5
粗灰分/%	7.5	8.4	9.7

成分	米糠粉	米糠饼	米糠粕
钙/%	0.08	0.12	0.11
磷/%	1.33	1.47	1.58
铁/（毫克/千克）	329.8	422.4	711.8
锰/（毫克/千克）	193.6	217.07	272.4

米糠中除胰蛋白酶抑制剂、植酸等抗营养因子外，还有一种尚未得到证实的抗营养因子。

利用注意事项：米糠（图5-13）是能值最高的糠麸类饲料。米糠易发生酸败，因此要使用新鲜米糠。

米糠或脱脂米糠可占家兔饲料的10%～15%。

图5-13 米糠

（3）小米糠 小米糠（图5-14）又称细谷糠，是谷子脱壳后制小米分离出来的部分。

营养特点：粗蛋白质11%，粗纤维约8%，总能为18.46兆焦/千克，含有丰富的B族维生素，尤其是硫胺素、核黄素含量高，粗脂肪含量也很高，故易发霉变质，使用时要特别注意。

利用注意事项：小米糠可占饲粮的10%～15%。应选购新鲜小米糠作饲料。

与小米糠相比，小米壳糠营养价值较低，含粗蛋白质5.2%，粗脂肪1.2%，粗纤维29.9%，粗灰分15.6%，也可用来喂兔，可占饲粮的10%左右。

图5-14 小米糠

（4）玉米糠 玉米糠（图5-15）是干加工玉米粉的副产品，含有种皮、一

图5-15 玉米糠

部分麸皮和极少量的淀粉屑。

营养特点：玉米糠含粗蛋白质7.5%～10%，粗纤维9.5%，无氮浸出物的含量在糠麸类饲料中最高，为61.3%～67.4%，粗脂肪为2.6%～6.3%，且多为不饱和脂肪酸。有机物消化率较高。

利用注意事项：生长兔饲粮中加入5%～10%，妊娠兔饲粮中加入10%～15%，空怀兔饲粮中加入15%～20%玉米糠，效果均较好。

（5）高粱糠　高粱糠（图5-16）是高粱精制时产生的，含有不能食用的壳、种皮和一部分粉屑。

营养特点：高粱糠含总能19.42兆焦/千克，粗蛋白质9.3%，粗脂肪8.9%，粗纤维3.9%，无氮浸出物63.1%，粗灰分4.8%，钙0.3%，磷0.4%。

利用注意事项：高粱糠适口性差，易致便秘。高粱糠一般占家兔饲粮的5%～8%。

图5-16　高粱糠

3. 其他能量饲料

（1）甜菜渣　甜菜渣（图5-17）是以甜菜为原料制糖后的残渣干燥后获得的产品。

营养特点：甜菜渣的营养成分见表5-8。

图5-17　甜菜渣颗粒

表5-8　甜菜渣的营养成分

类别	干物质/%	粗蛋白质/%	粗脂肪/%	粗纤维/%	无氮浸出物/%	粗灰分/%	钙/%	磷/%
湿甜菜渣	16.50	1.29	0.116	3.73	9.59	0.71	0.11	0.02
干甜菜渣	91.00	8.80	0.50	18.00	58.90	4.80	0.68	0.09

利用注意事项：甜菜渣中的粗纤维与农作物秸秆中的粗纤维不同，其消化率很高，达74%，因此使用甜菜渣时不能把其粗纤维含量计算在

饲粮内。甜菜渣一般可占饲粮的16％
左右，最高可达30％。

（2）糖蜜　糖蜜（图5-18）是制
糖的副产品，依制糖原料不同，可分
为甘蔗糖蜜、甜菜糖蜜。糖蜜除可供
制酒精、味精及培养酵母之用外，还
可作饲料及颗粒饲料黏合剂。

图5-18　糖蜜

营养特点：糖蜜中含有少量蛋白质。主要成分为糖类，含
46％～48％；矿物质含量高，主要为钠、氯、钾、镁等，尤以钾含量最
高，含有较多的B族维生素。

利用注意事项：糖蜜既可提供兔能量，同时可作为黏结剂，提高
适口性。糖蜜和高粱配合使用可中和高粱所含鞣酸，提高高粱使用量。
糖蜜具有轻泻作用，饲喂量大时兔粪变稀。

兔饲粮中糖蜜比例一般为2％～5％。

提示：糖蜜黏稠度大，加入饲料中不易混匀，需要特殊的设备（如
油添系统）。

（3）苹果渣　苹果渣（图5-19）
是苹果榨汁后的副产品，主要由果
皮、果核和残余的果肉组成，约占鲜
果重的25％。我国年产苹果量大，苹
果渣年产量达100多万吨。

营养特点：苹果渣的营养成分见
表5-9。

图5-19　苹果渣

表5-9　苹果渣常规营养成分分析

样品	水分/%	以干物质为基础/%						备注	资料来源
		粗蛋白/%	粗纤维/%	粗脂肪/%	粗灰分/%	钙/%	磷/%		
1	77.40	6.20	16.90	6.80	2.30	0.06	0.06	湿态	杨福有（2000）
2	10.20	4.78	14.72	4.11	4.52			晾干	李志西（2002）

利用注意事项：苹果渣在兔饲粮中所占比例以11.3%为最好。用10%的苹果渣代替兔饲粮中苜蓿粉是可行的。

（4）玉米胚芽粕　玉米胚芽粕（图5-20）是以玉米胚芽为原料，经压榨或浸提取油后的副产品。

营养特点：玉米胚芽（饼）粕色泽微淡黄色至褐色。玉米胚芽饼粕营

图5-20　玉米胚芽粕

养成分见表5-10。由于其适口性好，价格低廉及蛋白质含量高，在家兔饲料中应用广泛。

表5-10　玉米胚芽饼粕营养成分（中国饲料数据库，2009，第20版）

营养成分	玉米胚芽饼	玉米胚芽粕
干物质/%	90.0	90.0
粗蛋白质/%	16.7	20.8
粗脂肪/%	9.6	2.0
粗纤维/%	6.3	6.5
无氮浸出物/%	50.8	54.8
粗灰分/%	6.6	5.9
中性洗涤纤维/%	28.5	38.2
酸性洗涤纤维/%	7.4	10.7
钙/%	0.04	0.06
磷/%	1.45	1.23
赖氨酸/%	0.7	0.75
色氨酸/%	0.16	0.18

利用注意事项：其可在家兔饲料中占5%～8%。

（5）油脂　油脂（图5-21）按照来源可分为动物油脂、植物油脂、饲料级水解油脂和粉末状油脂四类。

营养特点：油脂的能值含量很

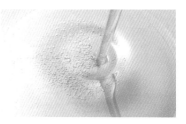

图5-21　油脂

高。同时提高饲粮适口性等。

利用注意事项：推荐植物油的添加比例为0.5%～1.5%。油脂添加过高饲粮不易颗粒化。

提示：油脂要保存在非铜质的密闭容器中；为防止油脂酸败，可添加0.01%的抗氧化剂，如丁基羟基茴香醚（BHA）或二丁基羟基甲苯（BHT）。

二、蛋白质饲料

蛋白质饲料是指饲料干物质中粗蛋白质含量大于或等于20%，粗纤维含量低于18%的饲料原料，如豆（饼）粕、菜籽（饼）粕、棉籽（饼）粕、鱼粉以及工业合成的氨基酸等。

1.植物性蛋白质饲料

（1）大豆及豆饼、豆粕 大豆是重要的油料作物之一。

大豆分为黄大豆、青大豆、黑大豆、其他大豆和饲用豆（秣食豆）五类，其中比例最大的是黄大豆。

大豆经压榨法或夯榨法取油后的副产品为豆饼，而经浸提法或预压浸提法取油后的副产品为豆粕（图5-22）。

图5-22 豆粕

营养特点：一些饼粕营养成分和营养价值见表5-11。

大豆：大豆蛋白质含量高，约35%，主要由球蛋白和清蛋白组成，品质优于各类蛋白。必需氨基酸含量高，尤其是赖氨酸含量高达2%以上，但蛋氨酸含量低。

表5-11　常用豆类及饼粕营养成分和营养价值

饲料名称	干物质/%	灰分/%	粗蛋白/%	粗脂肪/%	粗纤维/%	中性洗涤纤维/%	酸性洗涤纤维/%	酸性洗涤木质素/%	淀粉/%	钙/%	总磷/%	消化能/（兆焦/千克）
大豆	90.0	4.7	35.9	19.3	5.6	11.7	7.3	0.8	—	0.25	0.56	17.35
大豆粕	90.0	6.8	43.2	1.8	7.7	16.1	10.0	0.8	—	0.29	0.6	13.35

续表

饲料名称	干物质/%	灰分/%	粗蛋白/%	粗脂肪/%	粗纤维/%	中性洗涤纤维/%	酸性洗涤纤维/%	酸性洗涤木质素/%	淀粉/%	钙/%	总磷/%	消化能/（兆焦/千克）
菜籽粕	90.0	6.8	36.1	2.5	12.1	27.7	18.9	8.6	—	0.7	1.0	11.35
向日葵仁粕	90.0	6.8	27.9	2.7	25.2	42.8	30.2	10.1	—	0.35	1.0	9.60
玉米DDGS	90.0	6.0	25.3	9.0	8.1	31.6	8.9	1.2	10.5	0.14	0.73	12.70

注："—"表示数据不详、含量无或含量极少而不予考虑。

豆饼（粕）：豆饼和豆粕相比，后者的蛋白质和氨基酸略高些，而有效能值略低些。生大豆或豆饼中存在多种抗营养因子。

利用注意事项：豆饼（粕）可占到饲料比例的10%～20%。目前发酵豆粕使用量呈上升趋势。

提示：生豆、生豆饼中含有抗营养因子，可用热处理过的大豆及豆饼（粕）喂兔。

（2）花生仁（饼）粕 花生仁（饼）粕（图5-23）是指脱壳后的花生仁经脱油后的副产品。

营养特点：花生仁（饼）粕营养成分见表5-12。

图5-23 花生仁（饼）粕

表5-12 花生饼、花生粕的常规成分（干物质中）

种类	粗蛋白质/%	粗纤维/%	粗脂肪/%	粗灰分/%
花生饼	50.8	6.6	8.1	5.7
花生粕	54.3	7.0	1.5	6.1

利用注意事项：花生饼（粕）适口性极好，有香味，兔喜食，可占家兔饲料的5%～15%。考虑到霉菌毒素的危害，建议控制在幼兔中添加比例，同时应与其他蛋白质饲料配合使用。

提示：严禁使用霉菌毒素含量高的产品。

（3）葵花籽饼（粕）（图5-24） 葵花籽即向日葵籽，一般含壳

30%～32％，含油20%～32％，脱壳
葵花籽含油可达40%～50％。

营养特点：脱壳后的葵花籽饼、葵
花籽粕的粗蛋白质高达41％以上，与
豆饼、豆粕相当。葵花籽饼（粕）缺乏
赖氨酸、苏氨酸。

利用注意事项：选购时应注意每批
葵花籽饼、葵花籽粕中壳仁比，测定其
蛋白质含量，以便确定其价格及在家兔
饲料中所添加的比例。

葵花籽饼（粕）在家兔饲粮中可占
20%以内。

（4）芝麻饼　芝麻饼（图5-25）是
芝麻榨油后的副产品。

营养特点：芝麻饼的粗蛋白质含量
达40％以上，与豆饼相近。蛋氨酸含
量较高，可达0.8％以上，是所有植物
性饲料中蛋氨酸含量最高的。色氨酸、
精氨酸含量高，赖氨酸含量低。

利用注意事项：芝麻饼在家兔饲料
中可占5%～12％。注意补充赖氨酸。

（5）棉籽饼（粕）　棉籽饼（粕）

图5-24　葵花籽饼

图5-25　芝麻饼

图5-26　棉籽粕（任克良）

（图5-26）是棉籽经脱壳取油后的副产品。我国棉籽饼（粕）的总产量
仅次于豆饼、豆粕，是廉价的蛋白质来源。

营养特点：棉籽饼（粕）营养成分含量见表5-13。

表5-13　棉籽饼（粕）常规营养成分含量（国产）

成分	棉籽饼	棉籽粕	成分	棉籽饼	棉籽粕
干物质/%	88.0	88.0	粗脂肪/%	6.1	0.8
粗蛋白质/%	34.0	38.9	无氮浸出物/%	22.6	27.0
粗纤维/%	15.3	13.0	粗灰分/%	5.3	6.1

棉籽饼（粕）的精氨酸含量高达3.67%～4.14%，是饼粕饲料中精氨酸含量较高的饲料。

利用注意事项：棉籽饼（粕）中的抗营养因子主要是游离棉酚。建议商品兔饲粮中其比例在10%以下，种兔（包括母兔、公兔）用量不超过5%，且不宜长期饲喂。同时，饲粮中要适当添加赖氨酸、蛋氨酸。

（6）菜籽粕　菜籽粕是油菜籽取油后的副产品。我国油菜籽的95%都用作生产食用油，因此，菜籽粕的产量很大。

营养特点：粗蛋白质含量高，一般35%～41%。蛋氨酸、赖氨酸含量高，精氨酸含量低。富含硒，是常见植物性饲料中最高者。含有多种抗营养因子，包括芥子酸、硫葡萄糖苷、鞣酸等，大量使用会引起中毒。

家兔饲料中菜籽粕的使用比例控制在5%以内，一般为3%～4%。对高硫葡萄糖苷菜籽粕使用前作脱毒处理。

利用注意事项：菜籽粕要对肝脏、肾脏和消化道有毒害作用。

（7）亚麻籽饼　亚麻籽饼（图5-27）是亚麻籽经取油后获得的副产品。亚麻是我国高寒地区主要油料作物之一，按其用途分为纤用型、油用型和兼用型三种。我国种植多为油用型。

营养特点：亚麻籽饼常规成分见表5-14。

图5-27　亚麻籽饼

表5-14　国产亚麻籽饼的常规成分

成分	含量/%	成分	含量/%
干物质	88.0	无氮浸出物	33.4
粗蛋白质	32.2	粗灰分	6.3
粗脂肪	7.6	钙	0.12
粗纤维	8.4	磷	0.88

亚麻籽饼含粗蛋白质32%左右，但品质较差，赖氨酸含量较低，粗脂肪含量较高，粗纤维低于菜籽饼，因而有效能值较高。

利用注意事项：家兔饲粮中亚麻籽饼比例不宜超过10%。

（8）胡麻饼　是胡麻籽（图5-28）经取油后的副产品。胡麻籽是以亚麻籽为主，混杂有芸芥籽及菜籽等混合油料籽实的总称，混杂比例因地区而各异，一般为10％，高者达50％。

图5-28　胡麻籽

营养特点：胡麻饼营养成分因胡麻籽和芸芥籽等的比例不同而异，典型的胡麻饼营养成分见表5-15。其中除含有抗营养因子氢氰酸外，还含有来自芸芥籽等的抗营养因子。

利用注意事项：若胡麻饼的氢氰酸含量低于国标，应比较安全，家兔的饲粮添加比例应小于6％～8％。

表5-15　典型胡麻饼样品的营养成分

成分	胡麻饼		成分	胡麻饼	
	原料	风干		原料	风干
干物质/%	94.2	88.0	无氮浸出物/%	39.0	36.3
粗蛋白质/%	33.1	30.85	粗灰分/%	7.3	6.9
粗脂肪/%	7.2	6.6	钙/%	0.44	0.41
粗纤维/%	8.2	7.5	磷/%	0.87	0.81

（9）玉米蛋白粉　玉米蛋白粉（图5-29）又称玉米面筋，是生产玉米淀粉和玉米油的同步产品，为玉米除去淀粉、胚芽及外皮后剩下的产品，但一般包括部分浸渍物或玉米胚芽粕。

图5-29　玉米蛋白粉

营养特点：按加工精度不同，分为蛋白质含量41％以上和60％以上两种规格（营养成分见表5-16）。

表5-16　玉米蛋白粉的常规成分

成分	玉米蛋白粉CP＞60%		玉米蛋白粉CP＞41%	
	期待值	范围	期待值	范围
水分/%	10.0	9.0～12.0	10.0	9.0～12.0
粗蛋白/%	65.0	60.0～70.0	50.0	41.～45.0
粗脂肪/%	3.5	1.0～5.0	2.0	1.0～3.5
粗纤维/%	1.0	0.5～2.5	4.5	3.0～6.0
粗灰分/%	2.1	0.5～3.7	3.5	2.0～4.0

续表

成分	玉米蛋白粉CP＞60%		玉米蛋白粉CP＞41%	
	期待值	范围	期待值	范围
钙/%	—	—	0.1	0.1～0.3
磷/%	—	—	0.4	0.25～0.7
叶黄素/（毫克/千克）	250	150～350	150	100～200

玉米蛋白粉蛋氨酸含量很高，但赖氨酸和色氨酸含量严重不足，精氨酸含量高。

利用注意事项：玉米蛋白粉属高蛋白、高能量饲料，适用于家兔，可节约蛋氨酸。可占家兔饲粮的5%～10%。

（10）干全酒糟（DDGS）　DDGS为含可溶性的谷物干酒糟（图5-30），是用谷物生产酒精的过程中，通过微生物发酵后，经蒸馏、蒸发、干燥后而形成的。

图5-30　干全酒糟

营养特性：不同原料生产的DDGS营养成分不同，见表5-17。

表5-17　不同原料DDGS营养成分比较

营养成分	玉米DDGS	小麦DDGS	高粱DDGS	大麦DDGS
干物质/%	90.20	92.48	90.31	87.50
粗蛋白/%	29.70	38.48	30.30	28.70
中性洗涤纤维/%	38.80	—	—	56.30
酸性洗涤纤维/%	19.70	17.10	—	29.20
灰分/%	5.20	5.45	5.30	—
粗脂肪/%	10.00	8.27	15.50	—
钙/%	0.22	0.15	0.10	0.20
磷/%	0.83	1.04	0.84	0.80

利用注意事项：奶牛精料中添加10%DDGS，产奶量增加；猪饲料中添加20%，对猪生产性能无影响，家兔饲粮中的添加量可以参考以上资料进行适当添加。

提示：DDGS营养成分不稳定；因贮存不当造成DDGS中霉菌毒素

不同程度增加，利用时要加以注意。

（11）绿豆蛋白粉 是从绿豆（图5-31）浆中提炼加工出来的一种饲料。

营养特点：绿豆蛋白粉粗蛋白质64.54%、粗脂肪0.9%、粗纤维3.3%。

利用注意事项：注意添加蛋氨酸，可占家兔饲粮的5%～10%。

图5-31 绿豆

2. 动物性蛋白质饲料

动物性蛋白质饲料指渔业、肉食或乳品加工的副产品，常用的有鱼粉。其蛋白质含量极高（40%～70%），品质好，赖氨酸的比例超过家兔的营养需要量。粗纤维极少，消化率高。钙、磷含量高且比例适宜。B族维生素尤其是维生素B_2（核黄素）、维生素B_{12}含量相当高。家兔不喜欢采食动物性蛋白质饲料，一般鱼粉添加量为3%～5%。

3. 微生物蛋白质饲料

微生物蛋白质饲料又称单细胞蛋白质饲料，常用的主要是饲料酵母。饲料酵母是利用工业废水、废渣等为原料，接种酵母菌，经发酵干燥而成的蛋白质饲料（图5-32）。

营养特点：饲料酵母其营养成分因原料、菌种不同而不同（表5-18）。

图5-32 酵母粉

表5-18 饲料酵母主要养分含量

种类	水分/%	粗蛋白质/%	粗脂肪/%	粗纤维/%	粗灰分/%
啤酒酵母	9.3	51.4	0.6	2.0	8.4
半菌属酵母	8.3	47.1	1.1	2.0	6.9
石油酵母	4.5	60.0	9.0	—	6.0
纸浆废液酵母	6.0	45.0	2.3	4.6	5.7

利用注意事项：家兔饲粮一般以添加2%～5%为宜。

三、粗饲料

粗饲料是指天然水分含量在60%以下，干物质中粗纤维含量不低于18%的饲料原料。主要包括干草类、农副产品（秸、壳、荚、秧、藤）、树叶、糟渣类等。其特点：粗纤维含量高，可消化营养成分含量低；质地较硬，适口性差。粗饲料是家兔配合饲料中必不可少的原料。

1.青干草

青干草是天然牧草或人工栽培牧草在质量最好和产量最高的时期刈割，经干燥制成的饲草。主要有豆科、禾本科和其他科青干草。

（1）豆科青干草　其营养特点是粗蛋白质含量高，粗纤维含量较低，富含钙、维生素（表5-19），饲用价值高，可替代家兔配合饲料中部分豆饼等蛋白质饲料，降低成本。目前，豆科青干草以人工栽培为主，在我国各地以苜蓿、红豆草等为主（图5-33）。

图5-33　苜蓿干草

表5-19　主要豆科青干草营养成分

种类	样品说明	干物质/%	粗蛋白质/%	粗脂肪/%	粗纤维/%	无氮浸出物/%	粗灰分/%	钙/%	磷/%	总能/（兆焦/千克）
苜蓿	盛花期	89.1	11.49	1.40	36.86	34.51	4.84	1.56	0.15	17.78
苜蓿	现蕾期	91.00	20.32	1.54	25.00	35.00	9.14	1.71	0.17	16.62
红豆草	结荚期	90.19	11.78	2.17	26.25	42.20	7.79	1.71	0.22	16.19
红三叶	结荚期	91.31	9.49	2.31	28.26	42.41	8.84	1.21	0.28	15.98
草木樨	盛花期	92.14	18.49	1.69	29.67	34.21	8.08	1.30	0.19	16.73
箭舌豌豆	盛花期	94.09	18.99	2.46	12.09	49.01	11.55	0.06	0.27	16.58
紫云英	盛花期	92.38	10.84	1.20	34.00	35.25	11.09	—	—	15.81
百麦根	营养期	92.28	10.03	3.21	18.87	34.15	6.02	1.50	0.19	16.48
豇豆秧		90.50	16.00	2.02	4.3	37.00	10.6	—	—	—
蚕豆秧		91.50	13.40	0.82	2.0	49.80	5.5	—	—	—
大豆秧		88.90	13.10	2.03	3.2	33.60	7.1	—	—	—
豌豆秧		88.00	12.00	2.22	6.5	40.50	6.7	—	—	—
花生秧		91.20	10.60	5.12	3.7	41.10	9.7	—	—	—

（2）禾本科青干草　禾本科青干草来源广，数量大，适口性较好，易干燥，不落叶。与豆科青干草相比，禾本科青干草粗蛋白质含量低，钙含量少，胡萝卜素等维生素含量高（表5-20）。

表5-20　几种禾本科青干草营养成分

种类	样品说明	干物质/%	粗蛋白质/%	粗脂肪/%	粗纤维/%	无氮浸出物/%	粗灰分/%	钙/%	磷/%	总能/（千焦/千克）
芦苇	营养期	90.00	11.52	2.47	33.44	44.84	7.73	—	—	—
草地羊茅	营养期	90.12	11.70	4.37	18.73	37.29	18.03	1.0	0.29	14.29
鸭茅	收籽后	93.32	9.29	3.79	26.68	42.97	10.59	0.51	0.24	16.45
草地早熟		88.90	9.1	3.0	26.7	44.2	—	0.4	0.27	

禾本科草在孕穗至抽穗期收割为宜。此时，叶片多，粗纤维少，质地柔软；粗蛋白质含量高，胡萝卜素的含量也高，产量也较高。禾本科草在兔配合饲料中可占到30%～45%（图5-34）。

（3）其他科青干草　如菊科的串叶松香草、苋科的苋菜（图5-35）、聚合草、棒草（即拉拉秧）等，产量高，适时地采集、晾晒，是优良的兔用青干草，可占兔饲料的10%～25%。

图5-34　芦苇

图5-35　苋菜

2. 稿秕饲料

稿秕饲料即农作物秸秆秕壳，来源广、数量多，是我国家兔主要的粗饲料资源之一。

（1）玉米秸　玉米秸（图5-36）营养价值因品种、生长期、秸秆部位、晒制方法等不同，有较大

图5-36　玉米秸

差异（表5-21）。

利用注意事项：①玉米秸含有坚硬的外皮，水分不易蒸发，贮藏备用的玉米秸必须叶茎都晒干，否则易发霉变质。②玉米秸秆容重小，膨松，为了保证制粒质量，可适当增加水分。同时添加黏结剂，如0.7%～1%膨润土。

玉米秸秆可占到家兔饲料的20%。

表5-21　玉米秸秆营养成分表

样品名称	样本说明	水分/%	粗蛋白/%	粗脂肪/%	粗纤维/%	粗灰分/%	钙/%	磷/%	NDF/%	ADF/%	PL/%
玉米秸秆	太原市	9.03	4.2	0.95	35.8	6.75	0.79	0.07	78.41	47.48	4.088

注：1. PL指高锰酸钾洗涤木质素；2. 任克良等提供。

（2）稻草　稻草（图5-37）是水稻收获后剩下的茎叶。

据测定，稻草含粗蛋白质5.4%，粗脂肪1.7%，粗纤维32.7%，粗灰分11.1%，钙0.28%，磷0.08%，可占兔饲料的10%～30%。稻草含量高的饲粮中，应注意钙的补充。

（3）麦秸　麦秸（图5-38）是粗饲料中质量较差的种类，因品种、生长期不同，营养价值也各异（表5-22）。

图5-37　稻草

表5-22　麦类秸秆营养成分表

种类	干物质/%	粗蛋白质/%	粗脂肪/%	粗纤维/%	无氮浸出物/%	粗灰分/%	钙/%	磷/%
小麦秸	89.0	3.0	—	42.5	—	—	—	—
大麦秸	90.34	8.5	2.53	30.13	40.41	—	8.76	—
荞麦秸	85.3	1.4	1.6	33.4	41.0	7.9	—	—

麦类秸秆在家兔饲料中的比例以5%左右为宜，一般不超过10%。

（4）豆秸　有大豆秸、绿豆秸、豌豆秸等（图5-39）。由于收割、

图5-38 小麦秸

图5-39 大豆秸

晒制过程中叶片大部分凋落，维生素已被破坏，蛋白质含量减少，茎秆多呈木质化，质地坚硬，营养价值较低，但与禾本科秸秆相比，蛋白质含量较高（表5-23）。

表5-23 几种豆秸的营养成分

种类	干物质/%	粗蛋白质/%	粗脂肪/%	粗纤维/%	无氮浸出物/%	粗灰分/%	NDF/%	ADF/%	PL/%	钙/%	磷/%
大豆秸	88.97	4.24	0.89	46.81	32.12	4.91	76.93	57.31	6.51	0.74	0.12
豌豆秸	89.12	11.48	3.74	31.52	32.33	10.04	—	—	—		
蚕豆秸	91.71	8.32	1.65	40.71	33.11	7.92	—	—	—		
绿豆秸	86.50	5.9	1.1	39.1	34.60	5.8	—	—	—		

在豆类产区，豆秸产量大、价格低，深受养兔户欢迎，但大豆秸遭雨淋极易发霉变质，要特别注意。

据笔者养兔实践，家兔饲料中豆秸可占35％左右，且生产性能不受影响。

（5）谷草 谷草（图5-40）是谷子（粟）成熟收割下来脱粒之后的干秆，是禾本科秸秆中较好的粗饲料。谷草的营养物质含量见表5-24。谷草

图5-40 谷草

易贮藏、卫生、营养价值较高，制出的颗粒质量好，是家兔优质的粗饲料。

据笔者养兔实践，家兔饲料中谷草可占到35％左右，加入黏合剂（2％次粉或糖蜜等）可以提高颗粒质量，同时应注意补充钙。

表5-24 谷草的营养成分表

样品名称	样本说明	水分/%	粗蛋白/%	粗脂肪/%	粗纤维/%	粗灰分/%	无氮浸出物/%	钙/%	磷/%	NDF/%	ADF/%	PL/%
谷草	山西、寿阳	9.98	3.96	1.3	36.79	8.55	39.42	0.74	0.06	79.18	48.85	5.299

注：1. PL指高锰酸钾洗涤木质素；2. 任克良等报道。

（6）花生秧 花生秧（图5-41）是目前我国多数规模兔场、饲料企业兔饲料中主要的粗纤维饲料来源之一，其营养价值接近豆科干草。据测定，粗蛋白质4.6％～5％，粗脂肪1.2％～1.3％，粗纤维31.8％～34.4％，无氮浸出物48.1％～52％，粗灰分6.7％～7.3％，

图5-41 花生秧（任克良）

钙0.89％～0.96％，磷0.09％～0.1％，还含有铁、铜、锰、锌、硒、钴等微量元素，是家兔优良粗饲料。花生秧应在霜降前收获，注意晾晒，防止发霉；剔除其中的塑料薄膜。晒制良好的花生秧应色绿、叶全、营养损失较少。家兔饲料中比例可占到35％。

注意：选购无霉变、杂质含量低、无塑料薄膜的花生秧作为家兔饲料。

3. 秕壳类

秕壳类主要是指各种植物的子实壳，其中含不成熟的子实。其营养价值（表5-25）高于同种作物的秸秆（花生壳除外）。

表5-25 秕壳类饲料的营养成分

种类	干物质/%	粗蛋白质/%	粗脂肪/%	粗纤维/%	无氮浸出物/%	粗灰分/%	钙/%	磷/%
大豆荚	83.2	4.9	1.2	28.0	41.2	7.8	—	—
豌豆荚	88.4	9.5	1.0	31.5	41.7	4.7	—	—
绿豆荚	87.1	5.4	0.7	36.5	38.9	6.6	—	—

续表

种类	干物质/%	粗蛋白质/%	粗脂肪/%	粗纤维/%	无氮浸出物/%	粗灰分/%	钙/%	磷/%
豇豆荚	87.1	5.5	0.6	30.8	44.0	6.2	—	—
蚕豆荚	81.1	6.6	0.4	34.8	34.0	6.0	0.61	0.09
稻壳	92.4	2.8	0.8	41.1	29.2	18.4	0.08	0.07
谷壳	88.4	3.9	1.2	45.8	27.9	9.5	—	—
小麦壳	92.6	5.1	1.5	29.8	39.4	16.7	0.20	0.14
大麦壳	93.2	7.4	2.1	22.1	55.4	6.3	—	—
荞麦壳	87.8	3.0	0.8	42.6	39.9	1.4	0.26	0.02

豆类荚壳有大豆荚、豌豆荚、绿豆荚、豇豆荚、蚕豆荚等，在秕壳饲料中营养价值较高，可占兔饲料的10%～15%。

谷类皮壳有稻壳（图5-42）、谷壳、大麦壳、小麦壳、荞麦壳、高粱壳等，其营养价值较豆荚低。各种谷类秕壳在家兔饲料中不宜超过8%。

花生壳（图5-43）是我国北方家兔主要的粗饲料原料之一，其营养成分见表5-26。花生壳粗纤维虽然高达近60%，但生产中以花生壳作为兔的主要粗饲料占饲料的30%～40%，对于青年兔、空怀兔无不良影响，且兔群很少发生腹泻。

特别注意：①花生壳与花生饼（粕）一样极易染霉菌，采购、使用时应仔细检查，及时剔除霉变的部分。②加工时应剔除其中的塑料薄膜。③土等杂质含量不宜过高。

图5-42 稻壳

图5-43 花生壳

表5-26　花生壳营养成分表

样品名称	样本说明	水分/%	粗蛋白/%	粗脂肪/%	粗纤维/%	粗灰分/%	无氮浸出物/%	钙/%	磷/%	NDF/%	ADF/%	PL/%
花生壳	山西	9.47	6.07	0.65	61.82	7.94	14.05	0.97	0.07	86.07	73.79	8.423

注：1. 任克良等报道；2. 大豆秸秆产地为山西省太原市；3. PL是指高锰酸钾洗涤木质素。

此外，葵花子壳含粗蛋白质3.5%，粗脂肪3.4%，粗纤维22.1%，无氮浸出物58.4%，在秕壳类饲料中营养价值较高，在兔饲料中可加到10%～30%。

4. 其他

（1）醋糟　营养特点：醋的种类不同，醋糟（图5-44）营养成分差异很大。任克良等（2012）测定山西陈醋糟营养成分：水分70.35%，粗蛋白10.39%，粗脂肪5.46%，粗灰分9.46%，粗纤维28.8%，中性洗涤纤维70.91%，酸性洗涤纤维53.79%，木质素2.47%，钙0.17%，磷0.08%。

图5-44　晒制的醋糟

利用方法：任克良（2013）在獭兔饲料中添加不同比例山西陈醋糟饲养试验结果表明：生长獭兔饲料中添加21%醋糟，对生长速度、饲料利用率和毛皮质量无不良影响。繁殖母兔饲料中以添加10%醋糟为宜。

利用注意事项：新鲜醋糟要及时烘干或晒干。干燥不当发生霉变时，要弃去不用。

（2）麦芽根　麦芽根（图5-45）为啤酒制造过程中的副产物，是发芽大麦去根、芽的副产品，可能含有芽壳及其他不可避免的麦芽屑及外来物。麦芽根为淡黄色，麦芽气味芬芳，有苦味。其营养成分为：水分4%～7%，粗蛋白质24%～28%，粗脂肪0.5%～1.5%，粗纤维14%～18%，粗灰分6%～7%，

图5-45　麦芽根

还富含B族维生素及未知生长因子。因其含有大麦芽碱，有苦味，故喂量不宜过大，一般家兔饲粮中可添加至20%。

（3）啤酒糟　啤酒糟（图5-46）是制造啤酒过程中所滤除的残渣。含有大量水分的叫鲜啤酒糟，加以干燥而得到的为干啤酒糟，其营养成分见表5-27。

图5-46　啤酒糟

表5-27　啤酒糟的成分

种类	水分/%	粗蛋白质/%	粗脂肪/%	粗纤维/%	粗灰分/%	钙/%	磷/%
鲜啤酒糟	80.0	5.6	1.7	3.7	1.0	0.07	0.12
干啤酒糟	7.5	25.0	6.0	15.0	4.0	0.25	0.48

据报道，生长兔、泌乳兔饲粮中啤酒糟可占15%左右，空怀兔及妊娠前期兔可占30%左右。

（4）酒糟　酒糟是以含淀粉多的谷物或薯类为原料，经酵母发酵，再以蒸馏法萃取酒后的产品，经分离处理所得的粗谷部分加以干燥即得（图5-47）。

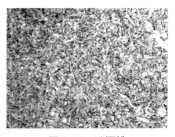

图5-47　汾酒糟

其营养成分因原料、酿制工艺不同而有所差别（表5-28）。

表5-28　几种主要酒糟的营养成分

名称	干物质/%	粗蛋白质/%	粗脂肪/%	粗纤维/%	无氮浸出物/%	粗灰分/%
高粱白酒糟	90	17.23	7.86	17.43	44.01	11.45
大麦白酒糟	90	20.51	10.50	19.59	40.81	8.8
玉米白酒糟	90	19.25	8.94	17.44	45.36	8.0
大米酒糟	93.1	28.37	27.13	12.56	21.41	3.63
燕麦酒糟	90	19.86	4.22	12.89	45.58	7.39
大曲酒糟	90	17.76	7.35	27.61	34.04	18.28
甘薯酒糟	90	14.66	4.37	15.16	39.04	22.87
黄酒糟	90	37.73	7.94	4.78	38.18	1.36

续表

名称	干物质/%	粗蛋白质/%	粗脂肪/%	粗纤维/%	无氮浸出物/%	粗灰分/%
五粮液酒糟	90	13.40	3.84	27.2	33.97	13.56
郎酒糟	90	18.13	5.04	15.12	46.59	13.66
葡萄酒糟	90	8.20	—	7.24	27.72	2.48

一般繁殖兔酒糟喂量应控制在15%以下，育肥兔可占饲料的20%，比例过大易引起不良后果。

（5）葡萄渣　葡萄渣又称葡萄酒渣（图5-48），是葡萄酒厂的下脚料，由葡萄籽、葡萄皮、葡萄梗等构成。

葡萄渣中营养成分见表5-29。葡萄

图5-48　葡萄渣

渣中含有较高的鞣酸，因此，家兔饲粮中用量应限制在15%以下。

表5-29　葡萄渣营养成分

名称	干物质/%	粗蛋白质/%	粗脂肪/%	粗纤维/%	无氮浸出物/%	粗灰分/%	钙/%	磷/%
干葡萄渣	91.0	11.8	7.2	29.0	33.7	9.3	0.55	0.05
鲜葡萄渣	30.0	4.0	—	8.8	—	—	0.20	0.09
干葡萄皮	89.3	59.71	16.22	27.45	32.17	3.80	0.55	0.24
干葡萄籽	86.95	14.75	7.23	18.46	40.71	5.80	0.05	0.31

5.甘蔗渣

甘蔗渣是甘蔗制糖后所剩余的副产品（图5-49）。甘蔗渣（干晶）的一般成分为干物质91%，其中粗蛋白质1.5%，粗纤维43.9%，粗脂肪0.7%，粗灰分2.9%，无氮浸出物42%，钙0.82%，磷0.27%。从中可以看出甘蔗渣的主要成分是纤维素，其营养成分与干草相似。但甘蔗渣有甜味，家兔喜食，可占到家兔饲料的20%左右。

图5-49　甘蔗渣

四、青绿多汁饲料

青绿多汁饲料是指天然水分含量在60%以上的饲料原料，包括青绿牧草、饲用作物、树叶类及非淀粉质的根茎、瓜果类。

1. 天然牧草

天然牧草是指草地、山场及平原田间地头自然生长的野杂草类，其种类繁多，除少数几种有毒外，其他均可用来喂兔，常见的有婆婆纳、一年蓬、荠菜、泽漆、繁缕、马齿苋、车前、早熟禾、狗尾草、马唐、蒲公英、苦菜、野苋菜、胡枝子、艾蒿、蕨菜、涩拉秧、霞草、苋菜、萹蓄等。其中有些具有药用价值，如蒲公英具有催乳作用，马齿苋具有止泻、抗球虫作用，青蒿具有抗毒、抗球虫作用等。

2. 人工牧草

人工牧草是人工栽培的牧草。其特点是经过人工选育，产量高，营养价值高，质量好。常见的人工牧草种类有紫花苜蓿、普那、菊苣、红豆草、苦荬菜和黑麦等。

3. 青刈作物

青刈是把农作物（如玉米、豆类、麦类等）进行密植，在子实成熟前收割用来喂兔。青刈玉米营养丰富，茎叶多汁，有甜味，一般在拔节2个月左右时收割。青刈大麦可作为早春缺青时良好的维生素补充饲料。

4. 蔬菜

在冬春缺青季节，一些叶类蔬菜可作为家兔的补充饲料，如白菜、油菜、蕹菜、牛皮菜、甘蓝（圆白菜）、菠菜等。它们含水分高，具有清火通便作用，含有丰富的维生素。但这类饲料保存时易腐败变质，堆积发热后，硝酸盐被还原成亚硝酸盐，造成家兔中毒。据笔者饲养实践表明，饲喂家兔茴子白时粪便有呈两头尖、相互粘连的现象。有些蔬菜（如菠菜等）含草酸盐较多，影响钙的吸收和利用，利用时应限量饲喂。饲喂蔬菜时应先将其阴干，每兔日喂150克左右为宜。

5. 树叶类

树叶类常用的有刺槐叶、松针叶、杂交构树叶、桑树叶等。

6. 多汁饲料

多汁饲料包括块根、块茎、瓜类等，常用的有胡萝卜、白萝卜、甘薯、马铃薯、木薯、菊芋、南瓜、西葫芦等。

营养特点：水分含量高，干物质含量低，消化能低，属大容积饲料。多数富含胡萝卜素，具有较好的适口性，还具有轻泻和促乳作用，是冬季和初春缺青季节家兔的必备饲料。

注意事项：①控制喂量。②饲喂时应洗净、晾干再喂。最好切成丝倒入料盒中喂给。③贮藏不当时，该类饲料极易发芽、发霉、染病、受冻，喂前应做必要的处理。

五、矿物质饲料

矿物质饲料是指可供饲用的天然的、化学合成的或经特殊加工的无机饲料原料或矿物质元素的有机络合物原料。

1. 钙源性饲料

（1）碳酸钙（石灰石粉）　俗称石粉（图5-50），呈白色粉末，主要成分是碳酸钙，含钙量不可低于33%，一般为38%左右。

一般来说，碳酸钙颗粒越细，吸收率越好。

图5-50　碳酸钙

（2）贝壳粉　贝壳粉是各种贝类外壳经加工粉碎而成的粉状产品。优质的贝壳粉含钙高达36%，杂质少，呈灰白色，杂菌污染少。贝壳粉常掺有沙砾、铁丝、塑料品等杂物，使用时要注意。

（3）乳酸钙　为无色无味的粉末，易潮解，含钙13%，吸收率较其他钙源高。

（4）葡萄糖酸钙 为白色结晶或粒状粉末，无臭无味，含钙8.5%，消化利用率高。

2. 磷源性饲料

磷源性饲料多属于磷酸盐类（表5-30）。

表5-30 几种磷补充料的成分

饲料名称	磷/%	钙/%	钠/%	氟/（毫克/千克）
磷酸氢二钠	21.81	—	32.38	—
磷酸氢钠	25.8	—	19.15	—
磷酸氢钙（商业用）	18.97	24.32	—	816.67

所有含磷饲料必须脱氟后才能使用，因为天然矿石中均含有较高的氟，一般高达3%～4%，一般规定含氟量0.1%～0.2%，过高容易引起家兔中毒。

3. 钙磷源性饲料

（1）骨粉 以家畜骨骼为原料，一般经蒸气高压下蒸煮灭菌后，再粉碎而制成的产品。其营养成分见表5-31。骨粉是家兔最佳钙、磷补充料。但若加工时未灭菌，常携带大量细菌，易发霉结块，产生异臭，故使用时必须注意。

表5-31 骨粉的矿物质成分

类别	干物质/%	钙/%	磷/%	氯/%	铁/%	镁/%	钾/%	钠/%	硫/%	铜/%	锰/%
煮骨粉	93.6	22.96	10.25	0.09	0.044	0.35	0.23	0.74	0.12	8.50	3.90
蒸制骨粉	95.5	30.14	14.53	—	0.084	0.61	0.18	0.46	0.22	7.40	13.80

（2）磷酸氢钙 又叫磷酸二钙，为白色或灰白色粉末，化学式为 $CaHPO_4 \cdot nH_2O$，通常含2个结晶水，含钙不低于23%，含磷不低于18%。磷酸氢钙的钙、磷利用率高，是优质的钙、磷补充料，目前在家兔饲粮中广泛应用。

（3）磷酸一钙 又名磷酸二氢钙，为白色结晶粉末，分子式为 $Ca(H_2PO_4)_2 \cdot nH_2O$，以一水盐居多，含钙不低于15.1%，磷不低于22%。

4. 钠源性饲料

（1）食盐 食盐中含氯60%、钠39%，碘化食盐中还含有0.007%的碘。在家兔饲粮中添加0.5%食盐完全可以满足钠和氯的需要量，高于1%对兔的生长有抑制作用。

（2）碘化食盐 碘化食盐中还含有0.007%的碘。使用碘化食盐不需要补充碘。

使用含盐量高的鱼粉、酱渣时，要适当减少食盐添加量，防止食盐中毒。

5. 天然矿物质原料

包括稀土、沸石、麦饭石、海泡石、凹凸棒石和蛭石等。

六、维生素饲料

维生素饲料指工业合成或提取的单一或复合维生素制剂，但不包括富含维生素的天然青绿饲料在内。常用的有维生素A、维生素D、维生素E和维生素K以及B族维生素等，可选购大企业生产的产品。

使用维生素饲料应注意以下事项。

第一，维生素添加剂应在避光、干燥、阴凉、低温环境下分类贮藏。

第二，目前家兔饲料中添加的维生素多使用其他畜禽所用维生素添加剂，这时应按兔营养标准中维生素的需要量，再根据所用维生素添加剂其中活性成分的含量进行折算。

第三，饲料在加工（如制粒）、贮藏过程中的损失，因维生素种类、贮藏条件不同，损失大小不同，需要量的增加比例也不同。

此外，家兔在转群、刺号、注射疫苗时，可增加维生素A、维生素E、维生素C和某些B族维生素，以增强抗病力。为此目的添加的维生素需增加1倍或更多的添加量。

七、饲料添加剂

饲料添加剂是指为了补充营养物质，保证或改善饲料品质，提高饲料利用率，促进动物生长和繁殖，保障动物健康而掺入饲料中的少量或微量营养性及非营养性物质。我国将饲料添加剂分为两种类型：其一是营养性饲料添加剂，如赖氨酸、蛋氨酸等；其二是非营养性添加剂，如饲料防腐剂、饲料黏合剂、驱虫保健剂等。

1. 营养性添加剂

（1）微量元素添加剂　常用的有铁、铜、锌、锰、碘、硒、镁、钴等补充料。

（2）氨基酸添加剂

① 蛋氨酸　主要有DL-蛋氨酸（图5-51）和DL-蛋氨酸羟基类似物（MHA）及其钙盐（MHA-Ca）。此外，还有蛋氨酸金属络合物，如蛋氨酸锌、蛋氨酸锰、蛋氨酸铜等。

② 赖氨酸　目前作为饲料添加剂的赖氨酸主要有L-赖氨酸和DL-赖氨酸（图5-52）。因家兔只能利用L-赖氨酸，所以兔用赖氨酸添加剂主要为L-赖氨酸，对DL-赖氨酸产品，应注意其标明的L-赖氨酸含量保证值。

图5-51　蛋氨酸

③ 色氨酸　作为饲料添加剂的色氨酸有DL-色氨酸和L-色氨酸，均为无色至微黄色晶体，有特异性气味。

图5-52　赖氨酸

色氨酸属第三或第四限制性氨基酸，是一种很重要的氨基酸，具有促进r-球蛋白的产生，抗应激，增强兔体抗病力等作用。一般饲粮中添加量为0.1％左右。

④ 苏氨酸　作为饲料添加剂的主要有L-苏氨酸，为无色至微黄色结晶性粉末，有极弱的特异性气味。在植物性低蛋白饲粮中，添加苏氨酸效果显著。一般饲粮中添加量为0.03％左右。

（3）维生素添加剂

详见本书第五章第二节维生素饲料部分。

2. 非营养性添加剂

非营养性添加剂主要包括抗生素、化学合成抗菌剂及益生素、酶制剂、酸化剂、抗氧化剂、黏合剂、防霉剂等。

※⊁ 第三节 ⊰※

家兔的饲养标准与饲料配方设计

一、家兔的饲养标准

1. 肉兔饲养标准

（1）Lebas F. 推荐的家兔饲养标准　该标准主要针对肉兔，皮用兔也可参考使用，见表5-32。

表5-32　家兔饲料营养推荐值（Lebas F.）

生产阶段或类型 没有特别说明时，单位是克/千克即食饲料（90%干物质）		生长兔		繁殖兔		单一饲料
		18～42天	42～75天，80天	集约化	半集约化	
1组：对最高生产性能的推荐量						
消化能 /（千卡/千克）		2400	2600	2700	2600	2400
消化能 /（兆焦/千克）		9.5	10.5	11.0	10.5	9.5
粗蛋白/%		15.0～16.0	16.0～17.0	18.0～19.0	17～17.5	16.0
可消化蛋白/%		110.0～12.0	12.0～13.0	13.0～14.0	12.0～13.0	11.0～12.5
可消化蛋白 /（克/1000千卡）		45	48	53～54	51～53	48
可消化能 /（克/兆焦）		10.7	11.5	12.7～13.0	12.0～12.7	11.5-12.0
脂肪/%		20～25	25～40	40～50	30～40	20～30
氨基酸	赖氨酸/%	0.75	0.80	0.85	0.82	0.80
	含硫氨基酸（蛋氨酸+胱氨酸）/%	0.55	0.60	0.62	0.60	0.60
	苏氨酸/%	0.56	0.58	0.70	0.70	0.60

	1组：对最高生产性能的推荐量					
氨基酸	色氨酸/%	0.12	0.14	0.15	0.15	0.14
	精氨酸/%	0.80	0.90	0.80	0.80	0.80
矿物质	钙/%	0.70	0.80	0.12	0.12	0.11
	磷/%	0.40	0.45	0.60	0.60	0.50
	钠/%	0.22	0.22	0.25	0.25	0.22
	钾/%	<1.5	<2.0	<1.8	<1.8	<1.8
	氯/%	0.28	0.28	0.35	0.35	0.30
	镁/%	0.30	0.30	0.40	0.30	0.30
	硫/%	0.25	0.25	0.25	0.25	0.25
	铁/（毫克/千克）	50	50	100	100	80
	铜/（毫克/千克）	6	6	10	10	10
	锌/（毫克/千克）	25	25	50	50	40
	锰/（毫克/千克）	8	8	12	12	10
脂溶性维生素	维生素A/（国际单位/千克）	6000	6000	10000	10000	10000
	维生素D/（国际单位/千克）	1000	1000	1000（<1500）	1000（<1500）	1000（<1500）
	维生素E/（毫克/千克）	≥30	≥30	≥50	≥50	≥50
	维生素K/（毫克/千克）	1	1	2	2	2
	2组：保持家兔最佳健康水平的推荐量					
木质纤维素（ADF）/%		≥19.0	≥17.0	≥13.5	≥15.0	≥16.0
木质素（ADL）/%		≥5.50	≥5.00	≥3.00	≥3.00	≥5.00
纤维素（ADF-ADL）/%		≥13.0	≥11.0	≥9.00	≥9.00	≥11.0
木质素/纤维素比例		≥0.40	≥0.40	≥0.35	≥0.40	≥0.40
NDF（中性洗涤纤维）/%		≥32.0	≥31.0	≥30.0	≥31.5	≥31.0
半纤维素（NDF-ADF）		≥12.0	≥10.0	≥8.5	≥9.0	≥10.0

2组：保持家兔最佳健康水平的推荐量					
（半纤维素+果胶）/ ADF比例	≤1.3	≤1.3	≤1.3	≤1.3	≤1.3
淀粉/%	≤14.0	≤20.0	≤20.0	≤20.0	≤16.0
水溶性维生素	维生素C /（毫克/千克）	250	250	200	200	200
	维生素B_1 /（毫克/千克）	2	2	2	2	2
	维生素B_2 /（毫克/千克）	6	6	6	6	6
	尼克酸 /（毫克/千克）	50	50	40	40	40
	泛酸 /（毫克/千克）	20	20	20	20	20
	维生素B_6 /（毫克/千克）	2	2	2	2	2
	叶酸 /（毫克/千克）	5	5	5	5	5
	维生素B_{12} /（毫克/千克）	0.01	0.01	0.01	0.01	0.01
胆碱 /（毫克/千克）		200	200	100	100	100

注：1. 对于母兔，半集约化生产表示平均每年生产断奶仔兔40～50只，集约化生产则代表更高的生产水平，即每年每只母兔生产断奶仔兔50只以上。

2. 单一饲料推荐量表示可应用于所有兔场中兔子的日粮。它的配制考虑了不同种类兔子的需要量。

（2）肉兔饲养标准　该标准由山东农业大学李福昌等制定，为山东地方标准（表5-33）。我国肉兔饲养标准即将颁布实施。

表5-33　肉兔饲养标准（山东省地方标准）

指标	生长肉兔		妊娠母兔	泌乳母兔	空怀母兔	种公兔
	断奶～ 2月龄	2月龄～ 出栏				
消化能 /（兆焦/千克）	10.5	10.5	10.5	10.8	10.2	10.5
粗蛋白/%	16.0	16.0	16.5	17.5	16.0	16.0
总赖氨酸/%	0.85	0.75	0.8	0.85	0.7	0.7
总含硫氨基酸/%	0.60	0.55	0.60	0.65	0.55	0.55

指标	生长肉兔		妊娠母兔	泌乳母兔	空怀母兔	种公兔
	断奶～ 2月龄	2月龄～ 出栏				
精氨酸/%	0.80	0.80	0.80	0.90	0.80	0.80
粗纤维/%	≥16.0	≥16.0	≥15.0	≥15.0	≥15.0	≥15.0
中性洗涤纤维（NDF）/%	30.0～33.0	27.0～30.0	27.0～30.0	27.0～30.0	30.0～33.0	30.0～33.0
酸性洗涤纤维（ADF）/%	19.0～22.0	16.0～19.0	16.0～19.0	16.0～19.0	19.0～22.0	19.0～22.0
酸性洗涤木质素（ADL）/%	5.5	5.5	5.0	5.0	5.5	5.5
淀粉/%	≤14	≤20	≤20	≤20	≤16	≤16
粗脂肪/%	2.0	3.5	3.0	3.0	3.0	3.0
钙/%	0.60	0.60	1.0	1.1	0.60	0.60
磷/%	0.40	0.40	0.50	0.50	0.40	0.40
钠/%	0.22	0.22	0.22	0.22	0.22	0.22
氯/%	0.25	0.25	0.25	0.25	0.25	0.25
钾/%	0.80	0.80	0.80	0.80	0.80	0.80
镁/%	0.3	0.3	0.4	0.4	0.4	0.4
铜/（毫克/千克）	10.0	10.0	20.0	20.0	20.0	20.0
锌/（毫克/千克）	50.0	50.0	60.0	60.0	60.0	60.0
铁/（毫克/千克）	50.0	50.0	100.0	100.0	70.0	70.0
锰/（毫克/千克）	8.0	8.0	10.0	10.0	10.0	10.0
硒/（毫克/千克）	0.05	0.05	0.1	0.1	0.05	0.05
碘/（毫克/千克）	1.0	1.0	1.1	1.1	1.0	1.0
钴/（毫克/千克）	0.25	0.25	0.25	0.25	0.25	0.25
维生素A /（国际单位/千克）	12000	12000	12000	12000	10000	12000
维生素E /（毫克/千克）	50.0	50.0	100.0	100.0	100.0	100.0
维生素D /（国际单位/千克）	900	900	1000	1000	1000	1000

指标	生长肉兔		妊娠母兔	泌乳母兔	空怀母兔	种公兔
	断奶~ 2月龄	2月龄~ 出栏				
维生素K₃ / (毫克/千克)	1.0	1.0	2.0	2.0	2.0	2.0
维生素B₁ / (毫克/千克)	1.0	1.0	1.2	1.2	1.0	1.0
维生素B₂ / (毫克/千克)	3.0	3.0	5.0	5.0	3.0	3.0
维生素B₆ / (毫克/千克)	1.0	1.0	1.5	1.5	1.0	1.0
维生素B₁₂ / (微克/千克)	10.0	10.0	12.0	12.0	10.0	10.0
叶酸 / (毫克/千克)	0.2	0.2	1.5	1.5	0.5	0.5
尼克酸 / (毫克/千克)	30.0	30.0	50.0	50.0	30.0	30.0
泛酸 / (毫克/千克)	8.0	8.0	12.0	12.0	8.0	8.0
生物素 / (微克/千克)	80.0	80.0	80.0	80.0	80.0	80.0
胆碱 / (毫克/千克)	100.0	100.0	200.0	200.0	100.0	100.0

2. 獭兔营养需要

由陈宝江、谷子林、李福昌、郭东新、任克良、刘亚娟、陈赛娟、吴峰洋等共同制定的团体标准——獭兔营养需要于2019年1月21日起由中国畜牧业协会发布实施（表5-34、表5-35）。

表5-34 5~13周龄和14周龄~出栏营养需要

项目	5~13周龄	14周龄~出栏
消化能/(兆焦/千克)	9.0~10.0	10.0~10.46
粗脂肪/%	3.0	3.0
粗纤维/%	14.0~16.0	13.0~15.0
粗蛋白/%	15.0~16.0	15.0~16.0

续表

项目	5～13周龄	14周龄～出栏
赖氨酸/%	0.75	0.75
含硫氨基酸/%	0.60	0.65
苏氨酸/%	0.62	0.62
中性洗涤纤维/%	≥32	≥31
酸性洗涤纤维/%	≥19.0	≥17.0
酸性洗涤木质素/%	≥5.5	≥5.0
淀粉/%	14.0	20.0
钙/%	0.80	0.80
磷/%	0.45	0.45
食盐/%	0.3～0.5	0.3～0.5
铁/（毫克/千克）	70.0	50.0
铜/（毫克/千克）	20.0	10.0
锌/（毫克/千克）	70.0	70.0
锰/（毫克/千克）	10.0	4.0
钴/（毫克/千克）	0.15	0.10
碘/（毫克/千克）	0.20	0.20
硒/（毫克/千克）	0.25	0.20
维生素A/（国际单位/千克）	8000	8000
维生素D/（国际单位/千克）	900	900
维生素E/（国际单位/千克）	30.0	30.0
维生素K/（毫克/千克）	2.0	2.0
维生素B_1/（毫克/千克）	2.0	0
维生素B_2/（毫克/千克）	6.0	0
泛酸/（毫克/千克）	50.0	20.0
维生素B_6/（毫克/千克）	2.0	2.0
维生素B_{12}/（毫克/千克）	0.02	0.01
烟酸/（毫克/千克）	50.0	50.0
胆碱/（毫克/千克）	1000	1000
生物素/（毫克/千克）	0.2	0.2

表5-35　种公兔、空怀母兔、妊娠母兔、泌乳母兔营养需要

项目	泌乳母兔	妊娠母兔	空怀母兔	种公兔
消化能/（兆焦/千克）	10.46～11.0	9.0～10.46	9.0	10.0
粗脂肪/%	3.0～5.0	3.0	3.0	3.0
粗纤维/%	12.0～14.0	14.0～16.0	15.0～18.0	14.0～16.0
粗蛋白/%	17.0～18.0	15.0～16.0	13.0～14.0	15.0～16.0
赖氨酸/%	0.90	0.75	0.60	0.70
含硫氨基酸/%	0.75	0.60	0.50	0.60
苏氨酸/%	0.67	0.65	0.62	0.64
中性洗涤纤维/%	≥30.0	≥31.5	≥32.0	≥31.0
酸性洗涤纤维/%	≥13.5	≥15.0	≥19.0	≥17.0
酸性洗涤木质素/%	≥3.0	≥3.0	≥5.5	≥5.0
淀粉/%	20.0	20.0	20.0	20.0
钙/%	1.10	0.80	0.60	0.80
磷/%	0.65	0.55	0.40	0.45
食盐/%	0.3～0.5	0.3～0.5	0.3～0.5	0.3～0.5
铁/（毫克/千克）	100.0	50.0	50.0	50.0
铜/（毫克/千克）	20.0	10.0	5.0	10.0
锌/（毫克/千克）	70.0	70.0	25.0	70.0
锰/（毫克/千克）	10.0	4.0	2.5	4.0
钴/（毫克/千克）	0.15	0.10	0.10	0.10
碘/（毫克/千克）	0.20	0.20	0.10	0.20
硒/（毫克/千克）	0.20	0.20	0.10	0.20
维生素A/（国际单位/千克）	12000	12000	5000	10000
维生素D/（国际单位/千克）	900	900	900	900
维生素E/（国际单位/千克）	50.0	50.0	25.0	50.0
维生素K/（毫克/千克）	2.0	2.0	0	2.0
维生素B$_1$/（毫克/千克）	2.0	0	0	0

项目	泌乳母兔	妊娠母兔	空怀母兔	种公兔
维生素B_2/（毫克/千克）	6.0	0	0	0
泛酸/（毫克/千克）	50.0	20.0	0	20.0
维生素B_6/（毫克/千克）	2.0	0	0	0
维生素B_{12}/（毫克/千克）	0.02	0.01	0	0.01
烟酸/（毫克/千克）	50.0	50.0	0	50.0
胆碱/（毫克/千克）	1000	1000	0	1000
生物素/（毫克/千克）	0.2	0.2	0	0.2

3. 毛兔饲养标准

兰州市畜牧兽医研究所推荐的长毛兔饲养标准见表5-36、表5-37。

表5-36　长毛兔饲粮营养水平

项目	幼兔（断奶至3月龄）	青年兔	妊娠母兔	哺乳母兔	产毛兔	种公兔
消化能/（兆焦/千克）	10.45	10.03～10.45	10.03	10.87	9.82	10.03
粗蛋白质/%	16	15～16	16	18	15	17
可消化粗蛋白/%	12	10～11	11.5	13.5	10.5	13
粗纤维/%	14	16～17	15	13	17	16～17
蛋能比/（克/兆焦）	11.48	10.77	11.48	12.44	11.00	12.68
钙/%	1.0	1.0	1.0	1.2	1.0	1.0
磷/%	0.5	0.5	0.5	0.8	0.5	0.5
铜/（毫克/千克）	20～200	20	10	10	30	10
锌/%	50	50	70	70	50	70
锰/%	30	30	50	50	30	50
含硫氨基酸/%	0.6	0.6	0.8	0.8	0.8	0.6
赖氨酸/%	0.7	0.65	0.7	0.9	0.5	0.6
精氨酸/%	0.6	0.6	0.7	0.9	0.6	0.6
维生素A/（国际单位/千克）	8000	8000	8000	10000	6000	12000
胡萝卜素/（毫克/千克）	0.83	0.83	0.83	1.0	0.6	1.2

表5-37 长毛兔每日营养需要量

类别	体重/千克	日增重/克	采食量/克	消化能/千焦耳	粗蛋白质/克	可消化粗蛋白/克
断奶至3月龄	0.5	20	60~80	493.24	10.1	7.8
	—	35	—	581.20	11.7	9.1
	—	30	—	668.80	12.3	10.4
	1.0	20	70~100	739.86	12.4	9.3
	—	25	—	827.64	14.0	10.3
	—	30	—	915.42	15.6	11.8
	1.5	20	95~110	990.66	14.7	10.7
	—	25	—	1078.44	16.3	12.0
	—	30	—	1166.22	17.9	12.3
青年兔	2.5	10	115	1546.60	23	16
	—	15	—	1613.48	24	17
	3.0	10	160	1588.40	25	17
	—	10	—	1655.28	26	18
	3.5	15	165	1630.20	27	18
	—	—	—	1697.06	28	19
妊娠母兔，平均每窝产仔6只，每日产毛2克	3.5~4.0	母兔不少于2	≥165	1672.0	27	19
哺乳母兔，每窝哺乳5~6只，每日产毛2克	3.5	3	≥210	2215.40	36	27
	4.0	3		2319.90		
产毛兔每日产毛2~3克	3.5~4.0	3	150	1463.00	23	16
种公兔配种期，每日产毛2克	3.5	3	150	1463.00	26	19

4. 宠物兔营养需要量

《家兔营养（第二版）》推荐宠物兔营养需要量见表5-38。

表5-38 宠物兔养分约束建议

成分和养分	范围	养分	范围
粗蛋白质	12%~16%	维生素A（国际单位/千克）d	5000~12000
粗纤维a	14%~20%	维生素D（国际单位/千克）	800~1200
ADF（酸性洗涤纤维）	≥17%	维生素E/（毫克/千克）	40~70

续表

成分和养分	范围	养分	范围
淀粉[b]	0%～14%	维生素B$_1$/（毫克/千克）	1～10
脂肪	2%～5%	维生素B$_2$/（毫克/千克）	3～10
消化能/（兆焦/千克）	9～10.5	维生素B$_6$/（毫克/千克）	2～15
赖氨酸	0.5%	维生素B$_{12}$/（毫克/千克）	0.01～0.02
蛋氨酸+胱氨酸	0.5%	叶酸/（毫克/千克）	0.2～1.0
钙[c]	0.5%～1.0%	泛酸/（毫克/千克）	3～12
磷[c]	0.5%～0.8%	尼克酸/（毫克/千克）	30～60
镁	0.3%	生物素/（毫克/千克）	0.05～0.20
锌	0.5%～1.0%	胆碱/（毫克/千克）	300～500
钾	0.6%～0.7%	铜/（毫克/千克）	5～10
食盐	0.5%～1.0%		

注：1. a 表示对于最低纤维含量更为恰当的估值是：幼兔为中性洗涤纤维31%和酸性洗涤纤维19%；成年兔酸性洗涤纤维17%。

2. b 表示淀粉的最大用量只适用于非常年幼家兔的饲粮。年轻的成年宠物兔可考虑采用成熟成年宠物兔的最大约束值，即14% ～ 20%。

3. c 表示钙含量考虑到用于繁殖的宠物兔，大约钙含量0.6%、磷含量0.4%就能满足成年兔的维持需要。

4. d 表示考虑到加工过程中的损失，某些维生素的含量高可能是必需的。

使用家兔饲养标准应注意以下事项。

（1）因地制宜，灵活应用　家兔饲养标准的建议值一般是对特定种类的家兔，在特定年龄、特定体重及特定生产状态下的营养需要量。因此要根据实际情况灵活使用。

（2）标准与实际相结合　应用饲养标准时，必须与实际饲养效果相结合，并根据使用效果进行适当调整，以求饲养标准更准确。

（3）饲养标准不断完善　饲养标准本身不是一个永恒不变的指标，它是随着科学研究的深入和生产水平的提高，不断地进行修订、充实和完善的。因此，及时了解家兔营养研究最新进展，把新的成果和数据用于配方设计中，饲养效果更加明显。

（4）"标准"与效益的统一性　应用"标准"规定的营养定额，不能只强调满足家兔对营养物质的客观要求，而不去考虑饲料生产成本。必须贯彻营养、效益相统一的原则。

二、家兔的饲料配方设计

配合饲料就是根据家兔的营养需要量，选择适宜的不同饲料原料，配制满足家兔营养需要量的混合饲料。

1. 饲料配方设计原理

饲料配方设计就是根据家兔营养需要量，饲料营养成分及特性，选取适当的原料，并确定适宜的比例和数量，为家兔提供营养平衡、价格低廉的全价饲粮，以充分发挥家兔的生产性能，保证兔体健康，并获得最大的经济效益。

设计配方时首先要掌握：家兔的营养需要和采食量，饲料营养价值表，饲料的非营养特性（如适口性、毒性、加工制粒特性、市场价格等），同时，还应将配方在养兔实践中进行检验。

2. 饲料配方设计应考虑的因素

（1）使用对象　在配方设计时，首先要考虑配方使用的对象，如家兔类型（肉用型、皮用型、毛用型等）、生理阶段（仔兔、幼兔、青年兔、公兔、空怀母兔、妊娠母兔、哺乳母兔）等不同生理阶段的家兔对营养需要量的不同。

（2）营养需要量　目前家兔饲养标准有国内的和国外的，设计时应以国内家兔饲养标准为基础，同时参考国外的（如法国、西班牙、意大利、美国等国家的）饲养标准，还应考虑家兔品种、饲养管理条件、环境温度、健康状况等因素。国内外的家兔营养最新研究报告也应作为参考。

（3）饲料原料成分与价格　力求使用质好、价廉、本地区来源广的原料。

（4）生产过程中饲料成分的变化　配合饲料在生产加工过程中对于营养成分是有一定影响的，设计时应适当提高其添加量。

（5）注意饲料的品质和适口性。

（6）一般原料用量的大致比例　根据养兔生产实践，常用原料的大致比例如下。

① 粗饲料　如干草、秸秆、树叶、糟粕、蔓类等，一般添加比例为20％ ～ 50％。

② 能量饲料　如玉米、大麦、小麦、麸皮等，一般为25％ ～ 35％。

③ 植物性蛋白质饲料　如豆饼、花生饼等，一般为5％ ～ 20％。

④ 动物性蛋白质饲料　如鱼粉等，一般为0 ～ 5％。

⑤ 钙、磷类饲料　如骨粉、石粉等，一般为1％ ～ 3％。

⑥ 食盐　食盐用量为0.3％ ～ 0.5％。

⑦ 添加剂　微量元素、维生素等为0.5％ ～ 1.5％。

⑧ 限制性原料　棉籽饼、菜籽饼等有毒饼粕低于5％。

3. 饲料配方设计方法

饲料配方设计方法有计算机法和手工计算法。

配方设计体会：设计家兔配方时需要一定的经验，以下是笔者的几点体会，仅供参考。

第一，初拟配方时，先将食盐、矿物质、预混料等原料的用量确定。

第二，对所用原料的营养特点要有一定了解，确定有毒素、营养抑制因子等原料的用量。质量低的动物性蛋白质饲料最好不用，因为其造成危害的可能性很大。

第三，调整配方时，先以能量、粗蛋白质、粗纤维为目标进行，然后考虑矿物质、氨基酸等。

第四，矿物质不足时，先以含磷高的原料满足磷的需要，再计算钙的含量，不足的钙以低磷高钙的原料（如贝壳粉、石粉）补足。

第五，氨基酸不足时，以合成氨基酸补充，但要考虑氨基酸产品的含量和效价。

第六，计算配方时，不必拘泥于饲养标准。饲养标准只是一个参考值，原料的营养成分也不一定是实测值，用试差法手工计算完全达到饲养标准是不现实的，应力争使用计算机优化系统。

第七，配方营养浓度应稍高于饲养标准，一般确定一个最高的超出范围，如1％或2％。

第八，注意选择使用安全绿色饲料添加剂。我国2020年后禁止在饲料中使用任何促生长添加剂，为此，为了兔群安全生产，须选择使用绿色、高效添加剂，如酸化剂、微生态制剂、寡糖、植物精油等，以保证兔产品绿色安全。

第九，添加抗球虫等药物，要轮换使用，以防产生抗药性。禁止使用马杜拉霉素等易中毒的抗球虫药。

➔➔➔ 第四节 ◄◄◄

家兔的配合饲料加工与质量控制

一、家兔的配合饲料加工

1.配合饲料生产工艺概述

配合饲料是在配方设计的基础上，按照一定的生产工艺流程生产出来的。家兔配合饲料的基本生产工艺流程包括：原料的采购、粉碎、混合、后处理（调制、制粒、干燥、过筛）、包装、贮存等环节。家兔配合饲料生产工艺示意图见图5-53。兔场饲料加工车间应安排在远离兔场的地方（图5-54）。

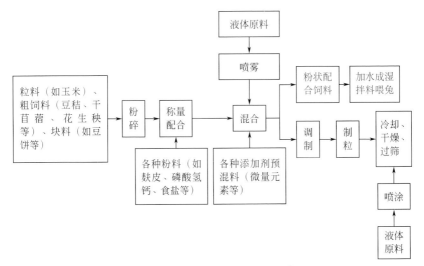

图5-53　家兔配合饲料生产工艺示意图

图5-54　饲料加工设备

2. 原料的采购、贮存、前处理

为了保证饲料质量，必须从采购饲料源头抓起。大宗原料（如玉米、麸皮等）以当地采购为主。饼类饲料须从大型加工食用油知名企业采购，这样可以保证质量。草粉是家兔饲料中重要的成分之一，也是保证饲料安全的关键原料之一，必须检查饲料是否发霉变质、是否带有塑料薄膜、含土是否超标。外地的最好去生产地进行实地考察，质量合格的方可采购。添加剂除自配外，严格选择供应企业。选择信誉度高、产品质量优、服务良好的企业的产品。我国从2020年7月1日起，严禁在饲料中添加任何促生长添加剂（除中草药外），为此，要特别予以关注。

原料须贮存通风干燥、温度适宜的仓库。记录进货日期、数量、存放位置等。出库遵循先进先出的原则。

对饲料原料进行前处理，即清理，就是采用筛选、风选、磁选或其他方法去除原料中所含杂质的过程。需要清选的饲料主要有植物性饲料（如饲料谷物、农副产品等）。所用谷物、饼粕类饲料常常含有泥土、金属等杂质需要清理出来，一方面保障成品含杂质尽量在规定的范围，同时保证加工设备的安全运行。液体饲料原料只需要通过过滤即可。

3. 粉碎

一般粒状精料、粗料利用前均须粉碎。目的是提高家兔对饲料的利用率，有利于均匀混合，便于加工成质量合格的颗粒饲料。

4. 混合

混合是饲料加工的关键性过程。混合是将各种原料（精料、草粉、微量元素、维生素、药物等）混合均匀，是确保配合饲料质量的重要环节。

5. 制粒

制粒是经过制粒机将粉料转变为密实的颗粒饲料的过程。其过程是：粉料调制—制粒—冷却。颗粒机的压模孔径通常以3 ～ 4毫米为宜。

二、家兔的配合饲料质量控制

质量控制就是利用科学的方法对产品实行控制，以预防不合格品的产生，达到质量标准的过程。主要包括以下内容。

1. 饲料原料的质量控制

饲料原料质量是家兔配合饲料质量的基础。只有合格的原料，才能够生产出合格的饲料产品。因此，采购、使用饲料原料时要严把质量关，杜绝使用不合格原料。

对所有饲料原料分析判定是否发霉极为重要，因为家兔对霉菌毒素极为敏感。

2. 粉碎过程的质量控制

粉碎机对产品质量的影响非常明显，它直接影响饲料的最终质地（粉料）和外观的形成（颗粒料），所以必须经常检查粉碎机锤片是否磨损，筛网有无漏洞、漏缝、错位等。操作人员应经常观察粉碎机的粉碎能力和粉碎机排出的物料粒度。

3. 称量过程的质量控制

称量是配料的关键，是执行配方的首要环节。称量准确与否，对家兔配合饲料的质量起至关重要的作用。

4. 配料搅拌过程的质量控制

饲料原料只有在搅拌机中均匀混合，饲料中的营养成分才能均匀分布，配方才能完全实行，饲料质量才有保障。如果微量成分（如微量元素、维生素、药物等）混合不均匀，就会直接影响饲料质量，影响家兔的生产性能，甚至导致兔群发病或中毒。

5. 制粒过程的质量控制

影响颗粒饲料质量的因素较多，应对这些因素进行质量控制。

6. 贮藏过程中的质量控制

贮藏是饲料加工的最后一道工序，是饲料质量控制的重要环节。

要贮藏加工好的饲料，必须选择干燥、通风良好、无鼠害的库房放置，建立"先进先出"制度。

7. 饲喂时的质量检查

饲喂时应对生产的颗粒饲料进行感官检查，对饲料颜色、形状进行检查，必要时用嗅觉对饲料气味进行检查，发现饲料颜色有变化，有结块和发霉时，要立即停止饲喂，及时与技术人员联系。饲喂前要检查颗粒饲料是否含粉较高，否则要过筛。采用绞龙式自动饲喂系统的颗粒饲料要求硬度较高。

（任克良）

第六章

兔群繁殖

理论上讲，兔繁殖力很强，表现为怀孕期短、产仔数多、繁殖受季节的影响较小，但生产中由于各种因素的影响，兔群繁殖潜力往往得不到充分发挥，这是许多养兔企业（户）生产水平低、效益不高甚至亏损的主要原因之一。因此，了解家兔的生殖生理，采取行之有效的技术措施，达到提高兔群繁殖力，实现养兔效益提高的目标。

第一节
家兔的生殖系统

生殖系统是兔繁殖后代、保证物种延续的系统，能产生生殖细胞（精子和卵子），并分泌性激素。生殖系统分雄性生殖器官和雌性生殖器官。

一、公兔的生殖系统

雄性（公兔）生殖系统见图6-1。

（1）睾丸　是产生精子和分泌雄性激素的器官。家兔的腹股沟管宽而短，终生不封闭，睾丸可自由地下降到阴囊或缩回到腹腔内，因此经常会发现有的公兔阴囊内偶尔不见睾丸，这时轻轻拍打其臀部，睾丸可下降到阴囊里。

（2）附睾　发达，位于睾丸背侧，分附睾头、体、尾三部分。

```
┌─────────────────┐
│   公兔生殖器官    │
└─────────────────┘
```

| 睾丸 | 附睾 | 输精管 | 尿生殖道 | 副性腺 | 阴茎、包皮和阴囊 |

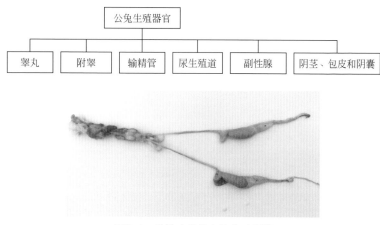

图6-1 雄性（公兔）的生殖系统

（3）输精管 为输送精子的管道。

（4）尿生殖道 是精液和尿液排出的共同通道。

（5）副性腺 包括精囊与精囊腺、前列腺、旁前列腺和尿道球腺（图6-2）。其分泌物进入尿生殖道骨盆部与精子混合形成精液。副性腺的分泌物对精子有营养和保护作用。

（6）阴茎、阴囊和包皮 阴茎为公兔的交配器官，呈圆柱状，前端游离部稍有弯曲。选留种公兔时，应选择阴茎头稍弯曲的个体为好。阴

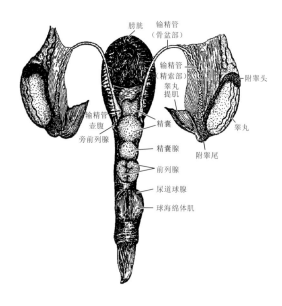

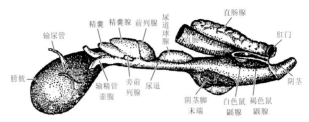

图6-2 公兔生殖系统、副性腺模式图

囊为容纳睾丸、附睾和输精管起始部的皮肤囊。包皮有容纳和保护阴茎头的作用。

二、母兔的生殖系统

母兔的生殖系统见图6-3～图6-7。

（1）卵巢 产生卵子和雌性激素的器官。经产母兔的卵巢表面有发育程度不同的透明小圆泡。

（2）输卵管 输送卵子和受精的管道。

（3）子宫 胚胎生长发育的摇篮。兔为双子宫类型的动物，有一对子宫。

（4）阴道 交配器官，也是产道。兔阴道较长（7～8厘米），前接子宫颈，可见有两个子宫颈口开口于阴道，人工授精就是把精液输入此处。

（5）外生殖器 包括尿生殖前庭、阴门和阴蒂。

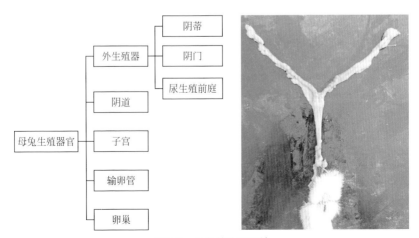

图6-3 母兔的生殖系统

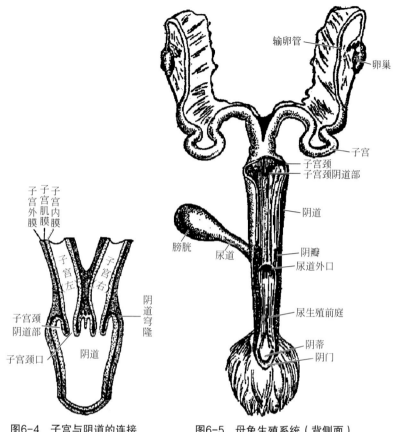

图6-4 子宫与阴道的连接　　　　图6-5 母兔生殖系统（背侧面）

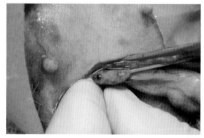

图6-6 卵泡

图6-7 排出的卵泡（透明圆球状）

　　① 尿生殖前庭：交配器官和产道。人工授精输精时切忌插入尿道外口内。

　　② 阴门：阴门由左右两片阴唇构成。

③阴蒂：兔的阴蒂发达，长约2厘米。养兔生产中可利用按摩阴蒂的方法促使母兔发情，并进行配种。

家兔属刺激性排卵动物，即卵巢表面经常有发育程度不同的卵泡，发情并不排卵，只有给予配种刺激或药物刺激才能排卵。养兔生产中只要母兔健康，生殖器官发育良好，采用多次强制配种也能怀孕。人工授精时必须进行注射激素等方式进行刺激排卵，才能正常受孕。

❈❈ 第二节 ❈❈

家兔的繁殖生理

一、初配年龄

初配年龄是指家兔在性成熟以后，身体的各个器官基本发育完备，体重达到一定水平，适宜配种繁殖后代的年龄。也可按达到该品种（系）成年体重的70%～75%时开始初配。初配年龄过大，母兔有难产的危险。目前商品肉兔生产中，母兔初配年龄有提早的趋势（表6-1）。

表6-1　不同类型兔初配年龄、体重表

类型		年龄/月龄	体重/千克
肉用兔	小型兔	4～5	成年体重的75%
	中型兔	5～6	成年体重的75%
	大型兔	7～8	成年体重的75%
獭兔	母兔	5～6	2.75
	公兔	7～8	3.0
长毛兔	母兔	7～8	2.75～3.0
	公兔	8～9	3.0～4.0

二、兔群公母比例

一般根据生产目的、配种方法和兔群大小而定。商品兔生产，采用本交时，公母比例为1∶（8～10）；人工授精时，公母比例为1∶（50～100）。生产种兔的群体公母比例为1∶（5～6）。一般群体越小公兔的比例应越大，同时要注意公兔应有足够数量的血统。

三、种兔利用年限

一般为2～3年。年产窝数增加，利用年限缩短。优秀个体、使用合理，可适当延长利用年限。国内外规模化肉兔配套系生产兔群，利用年限一般为1年。

四、发情表现与发情特点

1. 发情表现

食欲下降，兴奋不安，用前肢刨地、扒箱或用后肢拍打底板，频频排尿，有的用下颌摩擦料盒。母兔的发情周期为7～15天，持续期1～5天。同时要注意外阴部变化。从表6-2可知外阴部苍白、干燥、萎缩（图6-8），此时配种时间尚早，如果配种则受胎率较低、产仔数较少。外阴部大红、紫、肿胀且湿润为发情期（图6-9），此时配种受胎率最高，产仔数较多。外阴部黑色，此时配种已晚（6-10）。建议外阴部为红色或淡紫色并且充血肿胀时配种较好。正所谓"粉红早，黑紫迟，大红正当时"。

表6-2　阴门颜色对某些繁殖性状的影响

特征	阴门颜色			
	白色	粉色	红色	紫色
接受交配/%	17.0	76.6	93.4	61.9
受胎率/%	44.9	79.6	94.7	100
窝产仔数/只	6.7	7.7	8.0	8.8

注：资料来源于Maertens等（1983年）。

2. 发情特点

（1）发情无季节性　一年四季均可发情、配种、产仔。

（2）发情不完全性　母兔发情三大表现（即精神状态，交配欲，卵巢、生殖道变化）并不总是在每个发情母兔身上同时出现，可能只是同时出现一个或两个方面。为此，在生产中应细心观察母兔表现（包括精神、生殖道变化），及时配种。

图6-8　发情鉴定：外阴部苍白，此时配　　图6-9　发情鉴定：外阴部大红、肿胀
　　　　种尚早　　　　　　　　　　　　　　　　　　且湿润，此时配种正好

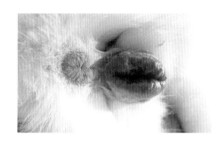

扫一扫
观看"1.发情鉴定"视频

图6-10　发情鉴定：外阴部黑色、干燥，此时配种已晚

（3）产后发情　母兔分娩后普遍发情，此时可行配种（血配）。产后6～12小时配种，受胎率最高。

（4）断奶后普遍发情　仔兔断奶后母兔普遍发情，配种受胎率较高，故仔兔断奶过迟对提高兔群繁殖力不利。

⤖⤖ **第三节** ⤖⤖
家兔繁殖技术

一、配种技术

1. 配种时间

对于发情的母兔，配种应在喂兔后1～2小时进行。一般在清晨、傍晚或夜间进行。母兔产仔后配种时间应根据产仔多少、母兔膘情、饲料营养、气候条件等而定。对于产仔数少、体况良好的母兔，可采取产后配种，即一般在产后12～24小时进行。产仔数较少者，可采取产仔后第12～16天进行配种，哺乳期间采取母仔分离，让仔兔两次吃奶时间超过24小时。产仔数正常，可采取断奶后配种，一般在断奶当天或第二天进行配种。

对不发情的母兔，除改善饲养管理外，采用激素、性诱等方法进行催情。

2.配种方法

采用人工辅助交配方法，平时公、母兔分开饲养，待母兔发情后需要配种时，将母兔放入公兔笼内进行配种，交配后及时把母兔放回原笼（图6-11）。

图6-11　人工辅助交配方法

（1）配种前的准备　患有疾病的公母兔不能配种。公母兔之间3代以内不能配种。检查母兔发情状况，发情时交配。准备好配种记录表格，详细做好配种产仔记录。

（2）配种程序　配种应在饲喂后，公、母兔精神饱满之际进行。将母兔轻轻放入公兔笼内。若母兔正在发情，待公兔做交配动作时，即抬高母兔臀部举尾迎合，之后公兔发出"咕咕"尖叫声，倒向一侧，表示已顺利射精。

图6-12　配种完成后，在母兔臀部轻拍一掌，使其子宫收缩，防止精液外流

母兔接受交配后，迅速抬高母兔后躯片刻或在母兔臀部拍一掌，以防精液外流（图6-12）。察看外阴，若外阴湿润或残留少许精液，表明交配成功，否则应再行交配。最后将母兔放回原笼，并将配种日期、所用公兔耳号等及时登记在母兔配种卡上（图6-13）。

（3）人工授精　详见本章第四节。

二、妊娠检查

图6-13　配种完成后，进行配种登记

及早、准确地检查母兔是否怀孕，对于提高家兔繁殖速度是非常重要的，也是养兔生产者必须掌握的一项技术。

1. 检查时间

一般母兔交配后10～12天进行，技术熟练者可提前到第9天，最好在早晨饲喂前空腹进行。

2. 检查方法

将母兔放在桌面或地面上，右手抓住母兔两耳及颈皮，兔头朝向摸胎者，左手拇指与另外4指分开呈"八"字形，手心向上，自前向后沿腹部两旁摸索（图6-14）。如果腹部柔软如棉，则未受胎；如摸到花生米大小、可滑动的肉状物，则已怀孕。

扫一扫
观看"2. 摸胎法"视频

图6-14　摸胎方法

摸胎注意事项如下。

（1）10～12天的胚泡与粪球的区别。粪球呈扁椭圆形，表面粗糙，指压无弹性，分散面较大，并与直肠宿粪相接；胚胎呈圆形，多数均匀排列于腹部后侧两旁，指压有弹性。

（2）妊娠时间不同，胎泡的大小、形态和位置不一样（图6-15）。妊娠10～12天，胚泡呈圆形，似花生米大小，弹性较强，在腹后中上部，

位置较集中。妊娠14～15天，胚
泡仍为圆形，似小枣大小，弹性
强，位于腹后中部。

（3）一般初产母兔的胚胎稍
小，位置靠后上。经产兔胚胎稍
大，位置靠下。

（4）注意胚胎与子宫瘤、子
宫脓疱和肾脏的区别。子宫瘤虽
有弹性，但增长速度慢，一般为
1个。当肿瘤脓疱多个时，大小一

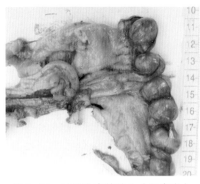

图6-15　15天左右的胎儿（任克良）

般相差很大，胚胎则大小相差不大。此外，脓疱手摸时有波动感。

（5）当母兔膘情较差时，肾脏周围脂肪少，肾脏下垂，有时会误将
肾脏与18～20天的胚胎混淆。

（6）摸胎时，动作要轻，切忌用力挤压，以免造成死胎、流产。

（7）技术熟练者，摸胎可提前至第9天，但第12天时需再确认一次。

三、分娩

1. 妊娠期

母兔的妊娠期平均为30～31天，范围是28～34天。妊娠期的长
短，因品系、年龄、个体营养状况及胎儿的数量和发育情况等不同而略
有差异。

2. 分娩

（1）分娩预兆　多数母兔在
临产前3～5天乳房肿胀，能挤出
少量乳汁。外阴部肿胀充血，黏
膜潮红，食欲减退甚至废绝。临
产前1～2天向产箱内衔草，并将
胸前、腹部的毛用嘴拉下，衔到
窝内做巢（图6-16）。临产前数小
时母兔情绪不安，频繁出入产箱，

图6-16　拉毛做窝

并有四肢刨地、顿足、拱背努责和阵痛等表现。

（2）分娩过程　母兔分娩多在夜深人静或凌晨时进行，因此要做好接产工作。分娩时，体躯前弯呈坐式，阴道口朝前，略偏向一侧。这种姿势便于母兔用嘴撕裂羊膜囊，咬断脐带和吞食胞衣。一般产仔过程需要15～30分钟。

（3）分娩前后护理　分娩前2～3天，应将消毒好的巢箱放入笼内，垫窝以刨花最好。对于不拉毛的母兔，可以在其产箱内垫一些兔毛，以启发母兔从腹部和肋部拉毛（这两处毛根在分娩前比较松）。分娩前后，供给充足淡盐水，以防母兔食仔。产仔结束后，及时清理产仔箱内胎盘、污物，清点产仔数，对未哺乳的仔兔采取人工强制哺乳。产仔多的可找保姆兔代哺，否则淘汰体重过小或体弱的仔兔，或对初生胎儿进行性别鉴定将多余弱小的公兔淘汰。

（4）定时分娩技术　怀孕超过30天（包括30天）的母兔，可采取诱导分娩技术（详见第七章第一节"三、怀孕母兔的饲养管理""2.管理技术""（5）诱导分娩技术"）和注射激素进行定时产仔。方法：对怀孕30天（包括30天）尚未分娩的母兔，先用普鲁卡因注射液2毫升在阴部周围注射，使产门松开。再注射2个单位的后叶催产素，数分钟后，子宫壁肌肉开始收缩，顺利时这个分娩期可在10分钟内完成。必须预先准备好产箱和做好分娩护理。

第四节
人工授精技术

人工授精是指技术人员采取公兔的精液，再用输精器械把精液输入到母兔生殖道内从而达到母兔受孕的一项技术。该技术是一项最经济、最科学的兔群繁殖技术。目前该技术在我国规模兔场广泛推广使用。

一、人工授精技术的优缺点

（1）充分利用优秀公兔，加快遗传进展，迅速提高兔群质量。
（2）减少公兔饲养量，降低饲料成本。

（3）减少疾病尤其是繁殖疾病传播的机会。

（4）提高母兔配种受胎率。

（5）克服某些繁殖障碍，如生殖道的某些异常或公母兔体形差异过大等。

（6）实现同期配种，同期分娩，同期出栏，利于集约化生产的管理。

（7）不受时空限制即可获得优秀种公兔的冷冻精液。

其缺点：需要有熟练掌握操作技术的人员；必要的设备投资，如显微镜等；多次使用某些激素进行刺激排卵，机体会形成抗体，导致母兔受胎率下降。

二、人工授精室的建设

开展人工授精的规模兔场须建设专门的人工授精室（图6-17），最好与种公兔舍相连，方便采精（图6-18）。人工授精室主要设备包括：显微镜、水浴锅、烘干箱、高压灭菌锅、恒温箱和采精、输精设备等。室内安装空调、紫外线杀菌灯等设备（图6-19）。

三、人工授精技术流程

人工授精技术包括待采精公兔的选择、采精、精液品质检查（第一次）、精液的稀释、精液品

图6-17　人工授精室

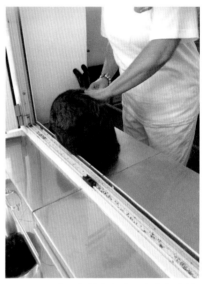

图6-18　人工授精室与种公兔舍相连的窗口

图6-19　人工授精室部分设备

质检查（第二次）、输精、排卵刺激（激素注射等）、记录等流程。

1. 采精公兔的选择

根据以下条件综合考虑：①公兔后裔测定成绩优秀，且符合本场兔群的育种、改良计划。②查看公兔系谱，避免近亲繁育。③公兔无特定的遗传疾病或其他疾病。严禁使用未经严格选育、生产性能低下的公兔。

2. 采精

（1）采集器的准备　常用的采精器主要是假阴道。一般可以自行制作或在市场上购买现成的采精器材。假阴道的构造与安装如下。

外壳：一般用硬质塑料管、硬质橡胶管或自行车车把制成，外筒长8～10厘米，内径3～4厘米。

内胎：可用医用引流管代替，长14～16厘米。

集精管：可用指形管、刻度离心管，也可用羊用集精杯代替。

安装：在外壳上钻一个0.7厘米左右的孔，用于安装活塞。其内胎长度由假阴道长度而定。集精管可用小试管或者抗生素小玻璃瓶。把安装好的假阴道用70%的酒精彻底消毒，必须等酒精挥发完以后，通过活塞注入少量50～55℃的热水，并将其调整到40℃左右。接着在内胎的内壁上涂少量白凡士林或液体石蜡起润滑作用。最后注射空气，调节压力，使假阴道内胎呈三角形或四角形，即可用来采精。

也有玻璃采精器、瓶式采精器，目前市场上有市售的采精器自动加温设备，采精效率更高（图6-20～图6-23）。

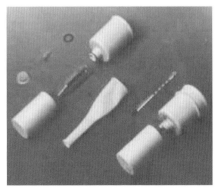

图6-20　采精器

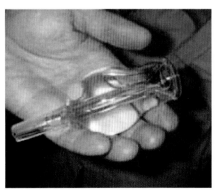

图6-21　玻璃采精器

图6-22 瓶式采精器　　　　　　图6-23 采精器自动加温设备

（2）采精　采精者一只手固定母兔耳朵及头部，另一只手持假阴道，置于母兔两后肢之间（图6-24、图6-25），待爬跨公兔射精后，即把母兔放开，将假阴道竖直，放气减压，使精液流入集精管，然后取下集精管。商品兔场可连续采精。

图6-24 采精　　　　　　　　图6-25 采精示意图

3. 精液品质检查（第一次）

（1）检查的目的　确定所采精液能否用作输精；确定精液稀释倍数。

（2）精液品质检查的方法精液品质检查在采精后即进行，室温以 18 ～ 25℃为宜。分肉眼检查和显微镜检查（图6-26、6-27），检查方法见表6-3，精子活力评定见表6-4。

图6-26 精液品质鉴定

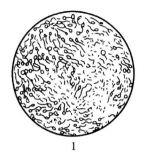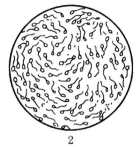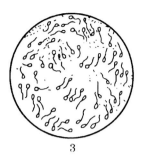

1　　　　　　　　　　2　　　　　　　　　　3

图6-27　精子密度估测示意

1—表示精子密度较高；2—精子密度中等；3—表示精子密度较低

表6-3　精液品质鉴定方法

项目	测定方法	正常	合格精液	不合格精液
颜色	肉眼	乳白色，混浊、不透明	云雾状地翻动表示活力强、密度大	精液色黄可能混有尿液，色红可能混有血液
气味	肉眼	有一种腥味	略带腥味	有臭味
酸碱度	光电比色计或精密试纸	接近中性	pH7.5～8	pH过大，表示公兔生殖道可能患有某种疾病，其精液不能使用
精子活力	显微镜下观察、计数	活力越高表示精液品质越好	精子活力≥0.6的方可输精	精子活力<0.6
密度	显微镜下测定	正常公兔每毫升精液含2亿～3亿个	中级以上	下级
形态	显微镜下观察	具有圆形或卵圆形的头部和一个细长的尾部	正常精子占总精子数的百分数高于80%	畸形精子占总精子数的百分数高于20%
射精量	刻度吸管	0.5～2.5毫升/次		

表6-4　十级制精子活力标准评定表

运动形式	评分										
	1	0.9	0.8	0.7	0.6	0.5	0.4	0.3	0.2	0.1	摇摆运动
呈直线运动的精子/%	100	90	80	70	60	50	40	30	20	10	
呈摇摆运动或其他方式运动的精子/%		10	20	30	40	50	60	70	80	90	100

4.精液的稀释

（1）稀释的目的　稀释精液可以扩大精液量；延长精液保存时间；中和副性腺分泌物对精子的有害作用；缓冲精液pH。

精液稀释倍数须依据精子密度、活力等因素而定，一般稀释倍数为5～10倍。

（2）稀释方法　稀释液配方见表6-5，也可在市场上购买稀释液。稀释液应和精液在等温、等渗和等值

图6-28　精液稀释操作

（pH6.4～7.8）时进行稀释。稀释液要缓慢地沿容器壁倒入盛有精液的容器中，不能反向（即将精液倒入稀释液中），否则会影响精子的存活率。如果需高倍（5倍以上）稀释的精液，最好分两次稀释，以免因环境突变而影响精子的存活率（图6-28）。

表6-5　精液稀释液的种类及配制方法

稀释液种类	配制方法
0.9%生理盐水	可使用注射用生理盐水
5%葡萄糖稀释液	无水葡萄糖5.0克，加蒸馏水至100毫升；或使用5%葡萄糖溶液
11%蔗糖稀释液	蔗糖11克，加蒸馏水至100毫升
柠檬酸钠葡萄糖稀释液	柠檬酸钠0.38克，无水葡萄糖4.45克，卵黄1～3毫升，青霉素、链霉素各10万国际单位，加蒸馏水至100毫升
蔗糖卵黄稀释液	蔗糖11克，卵黄1～3毫升，青霉素、链霉素各10万国际单位，加蒸馏水至100毫升
葡萄糖卵黄稀释液	无水葡萄糖7.5克，卵黄1～3毫升，青霉素、链霉素各10万国际单位，加蒸馏水至100毫升
蔗乳糖稀释液	蔗糖、乳糖各5克，加蒸馏水至100毫升
注意事项	用具要清洁、干燥，事先要消毒；蒸馏水、鸡蛋要新鲜，药品要可靠；药品称量要准确，药品溶解后过滤，隔水煮沸15～20分钟进行消毒，冷却到室温再加入卵黄和抗生素；稀释液最好配现用，即使放在3～5℃冰箱中，也以1～2天为限

5. 精液品质检查（第二次）

对稀释后的精液须进行第二次检查，包括精子密度、活力等，符合要求的才能进行输精。

6. 输精

（1）输精量　一般鲜精为0.5～1毫升，一般一次输入活精子数在1000万～1500万个为宜，冻精0.3～0.5毫升。一般一次输有效精子数在600万～900万个为宜。

（2）输精次数　一般为一次。

（3）输精方法　由一人保定母兔头部，另一人左手提起兔尾，右手持输精器，并把输精器弯头向背部方向插入阴道6～8厘米，越过尿道口后，慢慢将精液注入近子宫颈处，使其自行流入两子宫开口处（图6-29～图6-33）。为了提高输精效率可采用连续输精器，在专用输精台上进行输精（图6-34～图6-36）。

（4）输精注意事项

① 严格消毒。输精管要在吸取精液之前先用35～38℃的消毒液或稀释液冲洗2～3次，再吸入定量的精液输精。母兔外阴部要用0.9%盐水浸湿的纱布或棉花擦拭干净。输精器械要清洗干净，置于通风、干燥处备用。

② 输精部位要准确。应将精液输到子宫颈处。插入太深，易造成单侧受孕，影响产仔数。切勿插到尿道口内，而将精液输入到膀胱中。输精器插入深度因品种、体形大小、初产（经产）等略有不同。

③ 输精时动作要轻，以免损伤母兔生殖道黏膜。

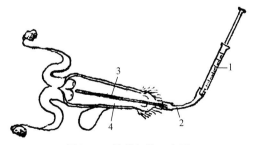

图6-29　输精部位示意图

1—注射器；2—连接管；3—输精管；4—母兔阴道

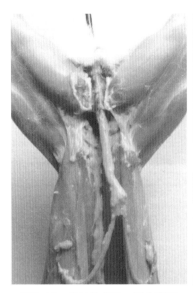

图6-31 输精（任克良）

图6-30 输精的部位：子宫颈口

图6-32 徒手输精

图6-33 输精台输精

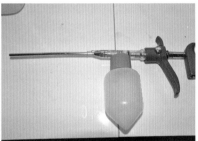

图6-34 连续输精器

图6-35 输精台

图6-36 转动式输精台

7. 排卵刺激

家兔属刺激性排卵动物。如不经任何刺激，母兔卵巢中的卵泡虽已成熟，卵泡液不会自然破裂排出卵子，因此输精的同时必须进行排卵处理。

常用的刺激排卵方法，可采用以下任何一种方法进行。

① 交配刺激 用不育或结扎输精管的公兔进行排卵刺激。仅适合于小群体人工授精。

② 激素或化合物刺激 常用的促排卵激素、化合物种类、剂量及注意事项见表6-6。注射方法见图6-37、图6-38。

表6-6 激素、化合物刺激排卵方法及注意事项

激素或药物种类	剂量	注射方式	注意事项
人绒毛膜促性腺激素（HCG）	20国际单位/千克体重	静脉	连续注射会产生抗体，4～5次后母兔受胎率下降明显
促黄体素（LH）	0.5～1.0毫克/千克体重	静脉	连续注射会产生抗体，4～5次后母兔受胎率下降明显
促性腺素释放激素（GnRH）	20～40微克/只	肌内	不会产生抗体
促排卵素3号（LRH-A$_3$）	0.5微克/只	肌内	输精前或输精后注射
瑞塞托（Recepta，德国产）	0.2毫克/只	肌内、静脉或皮下	不会产生抗体
葡萄糖铜+硫酸铜	1毫克/千克体重	静脉	注射后10～12小时排卵效果良好

8. 记录

输精过程中将输精日期、母兔所用精液的公兔号等进行记录。

图6-37 静脉注射刺激药物

图6-38 肌内注射激素

◆§ 第五节 ◆§

工厂化周年循环繁殖模式

目前，国内外广泛采用的工厂化周年循环繁殖模式可以极大地提高兔群繁殖力，是一项值得推广的综合技术。

一、模式特点

（1）每只母兔每年可繁育7～8窝。

（2）需要同期发情、人工授精等技术的配合。

（3）需要较高的营养供给。这种繁育模式对母兔和公兔的生理压力较大，必须供给充足的营养。

（4）必须有"全进全出"的现代化养殖制度配合，以减少疾病的发生。

二、配套技术及设施

1. 优良的品种（配套系）

适宜工厂化周年循环繁殖模式的兔群品种必须是经过高度选育的品种或配套系，这样其繁殖性状一致，能够达到产仔稳定、高产，同窝仔兔均匀度高，生长发育整齐，能够同期出栏。目前肉兔生产采用的配套系可以达到这一要求。

2. 同期发情技术

采取物理或化学的技术手段，促使母兔群同期发情，常用的有以下几种。

（1）光照控制 同期发情采用光照控制方法（图6-39），即从授精11天后到下次授精前的6天，光照12小时，7～19时；从授精前的6天到授精后的11天，16小时光照，7～23时。密闭兔舍方便进行光照控制，对开放式或半开放式兔舍需要采用遮挡的方式控制自然光照的影响。光照

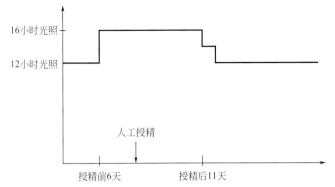

16小时光照

12小时光照

人工授精

授精前6天　　　　　　授精后11天

图6-39　光照程序示意图（谷子林、秦应和、任克良主编的《中国养兔学》）

强度在60～90勒克斯。生产中要根据笼具类型灵活掌握（图6-40）。

（2）饲喂控制　后备母兔：对后备母兔首次人工授精操作时，在人工授精的前6天开始，从限制饲喂模式转为自由采食模式，加大饲料饲喂量，给后备母兔造成食物丰富的感觉，同样有利于同期发情。

未哺乳的空怀母兔：采取限制饲喂措施，在下一次人工授精之前的6天起再自由采食，也能起到促进发情的效果。

图6-40　光照刺激母兔同期发情

对哺乳期的未怀孕母兔不能采取限制饲喂，应和其他哺乳母兔一样自由采食。

后备母兔和空怀母兔限制饲喂，范围在160～180克，同时要根据饲料营养浓度和季节灵活掌握，以保持母兔最佳体况，维持生产能力为准。在母兔促发情阶段和哺乳期间应采取自由采食的方式。

（3）哺乳控制　据欧洲大型兔场实践经验介绍，对于正在哺乳的母兔采取饲喂控制可以达到同期发情的目的。

人工授精前的哺乳程序：人工授精之前36～48小时将母兔与仔兔隔离，停止哺乳，在人工授精时开始哺乳，可提高发情和受胎率。

（4）激素应用 在人工授精前 48 ～ 50 小时注射 25 国际单位的孕马血清（PMSG），促进母兔发情。激素的质量对促进发情效果影响较大。质量不稳定的激素很容易造成繁殖障碍。

（5）配套设施 开展工厂化周年循环繁殖模式的兔场，要有科学的兔舍和笼具，完善的兔舍环境控制设备，其中以"品"字形单层或两层为宜；兔舍采用全封闭式有利于同期发情处理；兔舍要有加温、降温、通风等设施，保障兔舍适宜的温度和良好的环境。

（6）饲养技术 处于工厂化周年循环繁殖模式的兔群，全年处于高度繁育强度下，需要供给全价的均衡营养的饲粮，同时根据不同时期采取相应的饲养方式，这样才能达到预期目的。

三、不同间隔繁殖模式

根据间隔时间长短可分为 49 天、56 天和 42 天等模式。

1. 49 天繁殖模式

49 天繁殖模式是指两次配种时间的间隔为 49 天，于母兔产后 18 天再次配种，可实现每年 6 窝的繁殖次数，平均每只母兔提供出栏商品兔为 40 只左右甚至更多。49 天繁殖模式每个批次间的间隔为一周，每个批次在 49 天轮回一次生产（图 6-41 ～图 6-44 和表 6-7）。

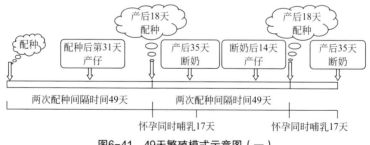

图6-41 49天繁殖模式示意图（一）

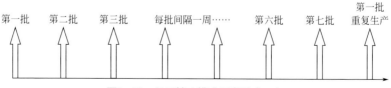

图6-42 49天繁殖模式示意图（二）

表6-7 采取集中繁育后工作日程的标准化、规律化示意表（以49天繁育模式为例）

周次	周一	周二	周三	周四	周五	周六	周日
第1周					催情-1		
第2周	配种-1				催情-2		
第3周	配种-2				催情-3	摸胎-1	
第4周	配种-3				催情-4	摸胎-2	
第5周	配种-4				催情-5	摸胎-3	
第6周	配种-5	放产箱-1	产仔-1	产仔-1	产仔-1，催情-6	摸胎-4	休息
第7周	配种-6	放产箱-2	产仔-2	产仔-2	产仔-2，催情-7	摸胎-5	
第8周	配种-7	放产箱-3	产仔-3	产仔-3	产仔-3，催情-1	摸胎-6	
第9周	配种-1	放产箱-4	产仔-4 撤产箱-1	产仔-4	产仔-4，催情-2	摸胎-7	
第10周	配种-2	放产箱-5	产仔-5 撤产箱-2	产仔-5	产仔-5，催情-3	摸胎-1	
第11周	配种-3	放产箱-6	产仔-6	产仔-6	产仔-6，催情-4	摸胎-2	

注：工作后缀数字代表批次。例如：配种-1代表第一批母兔配种。

全进全出的批次化繁殖模式的优点如下。

（1）便于组织生产，年初制订繁殖计划时，可以明确每天的具体工作内容和工作量。

（2）每周批次化生产，减少了发情鉴定、配种、摸胎等零散繁琐的工作，使这些操作集中进行，饲养人员有更多的时间照顾种兔和仔兔。

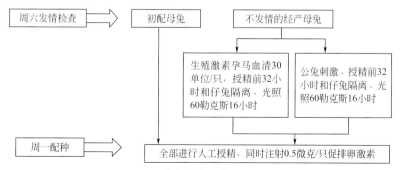

图6-43 家兔集中催情排卵流程图

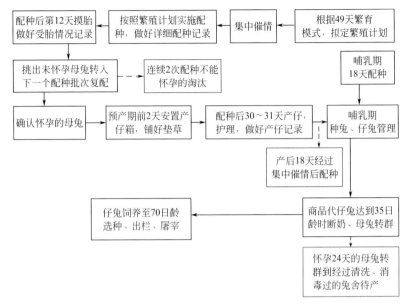

图6-44　家兔集中繁育流程

（以49天繁育模式为例，35天和42天繁殖模式的区别是在产后4天和11天配种）

（3）全进全出，彻底清扫、清洗、消毒，减少疾病的发生，提高成活率。

（4）采取人工授精，减少了种公兔的饲养数量，降低了养殖成本。

（5）员工工作规律性强，便于培训和员工成长，员工可以有休息日和节假日，有利于留住人才。

2.42天繁殖周期模式

详见第八章第二节"一、工艺流程"。

❧ **第六节** ❧

提高兔群繁殖力的技术措施

影响兔群繁殖力的因素较多，生产中要采取综合技术措施，达到提高兔群繁殖力和养兔经济效益的目的。

一、选养优良品种（配套系）、加强选种

优良品种（配套系）繁殖性能一般比较好。同时加大兔群选育力度。选择性欲强，生殖器官发育良好，睾丸大而匀称，精子活力高、密度大和七八成膘的优秀青壮年公兔作种用，及时淘汰单睾、隐睾、生殖器官发育不全及患有疾病而治疗无明显好转的个体。母兔须从优良母兔的3～5胎后代中选育，乳头在4对以上，外阴端正。

二、满足营养需求

公、母兔饲粮粗蛋白质以15%～17%为宜，其他营养元素（如维生素A、维生素E、锌、锰、铁、铜、硒等）也要添补。冬春季节青饲料不足，种兔要添喂胡萝卜或大麦芽，以利配种受胎。怀孕期间不宜过度饲养，以减少胚胎死亡，提高母兔产仔数。

三、提高兔群中适龄母兔比例

保持兔群壮年兔占50%，青年种群占30%，降低老龄兔的比例。配套系的兔群每年更新率高。为此，每年须选留培养充足的后备兔作为补充。

四、人工催情

对不发情的母兔，除改善饲养管理外，可采用激素、性诱等方法进行催情。

1. 激素催情

激素催情可采用以下方法进行。

（1）孕马血清促性腺激素，每只兔皮下注射15～20国际单位，60小时后，再于耳静脉注射5微克促排卵2号或50单位人绒毛膜促性腺激素，然后配种。

（2）促排卵2号，耳静脉注射5～10微克/只（视兔体重大小）。

图6-45　性诱催情——把母兔放入公兔笼内，让公兔爬跨，刺激母兔发情

（3）瑞塞脱，肌内注射0.2毫克/只后，立即配种，受胎率可达72%。

2. 性诱催情

把不发情母兔和性欲旺盛的公兔关在一起1～2天。或将母兔放入公兔笼内，让公兔追逐、爬跨后捉回母兔（图6-45），一天一次，一般需2～3次。

3. 食物催情

喂给母兔大麦芽、黄豆芽等。

五、改进配种方法

采用双重、重复交配或人工授精等方法可提高受胎率和产仔数。

1. 双重配种

就是指一只母兔连续与两只公兔交配，中间相隔时间不超过20～30分钟。

2. 重复配种

就是指第一次配种后间隔4～6小时再用同一公兔交配1次。人工授精时严格消毒、仔细检查密度和活力、适度稀释、规范的操作可以提高受胎率。

六、适度频密繁殖

1. 频密繁殖

即血配，就是母兔产仔后1～2天内配种。

2. 半频密繁殖

是指母兔在产后12～15天内配种。

这两种方法必须在饲料营养水平和管理水平较高的条件下进行，并且不能连续进行。采取频密繁殖之后，种兔利用年限缩短，自然淘汰率高，要及时更新繁殖母兔群。

七、及时进行妊娠检查，减少空怀

配种后及时进行妊娠检查，对空怀兔及时进行配种。

八、科学控光控温，缩短"夏季不孕期"

每天补充光照至16小时，光照强度20勒克斯，有利于母兔发情。夏季高温季节采取各种降温措施，避免和缩短夏季不孕期。

九、严格淘汰，定期更新

定期进行繁殖成绩及健康检查，对年产仔数少、老龄、屡配不孕、有食仔恶癖、患有严重乳腺炎、子宫积脓等母兔及时淘汰。

十、推广周年循环繁殖模式

目前规模养殖场多采用35天/42天/49天/56天繁育模式，该模式是目前国内外规模肉兔场应用较广泛的高效繁育技术。

（任克良）

饲养管理是家兔养殖的重要内容。生产过程中要根据家兔的生物学特点、生活习性和不同生理阶段等特性，采取不同的饲养和管理方式。

第一节
种兔的饲养管理

一、种公兔的培育、饲养管理

俗话说："公兔好好一群，母兔好好一窝"，说明公兔质量的好坏决定整个兔群后代的质量。种公兔的要求：品种特征明显，健康（图7-1），两个睾丸大而匀称（图7-2），精液品质优良，配种受胎率高，后代优良。

图7-1　品种特征明显，头宽大

图7-2　公兔睾丸大而一致

1. 种公兔的培育

种公兔应该从优秀的父母后代中选留。其父本要求：体形大，生长速度快，被毛性状优秀（毛兔、皮兔），产肉性能优良（肉用兔）；母本应该是产仔性能优良，母性好。睾丸的大小与家兔的生精能力呈正相关，因此，选留睾丸大而且匀称的公兔可以提高精液的品质和射精量，从而提高受精率。公兔的性欲也可以通过选择而提高。后备公兔的选育强度一般要求在10%以内。

公兔的饲料营养要求全面，营养水平适中，切忌用低营养水平的饲粮饲养，否则易造成"草腹兔"，影响日后配种。待选的3月龄以上的公兔要与母兔分开饲养，以防早配、滥配。

规模兔场严禁使用未经严格选育的公兔参加配种。

2. 饲养技术

非配种期公兔需要恢复体力，保持适当的膘情，不宜过肥或过瘦，需要中等营养水平的饲粮。

配种期公兔饲料的能量保持中等能量水平，保持在10.46兆焦/千克，不能过高或过低。能量过高，易造成公兔过肥，性欲减退，配种能力差。能量过低，造成公兔过瘦，精液产量少，配种能力差，效率低。

蛋白质数量、质量影响公兔性欲、射精量、精液品质等，因此公兔饲料粗蛋白质水平必须保持在17.0%。为了提高饲料蛋白质品质，饲粮中要适当添加动物性蛋白质饲料。

由于精子的形成需要较长的时间，所以营养物质的添补要及早进行，一般在配种前20天开始。

维生素、矿物质对公兔的精液品质影响巨大，尤其是维生素A、维生素E、钙、磷等。饲料中的维生素A易受高温、光照和加工过程的破坏，因此要适当多添加一些。

与限制饲养（给予自由采食量的75%饲喂量）相比，自由采食对公兔的性欲和精液的品质没有产生不利的影响，因此不建议对公兔实施过分的限制饲养，但要防止公兔过度肥胖。

3. 管理技术

（1）单笼饲养　成年公兔应单笼饲养，笼子要比母兔笼稍大，以利运动。规模兔场建议建设种公兔专用兔舍，内设取暖、降温和通风等设备。全场种公兔集中饲养，公兔舍要保持通风良好、采光好，温度、湿度适宜。种兔笼以单层笼为宜，笼底板以竹板或塑料为宜（图7-3）。

图7-3　种公兔专用舍，单层笼饲养

（2）使用年限、配种（采精）频度　一般从开始配种算起，利用年限为2年，特别优秀者最多不超过3～4年。青年公兔每日配种1次，连续2天休息1天；初次配种公兔宜实行隔日配种法，也就是交配一次，休息1天；成年公兔1天可交配2次，连续2天休息1天。长期不参加配种的公兔开始配种时，头一两次交配多为无效配种，应采取双重交配。

对于采精进行人工授精时，每周采精不多于2次。

注意事项：生产中存在饲养人员对配种强的公兔过度使用的现象，久而久之会导致优秀公兔性功能衰退，有的造成不可逆衰退，应引起注意。

（3）消除"夏季不育"措施　夏季不育是指在炎热的季节，当气温连续超过30℃以上时，公兔睾丸萎缩，曲细精管萎缩变性，会暂时失去产生精子的能力，此时配种常常出现不易受胎的现象。

方法：①通过精液品质检查、配种受胎率测定，选留抗热应激强的公兔。②给公兔营造一个免受高温侵袭的环境，如饲养在安装有空调的专用公兔舍。③使用抗热应激制剂。如每100千克种兔饲粮中添加10克维生素C粉，可增强繁殖用公、母兔的抗热能力，提高受胎率和增加产仔数。

（4）缩短"秋季不孕"期的方法　秋季不孕是指兔群在秋季配种受胎率不高的现象。原因是高温季节对公兔睾丸的破坏，一般恢复要持续1.5～2个月，且恢复时间的长短与高温的强度、时间呈正相关。

采取的对策：①增加公兔的饲料营养水平。粗蛋白质增加到18%，维生素E达60毫克/千克，硒的含量达0.35毫克/千克和维生素A达12000国际单位/千克，可以明显缩短恢复期。② 使用家兔专用抗热应激制剂。解决的根本措施是让公兔饲养在环境可控的专用公兔舍。

（5）健康检查　经常检查公兔生殖器官，如发现密螺旋体病、螨病、毛癣菌病、外生殖炎等疾病，应立即停止配种，隔离治疗或淘汰。患脚皮炎的公兔采食量下降，精液品质下降，病情严重的予以淘汰。

二、空怀母兔的饲养管理

空怀母兔是指母兔从仔兔断奶到再次配种怀孕的这一段时期，又称休养期。由于哺乳期消耗了大量养分，空怀母兔体质瘦弱，这个时期的主要饲养任务是恢复膘情，调整体况。管理的主要任务是防止空怀母兔过肥或过瘦。

1. 饲养技术

空怀母兔的膘情达到七八成膘情为宜。过瘦的母兔，采取自由采食的饲喂方法，在青草季节加喂青绿饲料，冬季加喂多汁饲料，尽快恢复膘情。

（1）集中补饲法　在以下几个时期进行适当补饲：交配前1周（确保其最大数量受精卵）、交配后1周（减少早期胚胎死亡的危险）、妊娠末期（胎儿增重的90%发生在这个时期）和分娩后3周（确保母兔泌乳量，保证仔兔最佳的生长发育）。

（2）长期不发情母兔的处理　对于非器质性疾病而不发情的母兔，可采取异性诱情、人工催情和使用催情散。催情散：淫羊藿19.5%、阳起石19%、当归12.5%、香附15%、益母草19%、菟丝子15%，每日每只10克拌料，连喂7天。

2. 管理技术

空怀母兔一般为单笼饲养，也可群养。但是必须观察其发情情况，掌握好发情症状，适时配种。

空怀期的长短与品种、母兔个体体况的恢复快慢有关，过于消瘦的个体可以适当延长空怀期。对于恢复期较长的个体作淘汰处理。

对于不易受胎的母兔，可以通过摸胎的方式检查子宫是否有脓肿等生殖器官疾病，患病的要及时作淘汰处理。

三、怀孕母兔的饲养管理

母兔自交配受胎到分娩产仔这段时间称为怀孕期。

1. 饲养技术

怀孕母兔的营养需要在很大程度上取决于母兔所处妊娠阶段。

（1）怀孕前期的饲养　母兔怀孕前期（最初的3周），母体器官及胎儿组织增长很慢，胎儿增重仅占整个胚胎期的10%左右，所需营养物质不多，这个时期一般采取限饲方式。如果体况过肥或采食过量，会导致母兔子宫内胎儿死亡率提高，而且抑制泌乳早期的自由采食量。要注意饲料质量，营养要均衡。

妊娠前期按常规饲喂量进行，一般全价颗粒料饲喂量为200克/天左右。

（2）怀孕后期的饲养　怀孕后期（21～31天），胎儿生长迅速，胎儿增加的重量相当于初生重的90%，母兔需要的营养也多，饲养水平应为空怀母兔的1～1.5倍。此时母兔因腹腔胎儿的占位采食量下降，因此应适当提高饲粮营养水平，可以弥补因采食量下降导致营养摄取量的不足。

在妊娠的最后1周，母兔动用体内储备的能量来满足胎儿生长的绝大部分能量需要。据估计，妊娠晚期的平均需要量相当于维持需要。

妊娠后期可以采取自由采食方式。

（3）妊娠临近的饲养　在妊娠最后1周，增喂易消化、营养价值高的饲料，避免绝食，防止妊娠毒血症的发生（图7-4）。但要注意：妊娠期的饲料能量不宜过高，否则对繁殖不利，不仅减少产仔数，还可导致乳腺内脂肪沉积，产后泌乳减少。

2. 管理技术

（1）保胎防流产　流产一般发生在妊娠后15～25天，尤其以25

图7-4　妊娠毒血症——软瘫，不能行走

天左右多发。如惊吓、挤压、不正确的摸胎、食入霉变饲料或冰冻饲料、疾病等都可引起流产，应针对不同原因，采取相应的预防措施。

（2）做好接产准备　一般在产仔前3天把消毒好的产仔箱放入母兔笼内，内置产箱的须打开插板，让母兔自由进入产箱，产箱内垫上刨花或柔软垫草。刨花柔软、吸湿性好，是最为理想的垫料。要求刨花无锯末、尖锐的木条或其他异物。母兔在产前1～2天要拉毛做窝。据观察：母兔产仔窝修得愈早，哺乳性能愈好。对于不拉毛的，在产前或产后进行人工辅助拔毛，以刺激乳房泌乳（图7-5～图7-8）。

图7-5　对产箱进行消毒

图7-6　产箱内使用的刨花

图7-7　临产母兔拉毛做窝

图7-8　人工辅助拔毛

（3）分娩　母兔分娩多在黎明。一般产仔很顺利，每2～3分钟产1只，15～30分钟产完。个别母兔产几只后休息一会儿，有的甚至会延长至第二天再产，这种情况多数是由于产仔时受惊所致，因此产仔过程要保持安静。严寒季节要有人值班，对产到箱外的仔兔要及时作增温处理后，放到箱内。母兔产后及时取出产箱，清点产仔数，必要时称量初生窝重，剔除死胎、畸形胎、弱胎和沾有血迹的垫料。

母兔分娩后，由于失水、失血过多，精神疲惫，口渴饥饿，应准备好盐水或糖盐水，同时保持环境安静。

（4）产后管理 产后1～2天内，母兔由于食入胎儿胎盘、胎衣，消化功能较差，因此，应饲喂易消化的饲料。

母兔分娩1周内，应服用一些药物，可预防乳腺炎和仔兔黄尿病，促进仔兔生长发育。

（5）诱导分娩技术 生产实践中，50%以上的母兔在夜间分娩。在冬季，尤其对那些初产和母性差的母兔，若产后得不到及时护理，仔兔易产在窝外，被冻死或饿死。采取诱导分娩技术，可让母兔定时分娩，提高仔兔成活率。

具体方法：将妊娠30天以上（包括30天）的母兔，放置在桌子上或平坦处，用拇指和食指一小撮一小撮地拔下乳头周围的被毛。然后将其放到事先准备好的产箱里，让出生3～8日龄的其他窝仔兔（5～6只）吮奶3～5分钟，再将其放入产箱里，一般3分钟左右后分娩开始（图7-9～图7-11）。

图7-9 人工拔毛

图7-10 让仔兔吸吮乳头3～5分钟

图7-11 产仔

四、哺乳母兔的饲养管理

从分娩到仔兔离乳这段时间的母兔称为哺乳母兔，这是家兔采食量最大的生理阶段。

1. 哺乳母兔的生理特点

哺乳母兔是兔一生中代谢能力最强、营养需要量最多的一个生理阶段。从图7-12母兔泌乳曲线可知，母兔产仔后即开始泌乳，前3天泌乳量较少，为90～125克/天，随泌乳期的延长，泌乳量增加，第18～21天泌乳量达到高峰，为280～290克/天，21天后缓慢下降，30天后迅速下降。母兔的泌乳量和胎次有关，一般第1胎较少，第2胎以后渐增，第3～5胎较多，第10胎前相对稳定，第12胎后明显下降。

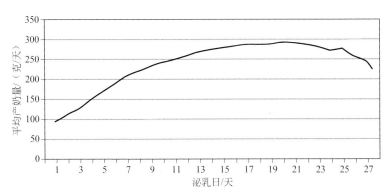

图7-12　杂种母兔在不同泌乳阶段的产奶量

表7-1　各种动物乳的成分及其含量

种类	水分/%	脂肪/%	蛋白质/%	乳糖/%	灰分/%	能量/（兆焦/千克）
牛乳	87.8	3.5	3.1	4.9	0.7	2.929
山羊乳	88.0	3.5	3.1	4.6	0.8	2.887
水牛乳	76.8	12.6	6.0	3.7	0.9	6.945
绵羊乳	78.2	10.4	6.8	3.7	0.9	6.276
马乳	89.4	1.6	2.4	6.1	0.5	2.218
驴乳	90.3	1.3	1.8	6.2	0.4	1.966
猪乳	80.4	7.9	5.9	4.9	0.9	5.314
兔乳	73.6	12.2	10.4	1.8	2.0	7.531

从表7-1可知，兔乳干物质含量26.4%，脂肪12.2%，蛋白质10.4%，乳糖1.8%，灰分2.0%，能量7.531兆焦/千克。与其他动物相比，兔乳除乳糖含量不太高外，干物质、脂肪、蛋白质和灰分含量均位居其他所有动物乳之首。生产中试图用其他动物乳汁替代兔乳喂养仔兔，往往不能取得预期的效果。营养丰富的兔乳为仔兔快速生长提供丰富的营养物质，所以母兔必须要从饲料中获得充足的营养物质。

2. 饲养技术

母兔产仔后前3天，泌乳量较少，同时体质较弱，消化功能尚未恢复，因此饲喂量不宜太多，同时所提供的饲料要求易消化、营养丰富。

从第3天开始，要逐步增加饲喂量，到18天之后饲喂要近似自由采食。据笔者观察，家兔采食饱颗粒饲料之后，具有再摄入多量青绿多汁饲料的能力，因此饲喂颗粒饲料后，还可饲喂青绿饲料（夏季）或多汁饲料（冬季），这样母兔可以分泌大量乳汁，达到母壮仔肥的效果。

哺乳母兔饲料中粗蛋白质应达到16%～18%，能量达到11.7兆焦/千克，钙、磷含量分别为0.8%和0.5%。但最近研究表明，采食过量的钙（＞4%）或磷（＞1.9%）会导致繁殖能力显著变化，发生多产性或增加死胎率。

初产母兔的采食能力也是有限的，因而在泌乳期间它们体内的能量储备很容易出现大幅度降低（-20%）。因此，它们很容易由于失重过多而变得太瘦。如果不给它们休息的时间，那么较差的体况会影响它们未来的繁殖能力。

哺乳母兔必须保证充足清洁的饮水供应。

母兔泌乳量和乳汁质量的检查：母兔泌乳量和乳汁质量如何可以通过仔兔的表现而反映出来。若仔兔腹部胀圆，肤色红润光亮，安睡少动，表明母兔泌乳能力强（图7-13）；若仔兔腹部空瘪，肤色灰暗无光，用手触摸，则向上乱抓乱爬，发出"吱吱"叫，表明母兔无乳或有乳不哺。若无乳，

图7-13 仔兔肤色红润光亮

可进行人工哺乳；若有乳不哺，可进行人工强制哺乳。

（1）人工催乳　对于乳汁少的母兔，在提高饲粮营养水平或饲喂量的前提下，可采取人工催乳方法，使仔兔吃足奶，具体见图7-14。

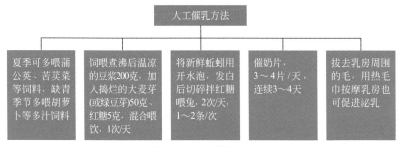

图7-14　人工催乳方法

（2）人工辅助哺乳　对于有奶而不自动哺育仔兔或在巢箱内排尿、排粪或有食仔恶癖的母兔，必须实行人工辅助哺乳。方法是将母兔与仔兔隔开饲养，定时将母兔捉进巢箱内，用右手抓住母兔颈部皮肤，左手轻轻按住母兔的臀部，让仔兔吃奶（图7-15）。如此反复数天，直至母兔习惯为止。一般每天喂乳2次，早晚各1次。对于连续两胎不自行哺乳的母兔作淘汰处理。

图7-15　人工辅助哺乳

3.管理技术

确保母兔健康，预防乳腺炎，让仔兔吃上奶、吃足奶，是这一时期管理的重要内容。产后母兔笼内应用火焰消毒1次，可以烧掉飞扬的兔毛，预防毛球病的发生。兔舍温度较低的情况下，可以使用保温垫进行保温（图7-16）。

有条件的兔场采取母仔分离饲养法。其优点、具体方法和注意事项见图7-17。对"品"字形兔笼内置的产仔箱，可通过每天定时开启插板方式实施母仔分离饲养法（图7-18）。

母兔乳腺炎的预防措施：母兔一旦患乳腺炎，轻则仔兔染黄尿病死亡，重则母兔失去种用能力。乳腺炎的发生多由饲养管理不当引起，常见的原因有：①母兔奶量过多，仔兔吃不完的奶滞留乳房内。②母兔带仔过多，母乳分泌少，仔兔吸破乳头感染细菌所致。③刺、钉等锋利物刺破乳房而感染。针对以上原因，可采取寄养、催乳、清除舍内尖锐物等措施，预防乳腺炎的发生。产后3

图7-16 覆盖仔兔用的保温垫

天内，每天喂给母兔一次复方新诺明、苏打各1片，对预防乳腺炎有明显效果。如果群体发病，也可注射葡萄球菌菌苗，每年2次。

```
┌─────────────────────────┐
│      母仔分离饲养法        │
└─────────────────────────┘
```

优点：提高仔兔成活率；母兔可以休息好，有利于下次配种；可以在气温过低、过高的环境下产仔	具体方法：待初生仔兔吃完第一次母乳后，把产箱连同仔兔一起移到温度适宜、安全的房间。以后每天早晚将产箱及仔兔放入原母兔笼，让母兔喂奶半个小时，再将仔兔搬出	注意事项：①对护仔性强或不喜欢人动仔兔的母兔，不要勉强采用此法。②产箱要有标记，防止错拿仔兔，导致母兔咬死仔兔。③放置产箱的地方要有防鼠害设施，通风良好

图7-17 母仔分离饲养法

图7-18 有插板的产箱（可以实现母仔分离饲养）

第二节
仔兔、幼兔的饲养管理

一、仔兔的饲养管理

出生到断奶的小兔称为仔兔。

1. 仔兔生长发育特点

（1）仔兔出生时裸体无毛，体温调节功能还不健全，一般产后10天才能保持体温恒定。炎热季节巢箱内闷热，特别易蒸窝中暑，冬季易冻死。初生仔兔最适环境温度为30～32℃。

（2）视觉、听觉未发育完全。仔兔出生后闭眼，耳孔封闭，整天吃奶睡觉。出生后8天耳孔张开，11～12天眼睛睁开。

（3）生长发育快。仔兔初生重40～65克。在正常情况下，出生后7天体重增加1倍，10天增加2倍，30天增加10倍，30天后亦保持较高的生长速度。因此对营养物质要求较高。

2. 饲养技术

仔兔早吃奶、吃足奶是这个时期的中心工作。

初乳营养丰富，富含免疫球蛋白，适合仔兔生长快、消化能力弱、抗病力差的特点，并且能促进胎粪排出，所以必须让仔兔早吃奶、吃足奶。

母性强的母兔一般边产仔边哺乳，但有些母兔尤其是初产母兔产后不喂仔兔。仔兔出生后5～6小时内，一般要检查吃奶情况，对有乳不喂的要采取强制哺乳措施。

在自然界，仔兔每日仅被哺乳1次，通常在凌晨，整个哺乳阶段可在3～5分钟内完成，吸吮相当于自身体重30%左右的乳汁。仔兔连续2天，最多连续3天吃不到乳汁就会死亡。

补料技术：仔兔3周后从母兔乳汁中仅获取55%的能量，同时母兔将饲料转化为乳汁喂给仔兔，营养成分要损失20%～30%，所以3周龄开始时，给仔兔进行补料，既有必要，从经济观点来看也是合算的（图7-19）。

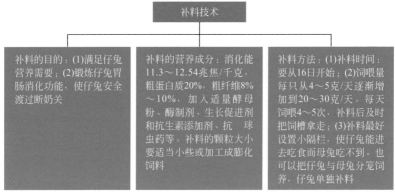

图7-19　补料方法

3. 管理技术

初生仔兔要检查是否吃上初乳，以后每天应检查母兔哺乳情况。哺乳时仔兔将乳头叼得很紧，哺乳完毕后母兔跳出产箱时有时将仔兔带出产箱外又无力叼回，称为吊奶。对于吊奶的仔兔要及时放回巢箱内。

（1）仔兔寄养　一般情况下，母兔哺乳仔兔数应与其乳头数一致。产仔少的母兔可为产仔多的、无奶的或死亡的母兔代乳，称为寄养。

两窝合并，日龄差不要超过2～3天。具体方法是：首先将保姆兔拿出，把寄养仔兔放入窝中心，盖上兔毛、垫草，2小时后将母兔放回笼内。这时应观察母兔对仔兔的态度。如发现母兔咬寄养仔兔，应迅速将寄养仔兔移开。如果母兔是初次寄养仔兔，最好用石蜡油、碘酒或清凉油涂在母兔鼻端，以扰乱母兔嗅觉，使寄养成功。寄养仅适用于商品兔生产。

目前国内外商品肉兔场，对同期分娩的所有仔兔根据体重重新分给母兔进行哺乳，这样可以使同窝仔兔生长发育均匀，成活率提高（图7-20～图7-23）。

（2）断奶时间与方法　仔兔生长到了一定日龄就应进行断奶。

① 断奶时间　28～42天，断奶时间与仔兔生长发育、气候和繁殖制度相关。

② 断奶方法　根据仔兔生长发育情况和饲养模式可采取以下方法。

a.一次性断奶：全窝仔兔发育良好、整齐，母兔乳腺分泌功能急剧下

图7-20 对商品仔兔根据体重进行二次分配　　图7-21 分配后的各窝仔兔

图7-22 将仔兔根据体重进行重　　图7-23 根据体重重新分配仔兔
　　　　新分窝

降，或母兔接近临产，可采取同窝仔兔一次性全部断奶。

b.分批分期断奶：同窝仔兔发育不整齐，母兔体质健壮、乳汁较多时，可让健壮的仔兔先断奶，弱小者多哺乳数天，然后再断奶。对于断奶后的仔兔提倡原笼饲养法。

（3）原笼饲养法　即到断奶时，将母兔取走，留下整窝仔兔在原笼饲养，采取这种方法可以减少因饲料、环境、管理发生变化而引起的应激，减少消化道疾病的发生，提高成活率（图7-24）。目前欧洲及国内大型兔场多采用这种方法。

图7-24　原笼饲养

二、幼兔的饲养管理

幼兔是指断奶到3月龄的小兔。实践证明，幼兔是家兔一生中最难饲养的一个阶段。幼兔饲养成功与否关系到养兔成败。做好幼兔饲养管理中的每个具体细节，才能把幼兔养好。

1.饲养技术

（1）保证哺乳期仔兔发育良好。仔兔哺乳期吃足奶是基础，开食是关键。保证母兔的营养需要，使之乳量充足。

（2）选择优质粗纤维饲料，保证饲粮中粗纤维含量。幼兔生长发育快，有的日增重高达50克，所以，幼兔饲料应是易消化、营养丰富、体积小的饲料。颗粒饲料中使用苜蓿草粉等优质粗饲料，保证饲粮中粗纤维含量为13%～16%。

设计幼兔饲料配方时要兼顾生长速度和健康风险之间的关系。对于养兔新手，应以降低健康风险为主，饲料营养不宜过高；对于有经验的，可以适当提高饲粮营养水平，达到提高生长速度和饲料利用率的目的。

（3）科学饲喂

① 断奶后20天内的饲养技术　实践证明，这一阶段的幼兔饲喂不当，极易引起多种消化道疾病的发生。据笔者限制饲喂试验结果表明，断奶后20天内，采取限制饲喂方法（即按自由采食量的85%的饲喂量），幼兔消化道的疾病（包括腹胀病）发生率可显著下降，为此，建议这一阶段需采取限制饲喂方式。

② 断奶后20天后的饲养技术　这一阶段可以逐渐增加饲喂量，直至近似于自由采食。目前，国内已生产出家兔定时定量饲喂系统，饲喂量、饲喂时间可进行设置。

欧洲等国家虽然在提高饲料中粗纤维的前提下，幼兔多采取自由采食的饲喂方式，但也极力推荐采取限制饲喂方式，以降低消化道疾病尤其是小肠结肠炎（ERE）的发生率。

幼兔饲粮中可适当添加些药物添加剂、复合酶制剂、益生元、益生素、低聚糖、抗球虫药等，既可以防病，又能提高日增重。

值得注意的是，必须给幼兔提供足够的采食面积（料盒长短、数量多少等），以防止个别强壮兔因采食过多饲料而引起消化道疾病。

2. 管理技术

（1）过好断奶关　幼兔发病高峰多是在断奶后1～2周，主要原因是断奶不当。正确的方法应当是根据仔兔发育情况、体质健壮情况，决定断奶日龄、采取一次性断奶还是分期断奶。无论采取何种断奶方式，都必须坚持"原笼饲养法"，做到饲料、环境、管理三不变。

（2）合理分群　原笼饲养一段时间后，依据幼兔大小、强弱进行分群或分笼，每笼3～5只。

（3）避免腹部着凉　幼兔腹部皮肤菲薄，十分容易着凉，因此，寒冷季节、早晚要注意保持舍温，防止腹部受凉，以免发生大肠杆菌病等消化道疾病。

（4）做好预防性投药　球虫病是危害幼兔的主要疾病之一，因此幼兔饲粮中应添加氯苯胍、盐霉素、地克珠利或兔宝Ⅰ号等抗球虫病药物。饲料中加入一些洋葱、大蒜素等，对增强幼兔体质、预防胃肠道疾病有良好作用。

（5）做好疫苗注射工作　幼兔阶段根据情况需注射兔瘟、巴波二联苗、魏氏梭菌苗、大肠杆菌苗等，同时应搞好清洁卫生，保证兔舍干燥、清洁、通风。

～❀❀　**第三节**　❀❀～

商品肉兔快速生产技术

育肥就是短期内增加体内营养贮存，同时减少营养消耗，使家兔采食的营养物质除了维持必需的生命活动外，能大量贮积在体内，以形成更多的肌肉和脂肪。对肉兔进行快速育肥已成为家兔生产中决定经济效益的重要一环。

一、选养优良品种（配套系）和杂交组合

育肥兔可分为幼兔直接育肥法和淘汰兔育肥法（图7-25）。

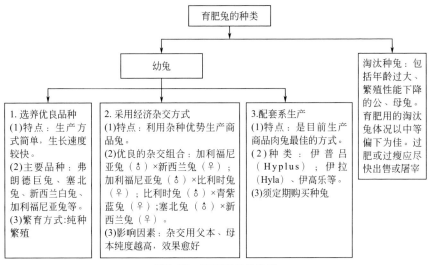

图7-25 育肥用兔的分类

二、抓断奶体重

幼兔育肥效果与早期增重呈高度正相关。断奶体重大的仔兔，育肥期的增重就快，同时容易抵抗断奶、育肥过程等应激，成活率就高。反之断奶体重越小，断奶后越难养，育肥期增重越慢。因此，要提高母兔的泌乳力，调整好母兔的哺育仔兔数，抓好仔兔补饲关。要求仔兔的30天断奶体重：中型兔500克以上，大型兔600克以上。目前肉兔配套系35天断奶的体重达800克，有的甚至更高，达1000克。

三、过好断奶关

断奶的兔子直接育肥，容易引起疾病甚至死亡，因此要适时断奶，断奶后饲料、环境要相对恒定。建议原笼饲养。

四、控制好育肥环境

1.育肥笼的大小

育肥兔以笼养为宜，这样可减少寄生虫病、消化道病等疾病的发

生，有效提高育肥兔的成活率，同时可提高育肥效果。育肥笼的大小一般为0.5平方米或0.25平方米。饲养密度：通风和温度良好的按18只/平方米，条件较差的可按12～15只/平方米。

2. 育肥环境

温度适宜、安静、黑暗或弱光的环境有利于育肥。适于育肥的环境温度以25℃最佳，湿度为60%～65%。采用全黑暗或每平方米4瓦弱光，可促进生长，改善育肥效果。

五、饲喂全价颗粒饲料

1. 营养水平

育肥用饲粮必须含有丰富的蛋白质、能量、适宜的粗纤维水平以及其他营养成分。育肥饲粮推荐营养水平为：粗蛋白质16%～18%，消化能11.3～12.1兆焦/千克，粗纤维13%～16%。为了提高育肥效果，可使用一些绿色生长促进剂，如酸化剂、酶制剂或微生态制剂等。

2. 饲料形态

饲粮形态以颗粒状为宜。

六、限制饲喂与自由采食相结合，自由饮水

饲养方式一种是定时定量的限制饲喂法；另一种是自由采食法。对于幼兔，育肥前期以采用定时定量方式为宜，育肥后期以自由采食方式为宜。淘汰种兔可采用自由采食方式，供给充足的饮水。采用哪种饲喂方式也与饲料营养水平高低有关。

七、控制疾病

育肥期易感的主要疾病是球虫病、腹泻、巴氏杆菌病和兔瘟，因此做好这几种疾病的预防工作，是育肥成功的关键。

1. 腹泻

断奶后兔群腹泻发病率较高，一旦出现采食量下降、粪便不正常或腹泻，首先停止喂料1次或一天，一般第二天即可痊愈，对病情严重者

及时对症治疗。

2. 球虫病的防控

除饲料中添加抗球虫药物外，定期检查粪球中球虫卵含量情况，及时采取措施。育肥期间，一旦发现病兔，要及时取出并隔离治疗。

3. 兔瘟

30～35天及时注射兔瘟疫苗，如果出栏期高于90日龄，应及时进行第二次兔瘟免疫。

4. 巴氏杆菌等呼吸道疾病

在做好兔舍通风良好的情况下，对打喷嚏、流鼻涕等症状及时治疗；对张口呼吸、头向上仰等病情严重的作淘汰处理。

八、适时出栏

育肥期的长短因品种、饲粮营养水平、环境等因素而异，一般来说，肉兔育肥从断奶至77日龄或90日龄等不同日龄，主要据市场对商品兔的体重需求和商品兔生长规律等进行确定。配套系以不同模式确定育肥期，一般体重达2.5～3.0千克即可出栏。中型兔以体重达2.25千克为宜，淘汰兔以30天增重1～1.5千克为宜。

据报道，纯种兔屠宰体重一般为该品种成年兔体重的60%，如果希望家兔更肥一些，也可提高到70%。杂种兔的适宜屠宰体重可以按下面的方程计算：

屠宰体重（千克）=父本活重×0.4+（母本活重×0.6）×0.6

九、弱兔的饲养管理

采用全进全出制饲养模式，一般到出栏期因体重小不能及时出售的约占2%以上，为此在育肥过程中及时将同一笼位内体重过小的调整到与其体重相近的兔只笼位中，同时对弱小兔加强饲养管理，对因患病致弱的兔及时治疗。

第四节

商品獭兔的饲养管理

饲养商品獭兔的目的是获得大量、优质的獭兔皮。

一、选养优良品种（系），开展杂交，利用杂种优势生产商品獭兔

目前生产獭兔皮有三条途径：一是优良品种（系）直接育肥，即饲养优良品种（系）或群体，繁殖出大量的优良后代，生产优质兔皮。纯种獭兔要求种兔的体形大、被毛质量好，繁殖性能优良。二是利用品系间杂交，生产优质獭兔皮。目前多采用美系为母本，以德系或法系为父本，进行经济杂交；或以美系为母本，先以法系为第一父本进行杂交，杂种一代的母本再与德系公兔进行杂交，三元杂交后代直接育肥。这两种方法均优于纯繁。三是饲养配套系。目前国内外在獭兔方面还没有成功的配套系，国内一些科研院所和大专院校正在着手培育配套系。如果配套系培育成功，其生产性能和经济效益会显著增加。

二、提高断奶体重

加强哺乳母兔的饲养管理，调整母兔哺乳仔兔数，适时补料，使仔兔健康生长发育，提高生长速度，最终获得较高的断奶体重；供给均衡的营养，可使次级毛囊数增加，从而提高被毛密度。一般要求仔兔35日龄体重达600克以上（图7-26），3月龄体重达到2.25千克以上，即可实现5月龄获得优质的皮板质量和被毛质量。

三、营养水平前高后低或前低后高

合格商品獭兔不仅要有一定的体重和皮张面积，而且要求皮

图7-26　獭兔仔兔（纪东平）

张质量即被毛的密度和皮板的成熟度。如果仅考虑体重和皮张面积，在良好的饲养条件下，一般3.5～4月龄即可达到一级皮的面积，但皮张厚度、韧性和强度不足，生产的皮张商用价值低。

营养水平可采用前高后低或前低后高的饲养模式，其各有利弊。

前高后低的饲养方式：即断奶到3月龄，提高饲料营养水平，粗蛋白质达17%～18%，消化能为11.3～11.72兆焦/千克，目的是充分利用獭兔早期生长发育快的特点，发挥其生长的遗传潜力。据笔者试验，3月龄前采用高能量、高蛋白饲料喂兔，獭兔3月龄体重平均可达2.5千克。4月龄之后适当控制，一般有两种控制方法：一是控制营养水平，降低能量、蛋白质，如粗蛋白质达16%，消化能达10.46兆焦/千克；二是控制饲喂量，较前期降低10%～20%，而饲料配方与前期相同。据笔者试验，5月龄平均体重达3千克，而且毛皮质量好。

前低后高的饲养模式：该模式可以降低幼兔消化道疾病发生率，后期增加营养水平，可以补偿因前期生长速度慢而导致体重低的情况。

对于饲养水平较低的兔群，在屠宰前进行短期育肥饲养，不仅有利于迅速增膘，而且有利于提高兔皮的光泽度。

四、褪黑素在獭兔生产中的应用

褪黑素（MT）是由动物脑内松果腺体分泌的一种吲哚类激素，也称松果素、松果体素、褪黑激素等。

为了探索褪黑素对獭兔毛皮质量等的影响，笔者团队开展了为期3年褪黑素在獭兔生产中的应用研究，试验结果表明，饲料中添加或皮下埋植一定量的褪黑素，可提高毛皮质量，毛皮提前成熟20天，经济效益显著增加。

五、加强管理

商品獭兔管理工作应围绕如何获得优质、合格毛皮来开展。

1. 合理分群，单笼饲养

断奶至2.5～3月龄的兔按大小强弱分群，每笼3～5只（笼面积约0.5平方米）。3月龄以上兔必须单笼饲养，兔笼0.17平方米左右。相邻两笼之间要另加隔网，以防相互食毛（图7-27）。

2.适时出栏、宰杀取皮

獭兔出栏时间根据季节、年龄、体重、毛皮质量等而定。正常情况下，5月龄后体重达2.5～3千克，被毛平整，非换毛期，即可出栏、宰杀取皮。但不同地区、不同季节、不同品系、不同个体，尤其是不同的营养水平，被毛的脱换规律和速度不同。因此，在

图7-27 3月龄以上的獭兔单笼饲养

出栏前，一定要进行活体验毛，认真检查被毛是否脱换？以质量为标准，时间服从质量，确定出栏时间。

生产中对于被毛质量较差的个体要缩短饲喂期，体重达到1.75千克时及时作肉兔来出售。

☀ 第五节 ☀

产毛兔的饲养管理

专门用于生产兔毛的长毛兔为产毛兔。虽然毛用种兔也产毛，但其主要任务是繁殖，在饲养管理方面与产毛兔有所区别。毛兔的饲养管理目的就是采用各种技术手段获得大量优质的兔毛。

一、选养优良种兔、加强选种选配

兔毛产量和质量受遗传因素制约。因此选择优质种兔，同时加大群体选育力度，可以提高群体产毛量。选留个体采取早期选择技术选留高产个体。兔场（户）应坚持生产性能测定，重视外形鉴定，选出优秀个体及其后代作为种兔，这是提高兔群兔毛产量和质量的主要措施之一。

长毛兔早期选留技术：据研究，长毛兔的产毛量与19～21周龄时的产毛量（即头胎毛后的第一茬毛）呈正相关（$r=0.83$），因此，这时的剪毛量可以作为长毛兔的一项重要选种标准。而第一次剪毛量（即

6～8周开始剪的毛）不能作为选种的依据，因为这时产毛量的育种值准确性不高，产毛量受母体的影响很大。

二、提高群体母兔比例

母兔的产毛量一般比公兔高25%～30%，因此要增加群体中母兔比例，并对非种用公兔进行去势，以提高群体产毛量。

三、保证营养供给、推行限制饲喂方案

丰富且均衡的营养有利于兔毛的生长。兔毛的基本成分是角蛋白，其中硫占4%左右（以胱氨酸形式存在）。因此，饲粮中足量蛋白质和含硫氨基酸的供给是提高兔毛生长速度和产毛量的重要物质基础。毛兔饲粮中，粗蛋白质应占17%左右，含硫氨基酸含量不低于0.6%。

试验证明，产毛兔不能调节日采食量，任其自由采食，采毛后的采食量可达500克，极易导致营养紊乱（如肠毒血症），因此，建议两次采毛之间采用以下限制饲养方案。

采毛后的第一个月，每兔（成年兔）每日喂给190～210克饲料，第二个月170～180克，第三个月140～150克。每周建议禁食一天。

四、加强管理

单笼饲养是提高兔毛质量的前提。水泥板制作的笼位对毛兔较适宜（图7-28）。兔笼上要设草架，以防草料饲喂时落到兔体上。勤打扫，勤清洗、消毒，保持良好的清洁卫生，可减少被毛污染。另外，兔毛要定期梳理，以防缠结（图7-29）。

图7-28　长毛兔单笼饲养

图7-29　定期梳毛

产毛兔通过舔毛进行被毛梳理，梳理下的兔毛被家兔吞食，极易发生胃毛球病，家兔因此停止采食甚至死亡。为此建议产毛兔应实行禁食措施，即每周禁食一天，以确保胃部的食糜清空，进而有效地减少摄入毛在胃中的累积。

五、适当增加采毛次数

适当缩短养毛期，增加采毛次数可以提高产毛量。养兔场（户）应根据市场对兔毛长度的需求，确定剪毛间隔和剪毛次数。当市场对兔毛需求呈低档化时，可适当增加年采毛次数。

六、加强母兔妊娠后期及哺乳期的饲养，增加毛囊密度

兔毛产量与兔毛密度密切相关，兔毛密度又取决于毛囊数。次级毛囊的分化与产生主要在妊娠后期及出生后早期，因此，加强母兔妊娠后期及哺乳期的饲养，做好仔兔的补饲，是增加毛囊数的重要措施。

七、减少兔毛损耗

母兔分娩时，要将腹部毛拉去筑窝，每年需要消耗50～120克绒毛，若将这部分毛收集起来，改用肉兔的毛或刨花垫窝，可减少兔毛损耗，增加产毛量。

八、控制好环境温度

适宜的温度可以提高产毛量。相反高温影响采食量，产毛量也随之下降。据测定，环境温度高于30℃时，毛兔的产毛量与18℃时期相比，下降幅度为14%，采食量下降31%。

九、采用催毛技术

饲料中加入锌、锰、钴等微量元素可提高产毛量。据报道，每千克体重每天喂0.15毫克氧化锌和0.4毫克硫酸锰，毛生长速度可提高6.8%，若加入0.1毫克氧化锌，可以提高11.3%。

据山西省农业科学院畜牧兽医研究所报道，在毛兔饲粮中加入兔宝

Ⅲ号添加剂，产毛量可提高18.6%，同时还可提高日增重、改善饲料报酬和降低发病率等。

据报道，饲粮中添加0.03%～0.05%的稀土，不仅可提高产毛量8.5%～9.4%，而且优质毛的比例可提高43.44%～51.45%。

据法国研究报道，在炎热的5月份给长毛兔植入褪黑激素（38～46毫克/只），可使夏季毛产量提高31%，夏季产毛量和秋季相同。褪黑激素是一种由大脑松果腺分泌的激素，其分泌受光周期调节。繁殖和毛的生长在不同季节存在差异，通过松果腺调节褪黑激素光周期可改变毛的生长。

❧❧ 第六节 ❧❧
兔绒生产技术

兔毛分为细毛、粗毛和两型毛三种类型。细毛又称兔绒，细度12～14微米，有明显弯曲，但弯曲不整齐，大小不一。细毛具有良好的理化特性，在毛纺工业中纺织价值很高，一般情况下，兔绒价格较混合毛高20%，主要用于生产高档服装面料。兔毛中细毛含量高低主要受品种、采毛方式等的影响，如西德长毛兔绒毛含量高于95%，而法系长毛兔及我国培育的粗毛型长毛兔细毛含量为87%～90%。

一、兔绒的质量要求

见表7-2。

表7-2　兔绒的质量要求

项目	要求
细度	平均细度12.7微米左右，不能超过14微米，超过者要作降级降价处理
长度	一级兔绒平均为3.35厘米，二级兔绒为2.75厘米，三级兔绒为1.75厘米
粗毛含量	兔绒中粗毛含量应控制在1%以内
性状	兔绒应为纯白色，全松毛，不能带有缠结毛和杂质

二、兔绒的生产方法

长毛兔被毛中粗毛生长速度较绒毛快，故粗毛一般突出于绒毛表面。生产时要用手仔细将粗毛拔净，越净越好，然后用剪毛方法将剩余兔绒采集下来。剪毛时，要绷紧兔皮，剪刀紧贴皮肤，循序渐进。剪毛顺序为背部体两侧→头部、臀部、腿部→腹下部、四肢。边剪边将好毛与次毛分开。兔绒一般每隔70天生产一次。适于生产兔绒的兔以青年兔、公兔为宜。粗毛型长毛兔、老年兔、产仔母兔（腹毛增粗）等均不适宜生产兔绒。

三、重复生产兔绒

生产兔绒时，可提前15～20天先将粗毛拔净，待粗毛毛根长至与绒毛剪刀口相平时，再剪绒毛。这样就解决了重复剪绒毛因粗毛高出绒毛不多而拔不净粗毛的困难，可多次重复生产质量高的绒毛。

第七节
福利养兔概念与技术

一、福利养兔概念

家兔福利就是让家兔在康乐的状态下生存，在无痛苦的状态下死亡。基本原则包括让动物享有不受饥渴的自由、生活舒适的自由、不受痛苦伤害的自由、生活无恐惧感和悲伤感的自由以及表达天性的自由。

开展家兔福利养殖的目的不仅让家兔在康乐状态下生存，同时家兔的生产力得到充分的提高，为人类提供大量的优质产品。开展福利养殖是兔业生产的重要方向之一。

二、福利养兔技术

福利养兔的内容很多，包括兔舍、兔笼的设计、饲料饮水供应、兔病防控和宰杀等。

目前，欧盟对家兔福利养殖要求为每个商品兔饲养单元面积为7平方米，饲养50只，里面有跃台，有供家兔玩耍的圆筒和供家兔啃咬的木棒（或铁链）（图7-30～图7-32）。种兔要求笼位面积1平方米，内设跃台，供种兔休息（图7-33、图7-34）。

据任克良等（2015）进行福利养殖与笼养比较研究表明，与笼养兔相比，福利养殖兔发病死亡率较高，因此日常要勤于观察，对腹泻等患病兔及时剔除，进行隔离治疗或淘汰，以免传染给其他兔。

图7-30　福利养殖

图7-31　散养兔

图7-32　福利散养兔笼（有跃台、木
棒、玩具等）

图7-33　国内福利种兔笼

图7-34　国外福利种兔笼

第八节
宠物兔的饲养管理

一、饲养技术

对宠物兔饲养来说，对生长速度要求不太重要，因此，限制饲喂应作为饲养宠物兔的基本原则。保证充足清洁饮水。推荐营养水平为：粗蛋白质12% ～ 16%，粗纤维14% ～ 20%，中性洗涤纤维（ADF）17%，脂肪2.0% ～ 5.0%，消化能9.0 ～ 10.5兆焦/千克,食盐0.5% ～ 1.0%。饲喂青绿多汁饲料时要逐步增加饲喂量。变换饲料要经过7 ～ 10天的过渡期。

二、管理技术

宠物兔宜饲养在庭院中安静的地方，木制箱子更好，活动区应足够大，以便可以充分地伸展和跑动。加强运动，运动对于宠物兔的生理和心理健康都是重要的。笼内放置木棒或在笼上悬挂铁链以供兔磨牙或戏耍。做好兔窝的日常卫生清理工作。

第九节
兔群的常规管理

一、抓兔方法

从笼内抓兔时，应先用手抚摸兔头，以防其受惊。然后用手把兔耳轻轻压在肩峰处，并抓住该处皮肤，将兔提起，随后用另一只手托住其臀部，使兔的重量落在托兔的手上（图7-35）。注意兔的四肢不能对准检查者，防止兔挠伤人。对于有咬人恶

扫一扫
观看"3.抓兔方法"视频

癖的兔子，可先将其注意力移开（如以食物引逗），然后迅速抓住其颈部皮肤。

抓耳朵、提后肢和腰部的抓兔方法都是错误的（图7-36、图7-37）。

图7-35　正确的抓兔方法　　　图7-36　不正确的　　　图7-37　不正确的
　　　　　　　　　　　　　　　 抓兔方法（提耳朵）　　 抓兔方法（提后肢）

二、公母鉴别

1. 初生仔兔性别鉴定

一般根据阴部生殖孔形状和距肛门的远近鉴别兔子公母。方法是用双手握住仔兔，腹部朝上，右手食指与中指夹住仔兔尾巴，左右手拇指轻压阴部开口两侧的皮肤。阴部生殖孔呈"O"字形并翻出圆筒状突起，距肛门较远者为公兔；生殖孔呈"V"字形，三边稍隆起，下端裂缝延至肛门，距肛门较近者为母兔（图7-38、图7-39）。

扫一扫
观看"4.公母鉴定"视频

图7-38　初生仔兔性别鉴定方法

2.青年兔、成年兔性别鉴定

3月龄以上的青年兔和成年兔公母鉴别比较容易，方法是右手抓住兔耳颈部，左手以中指和食指夹住尾巴，以大拇指拨阴部上方，暴露其生殖孔。如生殖孔呈圆柱状突起为公兔，成年公兔则有稍向下弯曲呈圆锥形的阴茎，母兔则可见到长形的朝向尾部的阴门。

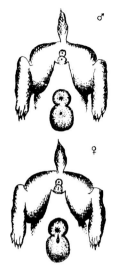

图7-39　初生仔兔性别鉴定

三、年龄鉴别

确切了解兔的年龄，要查看兔的档案记录。在没有记录的情况下，可根据兔的动作、趾爪的长短、颜色、弯曲程度及牙齿的颜色、排列和被毛等情况来进行大致判断。

1.青年兔

眼神明亮、活泼。趾爪短细而平直，有光泽，隐藏于脚毛之中。白色兔趾爪基部呈粉红色，尖端呈白色。一般情况下，粉红色与白色相等时约12月龄，红色多于白色时不足1岁（图7-40）。门齿洁白短小，排列整齐，皮板薄而紧密，富有弹性。

2.壮年兔

行动敏捷，趾爪较长，白色稍多于红色。牙齿呈白色、稍粗长、整齐。皮肤结实紧密。

3.老年兔

行动迟缓、颓废。趾爪粗长，爪尖弯曲（图7-41），约一半趾爪露

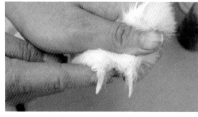

图7-40　年龄鉴别（趾爪红色大于白色为青年兔）

图7-41　年龄鉴别（趾爪白色多、向外弯曲为老龄兔）

在脚毛之外，无光泽，表面粗糙。门齿浅黄，厚而长，排列不整齐，皮肤厚而松弛。

四、编号

为了方便记录及选种、选配等，对种兔及试验兔必须进行编号，商品兔一般不需编号。

1. 编号时间

编号在仔兔断奶前或断奶时进行，这样不至于在断奶分笼或并笼时把血统搞乱。同时要用专用表格做好记录。一般习惯于公兔在左耳、母兔在右耳。有的则采用两耳都编号，右耳编出生年月号码，左耳编出生日及兔号。公兔用单号，母兔用双号。

2. 编号方法

（1）刺号法　刺号一般用专用的耳号钳（图7-42、图7-43），先将要编的号码插在钳子上排列好，再在兔耳内侧中央无毛而血管较少处，用酒精消毒要刺的部位。然后用耳号钳夹住要刺的部位，用力紧压，刺针即穿入皮肉（图7-44），取下耳钳，用毛笔蘸取用食醋研的墨汁，涂于被刺部位，用手揉捏耳壳，使墨汁浸入针孔，数日后可呈现黑色。

扫一扫
观看"5.编号"视频

若无刺号钳，也可以用针刺法，即先消毒，涂好加醋墨汁，再用细针一个点一个点地刺成数码。

（2）耳标法　用铝质或塑料制成耳标，在其上编上号码或预先设置号码。操作时，助手固定兔只，术者用耳标尖端直接在靠近耳部内侧部位穿过皮肤，固定即可（图7-45）。耳标易被兔笼网眼挂住，撕裂兔耳。

图7-42　各种耳号钳（中间为国外耳号钳）

图7-44 刺号

图7-43 脚踏式刺号装置

图7-45 耳标

五、去势

凡不留作种用的小公獭兔，都应进行去势。肉兔目前不主张去势。

1. 阉割法

阉割时将兔腹部朝上，用绳把四肢分开绑在桌子上或助手固定兔只。先将睾丸由腹腔挤入阴囊，用左手的食指和拇指捏紧固定，以免睾丸滑动，用酒精消毒切口处，然后用消毒过的手术刀或刮脸刀顺睾丸垂直方向切一个约1厘米的小口，挤出睾丸，切断精索。在同一切口处再取出另一个睾丸。摘出睾丸后，在切口处涂以碘酒消毒（图7-46）。最后将兔放入消毒过的清洁兔笼里。

2. 结扎法

用上述固定方法将睾丸挤到阴囊中，捏住睾丸，在睾丸下边精索处用尼龙线扎紧，或用橡皮筋套紧（图7-47）。然后再用同样方法结扎另一侧精索。由于血液不流通，数天后睾丸自行萎缩脱落。结扎后会发生特有的炎性反应。

图7-46　阉割法

图7-47　结扎法

3. 药物去势法

向睾丸实质内注射药物（一般为3%～5%碘酊）。根据睾丸大小，一般每侧注入0.5～1.0毫升（图7-48）。注意应把药物注入到睾丸中心，否则会引起兔死亡。

图7-48　药物注射去势法

六、修爪技术

随着月龄的不断增大，家兔的脚爪不断生长，出现带勾、左右弯曲，不仅影响活动，走动时极易卡在笼底板间隙内，导致爪被折断。而且由于爪部过长，脚着地的重心后移，迫使跗关节着地，引起脚皮炎，同时饲养人员抓兔时极易被利爪划伤，因此，及时给种兔修爪很有必要。在国

图7-49　修爪

外有专用的修爪剪刀，我国目前还没有专用工具，可用果树修剪剪刀代替。方法是：助手将兔捉起，术者左手抓住兔爪，右手持剪刀在兔爪红线外端0.5～1厘米处剪断即可（图7-49）。一般种兔从1.5岁以后开始剪爪，每年修剪2～3次。

七、梳毛

梳毛的目的是防止兔毛缠结，促进皮肤血液循环，增加产毛量。幼兔自断奶后即开始梳毛，以后每隔10～15天梳理一次。换毛季节可隔天梳一次，以防兔毛飞扬引起毛球病。

梳毛方法：用金属梳或木梳顺毛的方向自上而下梳顺即可。如兔毛粘结，先用手慢慢撕开再梳理。如果实在撕不开时就将结块剪去，梳下的毛加工整理后储藏或出售。

（李燕平）

第八章

家兔"全进全出"饲养模式

随着兔业科技进步,一种新的家兔饲养模式(即"全进全出")正在我国家兔生产中迅速推广应用,其众多的优点得到养殖企业(户)的认可。目前该模式在肉兔饲养中广泛应用,建议在獭兔生产中也可推广使用。

第一节
"全进全出"特点和条件

家兔的"全进全出"是指一栋兔舍内饲养同一批次、同一日龄的家兔,全部兔子采用统一的饲料、统一的管理,同一天出售或屠宰。每次出栏后对兔舍进行全面彻底的消毒。

一、"全进全出"饲养模式的特点

1. 易于实现环境控制和饲养管理程序化

同一栋兔舍的家兔,日龄、生理阶段一致或相近,因此对环境温度、湿度、光照、饲料营养等需求一样或相近,这样有利于环境控制、统一的饲料供给和一致的管理。也便于饲喂、管理实现机械化或自动化。

2. 减少家兔疾病的发生率和死亡率

每批次兔子出栏后,须对整栋兔舍进行彻底的打扫、清洗和消毒,杜绝各种传染病的循环感染，保障家兔健康，减少兔群疾病发生率和死亡率。

3. 减少饲养管理人员的劳动强度和重复劳动

传统的饲养模式，每天都有母兔配种、产仔、出栏等，工作不规律，劳动强度大，职工没有节假日，离职率较高，而全进全出制能够提前安排工作，工作规律性强，重复劳动减少，劳动强度降低，根据工作日程，可以安排职工节假日，对稳定职工有积极的意义。

4. 利于商品兔销售，提高经济效益

目前，我国肉兔养殖与兔肉消费在地理上存在着巨大的差异。出栏的肉兔能够及时出售，可以获得较高的经济效益。传统的养殖模式每天都有出栏的兔子，由于出栏集中度不高，数量有限，不利于远程运输和销售，致使到期出栏的兔子不能及时销售，造成饲料消耗增加，经济效益下降。而全进全出制生产的兔子在同一天出栏，通过提前签订销售合同，预先确定销售日期、数量，甚至是价格，到期出栏的兔子能够及时出售，从而获得较高的经济效益。

二、实现"全进全出"的基本条件

1. 选择饲养经高度选育的种兔（或配套系）

"全进全出"饲养模式要求饲养的家兔品种（或配套系）繁殖力高、生长速度快、抗病力强、群体的生产性能一致性好，为此，需要选择饲养经高度选育的品种或配套系。实践证明，目前肉兔配套系、经选育的獭兔是兔群实现全进全出模式的重要保证。

2. 核心技术的支撑——同期发情、同期配种、同期产仔、同期断奶

"全进全出"的核心技术是繁殖控制技术和人工授精技术。繁殖控制技术就是采用物理和生化的技术手段，促进母兔群同期发情的各种技术集成，主要包括光照控制、饲喂控制、哺乳控制和激素控制等，具体方法见第六章第五节。人工授精技术在第六章第四节进行了详细地论述。在这里强调全进全出制过程中对种公兔的压力比较大，因此，要注意以下四点。

（1）科学管理和使用公兔　人工授精的繁育模式下，种兔公母比例可以达到1∶100。实践证明5～28个月的公兔精液质量较好。种公兔的光照时间应保持在16小时，环境温度控制在15～20℃。采精安排要合理，1天可采精2次，每次间隔14分钟最好。

（2）技术参数　实践证明，配套系种母兔输精时输精管插入母兔阴道的深度为11～12厘米，注射0.5毫升精液后马上注射促排卵激素0.8微克/只。

（3）做好疾病防控工作　输精过程要接触到生殖器官，因此操作要谨慎。发现母兔患有生殖系统炎症的母兔要停止输精并换手套或洗手等，操作人员立即消毒。为了防止疾病的传播，每只种兔输精都应更换输精套管。

（4）做好记录和分析　每次采精后根据精液评价结果，及时淘汰不合格的公兔。记录数据结果、妊娠诊断结果、产仔结果等数据，定期统计分析，对屡配不孕的母兔作淘汰处理。

3. 兔舍、笼具和环境调控

目前全进全出模式所采用的兔舍、笼具已得到业界的共识。同时重视环境控制和粪污处理等。

（1）兔舍和环境调控设备　全进全出模式兔舍的设置与传统的规模化养殖有本质的区别，一般不用专门设置种兔舍、仔兔舍、育肥舍，所有的兔舍的设置均具备种兔繁殖和商品兔育肥的功能（图8-1、图8-2）。环境调控依靠通风换气设备，采用纵向低位通风的方式进行通风。根据地理位置和条件配置湿帘降温设施和空气过滤设施，甚至采用传感器和变频器等实现环境控制自动化（图8-3）。这些设施可以改善兔舍温度、湿度和有害气体浓度等环境指标。

（2）笼具和产仔箱　兔笼的设计要人性化，便于生产操作，同时家兔生活得舒适，减少疾病发生。目前较为科学实用的兔笼为单层或"品"字形双层，产仔箱与

图8-1　下层种兔笼兼顾育肥笼

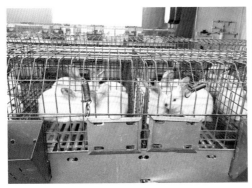

图8-2　上层育肥笼　　　　　　　图8-3　兔舍环境控制系统

兔笼一体化，之间插一带有让家兔出入口的隔板，撤离隔板，会增加家兔的空间（图8-4、图8-5）。这种设计有利于通风换气，利于生产操作，利于家兔生产和生长，利于消毒。外挂式产箱占用兔舍空间，不利于消毒，增加劳动强度。三层笼具虽然在理论上可以多养一些家兔，但由于环境控制能力较差，兔群健康、管理成本增加，家兔的遗传潜能得不到有效的发挥，成活率低于双层笼具，综合经济效益并不比双层笼具高。

图8-4　"品"字形兔笼　　　　　图8-5　种兔笼（中间隔板已
　　　　　　　　　　　　　　　　　　　　撤离）

4. 科学合理的饲料营养水平

为了实现兔群全进全出制，必须为各类型兔提供适宜的营养。

（1）后备期（90日龄～第一次配种）　这一阶段的营养对后面繁殖极为重要，过肥和过胖都不利。合理的蛋白能量配比及适当的控制饲喂量是保障标准体重的关键，消化能9.5 ~ 10.0兆焦/千克，粗蛋白质16.0%较为有利；中性洗涤纤维（NDF）40.0%，酸性洗涤纤维（ADF）20.0%，酸性木质素（ADL）＞6.0%对提高繁殖母兔全期的健康指数较为有利。同时要注意饲粮中维生素、微量元素等的添加。

（2）妊娠期　单纯妊娠母兔的营养需要低于哺乳母兔和边妊娠边哺乳的母兔，但在生产中往往不方便区别用料，而用同一种母兔料，通过饲喂量控制不同阶段的种用体况，所以第一胎配种后2 ~ 3周要根据体况适当控制饲喂量，以防母兔过肥，影响繁殖性能。

（3）空怀期　配种后12 ~ 14天摸胎（妊娠诊断）确认为受孕而又未哺乳兔，其营养需要仅为维持自身繁殖体能，因此要控制饲喂量，具体饲喂量要根据母兔体况确定，一般在160 ~ 180克较为适合。未怀孕但哺乳的母兔，要根据体况变化调整饲喂量。

（4）哺乳期　高频密繁殖状态下，母兔更多的生理状态是边哺乳边妊娠，这时母兔的营养要满足泌乳、妊娠和自身维持需要，蛋白质、能量需求量最高，消化能达到10.5 ~ 11.0兆焦/千克，粗蛋白质17.0% ~ 18.0%，而且氨基酸需要平衡，饲喂方式为自由采食。

（5）准断奶阶段　母兔产仔21天之后泌乳力逐渐下降，腹中胎儿处在关键的胚胎前期，小兔的采食量快速上升，并准备断奶，这样的应用需要兼顾三者，准断奶料的消化能10.0兆焦/千克，粗蛋白质16.0%较为适宜，同时蛋白质的质量较为重要。适当提高粗纤维的含量，尤其是木质素的含量不能低于5.5%。要确保母兔和仔兔自由采食。准断奶料的合理使用可以减少断奶仔兔的换料应激，提高成活率。

5. 饮水处理设备

水是家兔重要的营养需求，全进全出制对家兔生理压力较大，对水质的要求较高，一般要符合饮用水的标准。建议根据当地水质情况，必要时设置相应水处理系统，保障水质。饮水线的清理一般在全进全出彻底消毒时清理一次即可。

6. 粪污和病死兔的处理

兔场粪污、病死兔的处理对兔场本身和周边环境都有重要影响。要做到粪尿分离和粪水分离，一方面便于对兔粪进行无害化处理，另一方面可以提高兔粪的商品价值。粪污处理方法有堆肥处理和沼气发酵等，也在此基础上生产生物有机肥等。病死兔处理按照有关规定进行无害化处理，切忌随意乱扔，避免对环境造成污染。

◦≫※≪◦ 第二节 ◦≫※≪◦
"全进全出" 的工艺流程和技术参数

一、工艺流程

采用 "全进全出" 饲养模式的兔场，就是采用繁殖控制技术和人工授精技术，批次化安排全年生产计划。

按照繁殖间隔时间、商品兔出栏体重的不同，主要有42天繁殖周期、49天繁殖周期和56天繁殖周期等三种方式，即2次人工授精之间或2次产仔之间的间隔是42天、49天和56天。实现 "全进全出"，需要有转舍的空间，兔舍数量是7的倍数或者成对设置，所有兔舍都具备繁殖和育肥双重功能，每栋兔舍有相同的笼位数。笼位为上下两层，下层为繁殖笼位，在繁殖笼位外端用各半区分出一体式产仔箱，撤掉隔板后繁殖笼位有效面积增大，上层笼位可以放置育肥兔或后备兔。

49天繁殖模式详见本书第六章第五节 "三、不同间隔繁殖模式" "1.49天繁殖模式"。

现以42天繁殖周期为例，阐述养兔工艺流程（图8-6）。设兔场有兔舍1和兔舍2，假设将后备母兔转入1号兔舍，放在下层的繁殖笼位，适应环境后可进行同期发情处理，即人工授精前6天由12小时光照增加到16小时光照，由限饲转为自由采食（图8-7）。人工授精后11天内持续16小时光照，人工授精7天后至产前5天限制饲喂。授精12天后做妊娠检查（摸胎），空怀母兔集中管理，限制饲喂。产仔前5天将隔板和垫料放好，由限制饲喂转为自由采食。第一批产仔，产仔后进行记录，做好仔兔选留和分群工作，淘汰不合格仔兔，将体重相近的仔兔分在一窝。1号舍母兔产后5天开始由12小时光照增加到16小时，产后11天再进行人工授精，人工授精后11天内持续16小时光照。人工授精7天后上批次

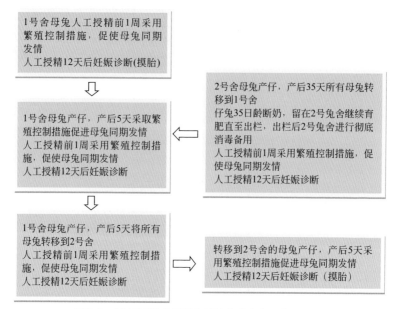

图8-6　以42天繁殖周期为例的全进全出工艺流程图

空怀母兔限饲，授精后12天做妊娠检查（摸胎），新空怀母兔集中管理，空怀不哺乳的母兔限制饲喂，空怀哺乳的母兔自由采食。在仔兔35日龄断奶后，所有母兔转群到空置的2号兔舍，断奶仔兔留在1号兔舍原笼位育肥，1周或10天左右可适度分群，部分仔兔分到上层的空笼位中。转群到2号兔舍的母兔在1周左右开始产仔（第二批），产仔后记录，做好仔兔选留和分群工作，淘汰不合格仔兔，将体重相近的仔兔分在一窝。2号兔舍母兔产仔后5天开始由12小时光照增加到16小时，产后11天再进行人工授精，人工授精后11天内持续16小时光照。人工授精7天后上批次空怀母兔限饲，摸胎后，新空怀母兔集中管理，空怀不哺乳的母兔限制饲喂，空怀但哺乳母兔自由采食。1号兔舍仔兔70日龄育肥出栏，1号空兔舍进行清理、清洗、消毒后备用。2号兔舍35日龄仔兔断奶，所有母兔转群到已经消毒空置的1号兔舍，断奶仔兔留在2号兔舍原笼位育肥，1周或10天左右可适度分笼，部分仔兔分到上层的空笼位中。如此循环，此流程也称为"全进全出"42天循环繁育模式。

　　兔舍1和兔舍2可以是相邻的或联排式的，中间设置通道门，用于转运兔，以降低转群的劳动强度（图8-8、图8-9）。

图8-7　种兔补充光照

图8-8　联排兔舍　　　　　　　　图8-9　联排兔舍间的通道

二、"全进全出"养兔时间轴

全进全出制养兔可以根据全年的生产任务设计全年的主要工作安排，可以用时间轴的表达方式指导生产操作（表8-1）。假设是新建的肉兔养殖场，于1月1日引进18周龄后备母兔自由采食，供给哺乳母兔饲料，限制饲喂160～180克/只，全年按照42天繁殖周期全进全出循环繁殖模式，可人工授精9个批次，出栏7个批次的商品兔。可根据当地的疾病流行情况在其中加入免疫计划，根据产仔箱类型加入哺乳控制方案等。

表8-1　全进全出模式时间轴

日期		周龄	种母兔光照计划/小时	生产操作（假设新兔场，两栋兔舍，两层笼具，下层为种兔笼，上层为育肥笼）
1月	1日	18周	12	整群18周龄的后备种兔于1月1日转入1号兔舍，适应环境。2号兔舍空栏备用。饲喂哺乳母兔饲料160～180克/只
1月	10日	19周	16	1号舍加光，饲喂哺乳母兔饲料，自由采食

续表

日期		周龄	种母兔光照计划/小时	生产操作（假设新兔场，两栋兔舍，两层笼具，下层为种兔笼，上层为育肥笼）
1月	16日		16	1号舍母兔第一批人工授精，饲喂哺乳母兔饲料，自由采食，授精7天之后饲喂哺乳母兔饲料160～180克/只
1月	27日		12	摸胎，空怀母兔集中管理，限饲160～180克/只
2月	10日		12	怀孕母兔自由采食，安装产仔箱，添加垫料
2月	14日	24周	12	1号舍母兔产第一批仔兔
2月	19日		16	1号舍在繁母兔、空怀母兔和后备母兔同时加光
2月	25日		16	1号舍母兔第二批人工授精
3月	7日	27周	16	撤产仔箱，自由采食，准断奶料
3月	9日		16	1号舍母兔摸胎，空怀母兔集中饲养，限饲
3月	20日		12	1号舍第一批仔兔断奶，换断奶料，留原地育肥；所有母兔转群到2号兔舍
3月	21日	29周	12	2号舍安装产仔箱，添加垫料，后备兔补栏
3月	27日		12	2号舍母兔产第二批仔兔
4月	1日		16	2号舍所有母兔加光
4月	7日		16	2号舍母兔第三批人工授精
4月	16日		16	2号舍母兔撤产仔箱
4月	19日		16	2号舍母兔摸胎，空怀母兔集中饲养，限饲
4月	24日		12	1号舍第一批仔兔育肥出栏，清理、清洗、消毒、空舍
5月	1日		12	2号舍第二批仔兔断奶，换断奶料，留原地育肥；所有母兔转群到1号兔舍，补充后备母兔
以下按程序循环进行				

三、技术参数

全进全出模式的技术参数较多，主要是通风参数、转群操作和空怀母兔的管理等。

1. 兔舍通风换气和环境控制

通风换气是规模兔群主要技术措施之一。日常空气质量控制指标：二氧化碳浓度要小于0.10%，氨气浓度要小于0.01%，相对湿度控制在55%～75%，不同生理阶段的家兔对温度要求不同，母兔16～20℃，产仔箱中仔兔28～30℃，生长兔15～18℃；根据温度不同，空气流量每小时1～8立方米，笼内空气流速0.1～0.5米/秒。规模养殖对控制质量重视不够，导致呼吸道疾病发生率很高，有的在断奶后不久就因呼吸道疾病而死亡，造成很大的经济损失。每次全出后的彻底清理、清洗和消毒减少了兔舍中病原种类和数量，有利于提高成活率。

2. 转群操作和应激管理

传统养兔模式断奶时多采用转移仔兔的方法，这时因断奶应激、转群应激、分窝应激、新环境应激等应激叠加，致使转群后的幼兔生长缓慢、疾病发生率升高。而全进全出模式在仔兔断奶后，将妊娠母兔转移到已经消毒好的空兔舍，为即将出生的仔兔创造了相对卫生的环境，有助于提高仔兔的成活率。断奶仔兔在刚刚断奶时留在原笼育肥，断奶7～10天后进行分群，两层笼具的兔舍可就近将同一窝的仔兔分到一起，避免了重新分群的应激和运输应激，减少了应激的叠加刺激，减少了仔兔的伤亡。

3. 种兔更新和空怀母兔的管理

种兔更新要在每次人工授精之前至少半个月进行。让后备种兔充分休息和适应环境非常重要，也就是说在人工授精前半个月以内尽量不要移动母兔。种兔更新对于保持兔群高的繁殖能力非常重要，最佳状态是种群年龄的金字塔结构：0～3胎龄的种兔占种群30%左右，4～9胎龄的种兔占50%左右，10胎龄以上的占20%左右。

种兔的淘汰和更新最重要的依据是考核健康状况、繁殖能力和泌乳能力。有呼吸道疾病、传染性皮肤病（如毛癣菌病、螨病等）、生殖器官炎症、乳腺炎、严重的脚皮炎等均应淘汰。连续3胎产活仔数少于21只的母兔和连续三胎贡献断奶仔兔数少于21只的种兔要淘汰。连续2次人工授精不孕的母兔须作淘汰处理。

每次人工授精之后都会有一定比例的母兔不能怀孕，这些空怀母兔的管理十分重要，除了前面提到的实施限饲措施外，要严格遵循2次人工授精时间不能少于21天，让黄体自然消退利于空怀母兔再妊娠。

第三节
"全进全出"的核心技术

"全进全出"的核心技术是繁殖控制技术和人工授精技术，离开这两项技术，全进全出制无法实现。

一、繁殖控制技术

繁殖控制技术是综合性技术集成，需要光照计划、饲喂控制、哺乳刺激和激素的合理使用。兔舍和笼具的类型都会影响光照效果，需要因地制宜，实地测量光照强度，及时调整，达到最佳效果。在目前促发情激素质量不稳定的情况下，建议不用促发情激素，以免造成繁殖障碍。在人工授精时使用促排卵激素是必要的，目前无法省略。内容详见第六章第四节。

二、人工授精技术

人工授精技术也是一门很强的技术，精液的采集、镜检、评分、稀释、贮存、运输和使用等各个环节的细节操作都会影响受胎情况，甚至对种兔的健康影响很大。因此对每个环节严格把关，这样才能获得理想的受胎率。

三、注意事项

1. 做好兔舍彻底消毒工作
每批次商品兔出栏后要对兔舍进行全面细致的清扫、清洗和消毒。

2. 做好"全出"
要实现全进全出制饲养方式，首先要做好及时全出，同时做好各个环节的衔接工作，否则计划无法实现。

3. 及时做好种兔淘汰工作

经常性地对兔群中繁殖性能差以及脚皮炎、乳腺炎等发病严重的种兔进行淘汰。

4. 加强兔群中弱小兔的饲养管理，提高合格出栏兔的比例

对育肥兔群中弱小兔要特别对待，合理分群，加强饲养管理，提高日增重，保证及时出栏。

5. 做好订单生产

养殖企业（户）要与兔肉加工企业、经纪人等签订销售合同，在价格、数量、体重等方面进行约定。一次数量不足时也可与相邻企业、养殖户合作与企业签订销售合同。目的是保证合格商品兔能够及时以较高的价格出售。

（曹亮）

第九章

商品兔销售与兔产品初加工

商品兔（肉兔、獭兔）饲养到出栏体重、兔皮（獭兔）合格时应及时出栏或出售。有条件的企业对兔肉、兔皮、兔毛等兔产品进行初加工，可以提高附加值、便于储存，以获得较高的经济效益。

第一节
商品肉兔、獭兔的销售

一、我国肉兔、獭兔、毛兔生产及兔产品加工和消费特点

目前，我国肉兔生产呈现生产区域不平衡、消费区域不平衡以及价格区域不平衡。养殖企业分布在全国各地，主要生产省市为四川、重庆、山东、河南、河北、山西和江苏等，生产量约占80%，其他地区（如新疆等）饲养量也在不断增加。兔肉消费区域以四川、重庆为主，其次是广东、福建等地，其他省市消费量较低，此外还有以冻兔肉出口欧盟、美国等国家的企业分布在山东、山西等地。价格因地方不同差异较大，如广东、福建等的兔肉销售价格较北方省份高。

我国獭兔生产以山东、河南、四川、山西、河北等为主。加工集散地主要在河北等地，对体重、皮张合格的商品獭兔可以出售活兔，也可让收皮经纪人宰杀取皮销售，也可自行宰杀，皮张进行贮存和销售。

兔毛生产以山东、浙江、贵州、江苏、安徽、四川、河南等地为

主，兔毛初加工主要分布在山东、浙江、江苏等。

二、兔产品销售经纪人的选择

目前肉兔（獭兔）养殖户尤其是养兔大中型企业多数通过家兔销售经纪人向外地销售，也有的企业自行加工直接销售到市场。

企业、养殖户应选择人品好、信誉度高、讲诚信的人作为本养殖场的经纪人，也可通过其他养殖企业介绍确定人选。对不讲诚信、言而无信、背信弃义者坚决不用。

三、兔产品销售合同的签订

在销售活兔、兔肉、兔皮及其产品时，尽可能签订销售合同。其内容包括以下几点。

（1）品名、规格、产地、质量标准、包装要求、计量单位、数量、单价、供货时间及数量。

（2）供方对质量负责的条件和期限。

（3）交（供）货方式及地点。

（4）运货方式。

（5）运输费用负担。

（6）合理损耗计算及负担。

（7）包装费用负担。

（8）验收方法及提出异议的期限。

（9）结算方式及期限。

（10）违约责任。甲乙双方均应全面履行合同约定，一方违约给另一方造成损失的，应当承担赔偿责任。

（11）其他约定事项。包括合同一式两份，自双方签字之日起生效。如果出现纠纷，双方均可向有管辖权的人民法院提起诉讼。

销售活兔时要说明最小收购体重、皮张质量、价格、健康状况和最迟拉货时间等。

销售活兔注意事项如下。

（1）严禁经纪人、商贩或车辆、笼具进入养殖场。经纪人（商贩）

流动性较大，若进入兔场，传染疾病的风险较大。出售方应按约定要求将合格活兔拉到场外进行装车。同时对周转笼进行彻底消毒。

（2）供货方应协助经纪人在当地办理动物卫生检疫证明等相关手续。

（3）长途运输要保障通风，防止家兔窒息。

（4）炎热季节要做好防暑降温工作，保障运输途中兔的安全。

第二节

兔肉的加工

有条件的企业对自行生产的商品兔进行屠宰、初加工，一方面可以及时将出栏兔进行宰杀，同时经过初加工，增加附加值，以获得较高的收入。

一、家兔的屠宰

兔的屠宰包括以下程序（图9-1）。

图9-1 屠宰程序

1. 宰前准备

对候宰的活兔，应逐一进行健康检查，剔除病兔。对患有传染病的兔，应隔离处理。兔屠宰前12小时应断食，但要供给充足饮水。宰前2～4小时停止供饮水。

2. 处死

处死的方法有电击昏法等。电击昏法又名电麻法，即采用电子器或电麻转盘击昏兔子倒挂放血，主要用于规模化兔肉加工厂和专业化大型屠宰场（图9-2）。

3. 放血

致死后应立即放血，否则将影响兔肉品质，贮藏时易变质发臭。放

图9-2　电击装置、电击待宰兔

血时将兔子倒吊在特制的金属挂钩上或用细绳拴住后肢，再用利刀迅速沿左下颌骨边缘，割开毛皮切断动脉。放血时一是要避免污染毛，二是要尽可能放尽血。放血持续时间一般为2～3分钟。

4. 剥皮

放血后应立刻剥皮。专业加工厂一般采用半机械化和机械化剥皮，一般养殖户则以袋剥法手工剥皮（图9-3）。

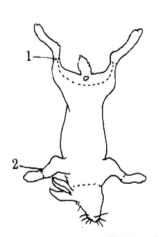

图9-3　手工剥皮方法

1—沿虚线割开皮肤；2—在腕关节处剪掉

5. 剖腹

先分开耻骨联合，再从腹部正中线下刀开腹。注意避免刺破脏器，污染肉体。然后用手将胸腹腔脏器一起掏出。

6. 检验

检验胴体和内脏各器官，观察其色泽、大小，以及有无瘀血、充血、炎症、脓肿、肿瘤、结节、寄生虫和其他异常现象，尤其检查蚓突和圆小囊上的病变。合格的胴体色泽正常，无毛，无血污，无粪污，无胆汁，无异味，无杂质。发现球虫病和仅在内脏部位的豆状囊尾蚴、非黄疸性的黄脂肪不受限制。

凡发现结核病、伪结核病、巴氏杆菌病、野兔热、黏液瘤病、黄疸、脓毒症、坏死杆菌病、李氏杆菌病、副伤寒、肿瘤和梅毒等疾病，一律拣出。检验后去掉有病脏器，洗净脖血，从跗关节处截断后肢。

7. 修整

修除体表和腹腔内表层脂肪、残余内脏、生殖器官、耻骨附近（肛门周围）的腺体和结缔组织、胸腺、气管、胸腹腔内大血管、体表明显结缔组织和外伤。用毛巾擦净肉尸各部的血和浮毛，或用高压自来水喷淋肉尸，冲去血污和浮毛，进入冷风道沥水冷却。

二、兔肉初加工

根据加工及烹调对兔肉的要求，家兔屠宰后可按以下几种方法分段或去骨，进行初步加工。

（1）整只胴体冻结，冷藏或出售。

（2）整只兔按头、前肢和胸部、背部、后腿部、肚腩等切割，出售或加工。

（3）整只兔去骨后加工为冻兔（图9-4）。

图9-4　待冷冻的兔肉

三、兔肉深加工

目前，我国相继建立了许多兔肉熟制品加工厂，生产的产品有烤兔、熏制兔、卤制兔等，深得消费者的喜欢（图9-5、图9-6）。

图9-5　兔肉加工车间　　　　　　　图9-6　碳烤兔

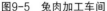

第三节

獭兔取皮技术

一、獭兔换毛规律

獭兔换毛分为年龄性换毛和季节性换毛。

1. 年龄性换毛

主要发生在未成年幼兔和青年兔。

第一次年龄性换毛：仔兔出生后30日龄左右开始逐渐脱换直至130～150日龄结束，尤以30～90日龄最为明显。

獭兔皮张以第一次年龄性换毛结束后的毛皮品质较好，此时屠宰取皮最合算。

第二次年龄性换毛：180日龄左右开始，210～240日龄结束，换毛持续时间较长，且受季节性影响较大。理论上讲，第二次年龄性换毛之后取皮，毛皮品质最好，而且皮张大，但由于饲养期长，经济效益不高。

2. 季节性换毛

通常指成年兔的春季换毛和秋季换毛。春季换毛，北方地区多发生在3月初至4月底，南方地区则为3月中旬至4月底；秋季换毛，北方地区多在9月初至11月底，南方地区则为9月中旬至11月底。季节性换毛的持续时间长短与季节变化情况有关，一般春季换毛持续时间短，秋季换毛持续时间较长。另外，换毛也受年龄、健康状况和饲养水平等影响。

换毛顺序：一般先由颈部开始，紧接着是前躯背部，再延伸到体侧、腹部及臀部（图9-7）。春季、秋季换毛顺序大致相似，唯颈部毛在春季换毛后夏季仍不断地褪换，而秋季后则无此现象。

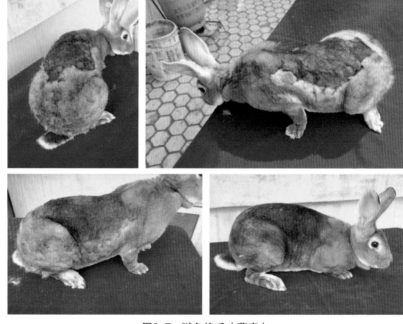

图9-7　獭兔换毛（曹亮）

二、獭兔皮的季节特征

獭兔宰杀取皮季节不同，皮板与被毛的质量有很大差异，因此应尽可能选择适宜的季节进行取皮。

1. 冬皮

立冬（11月）至翌年立春（2月），天气寒冷，经秋季换毛后已全部褪换为冬毛，此时的皮张毛绒丰厚，平整，富有光泽，板质足壮，富含油性。尤其是冬至到大寒期间所产的毛皮品质最佳。

2. 春皮

立春（2月）至立夏（5月），天气逐渐转暖，此时所产的皮张底绒空疏，光泽减退，板质较差，略显黄色，油性不足，品质较差。

3. 夏皮

立夏（5月）至立秋（8月），天气炎热，经春季换毛后已褪掉冬毛，换上夏毛，此时所产的皮张，被毛稀短，缺少光泽，皮板瘦薄，毛皮品质最差，制裘价值最低。

4. 秋皮

立秋（8月）至立冬（11月），天气逐渐转冷，且草料丰富。早秋所产的皮张毛绒粗短，皮板厚硬，稍有油性；中、晚秋被毛逐渐丰厚，光泽较好，板质坚实，富有油性，毛皮品质较好。

三、毛皮质量评定

1. 质量要求

獭兔毛皮品质的优劣主要取决于皮板面积、皮板质地、被毛色泽、被毛长度、被毛密度等。

（1）皮板面积　在品质相同的情况下，皮板面积愈大利用价值愈高。等内皮不小于0.1111平方米，达不到此标准应相应降级。皮板面积达到0.1111平方米的獭兔体重应达2.75～3千克。

（2）皮板质地　要求皮板致密，色泽鲜艳，厚薄适中，质地坚韧，被毛附着牢固，无刀伤、虫蛀及色素沉着。青年兔在适宜季节取皮，板质一般较好；老龄兔取皮则板质粗糙、过厚。

（3）被毛色泽　要求符合品种色型特征，纯正而富有光泽。

（4）被毛长度　因品系的不同而有所差异。美系獭兔一般较短，德系、法系较长。目前市场对被毛长度的需求呈现多元化的趋势。

（5）被毛密度　要求密度愈大愈好。被毛密度除受遗传（品系）、年龄和季节等因素的影响外，营养愈好，毛绒愈丰厚。

2. 獭兔皮的商业分级标准及规格要求

中国畜产品流通协会制定的GH/T1028—2002《獭兔皮》行业标准，

适用于獭兔生皮初加工、收购和销售的质量检验。内容包括獭兔皮的技术要求、检验方法、检验规则和獭兔皮的包装、标志、贮存、运输等方面，均有详细且明确的规定。为便于獭兔皮生产者、加工者和经营者了解，这里重点介绍獭兔皮的分级（表9-1）。

表9-1　獭兔皮的商业分级标准及规格要求

等级	要求
特等	绒毛丰厚、平整、细洁、富有弹性，毛色纯正、光泽油润，无突出的针毛，无旋毛，无损伤，板质良好，厚薄适中，全皮面积在1400平方厘米以上
一等	绒毛丰厚、平整、细洁、富有弹性，毛色纯正、光泽油润，无突出的针毛，无旋毛，无损伤，板质良好，厚薄适中，全皮面积在1200平方厘米以上
二等	绒毛较丰厚、平整、细洁、有油性，毛色较纯正，板质和面积与一等皮相同，在次要部位可带少量突出的针毛；或绒毛与板质与一等皮相同，全皮面积在1000平方厘米以上；或具有一等皮质量，在次要部位带有小的损伤
三等	绒毛略稀疏，欠平整，板质面积符合一等皮要求；绒毛与板质符合一等皮要求，全皮面积在800平方厘米以上；或绒毛与板质符合一等皮要求，在主要部位带小的损伤；或具有二等皮的质量在次要部位带小的损伤
等外	老板皮和不符合等内要求的

3. 毛皮品质评定方法

主要通过一看、二抖、三摸、四吹、五量等步骤来评定（表9-2）。

表9-2　毛皮品质评定方法

项目	内容
一看	左手捏住兔皮头部，右手执其尾，先看毛面，后看板面，然后仔细观察被毛粗细、色泽、板底、皮形是否符合标准，有无瘀血、损伤、脱毛等现象
二抖	左手捏住头部，右手执其尾并自上而下轻轻抖动，同时观察被毛长短、平整度以及毛皮附着度等。若有枪毛突出毛面或枪毛含量过多或抖动落毛的现象，均应降级处理
三摸	手触摸毛皮，检查被毛弹性、密度及有无旋毛，同时将手指插入被毛，检查厚实程度
四吹	用嘴沿逆方向吹开被毛，使其形成漩涡，视其中心所露皮面积评定密度。若不露皮肤或露皮面积小于4平方毫米（1个大头针头大小）为最佳；不超过8平方毫米（1个火柴头大小）为良好；不超过12平方毫米（3个大头针头大小）为合格
五量	用尺子自颈部缺口中间至尾部量取长度，选腰间中部位置量其宽度，量毕，长宽相乘即为皮张面积。皮面达0.1111平方米为合格，反之应降级处理

皮商常用语如下。

板质足壮：是指皮板有足够的厚度，薄厚适中，皮板纤维细致紧密，弹性大、韧性好，有油性。

板质瘦弱：是指皮张薄弱，纤维松弛，缺乏油性，厚薄不均，缺乏弹性和韧性，有的带皱纹。

毛绒丰厚：是指毛长而紧密，底绒丰足、细软，枪毛少而分布均匀，色泽光润。

毛绒空疏：是指毛绒粗涩、黏乱，缺少光泽，绒毛短，绒薄，毛根变细，显短平。

四、獭兔皮的剥取

獭兔皮的剥取是饲养獭兔中的关键环节，随意宰杀不合格的兔皮，会导致前功尽弃，养兔效益显著降低。

1. 待宰兔的选择

对兔群中毛皮质量达到要求的獭兔进行及时宰杀取皮，可以减少饲料消耗，提高经济收入。

合格獭兔皮应同时符合以下3个条件：①年龄一般5月龄以上；②体重≥2.75千克；③毛皮平整，非换毛期。图9-8为待宰的合格兔。有时市场对3月龄毛皮平整的獭兔皮需求量大，此时也可进行屠宰取皮。

若体重达2.75千克以上，被毛平整，但饲养期不足5月龄，此时取皮由于皮板轻薄，商用价值低，需养至5月龄以上方可宰杀。年龄、体重、平整度达到要求，但被毛密度低的个体，必须宰杀，因为延长饲养期对提高密度无益。季节皮、竖沟皮、波纹皮、鸡啄皮、龟盖皮（背部绒毛丰厚平整，腹部绒毛空疏，形成"龟盖"状）等獭兔，延长饲养期，待被毛平整后进行屠宰。獭兔换毛期不取皮，是獭兔毛皮生产的一条戒律。换毛期绒毛长短不一，极易脱落，鞣制成熟皮时绒毛成片脱落，影响品质。判

图9-8　待宰的兔

定兔子是否正在换毛，方法是用手扒开被毛，发现绒毛易脱落，有短的毛纤维长出就是在换毛（图9-9、图9-10）。

图9-9　正在换毛的兔　　　　　图9-10　换毛尚未结束的兔子

据任克良、曹亮报道，有色獭兔被毛色泽随着日龄的增加，毛色由浅色向深色变化（图9-11）。5～6月龄颜色基本达到纯正色型；7月龄达到标准颜色。考虑到经济效益，以5～6月龄取皮较为适宜。

对于成年兔取皮，老龄兔淘汰，尽量选在11月至次年3月前后，此时绒毛丰厚，光泽好，板质优，毛绒不易脱落，优质皮比例大。

若有皮商收购，在做好兔群防疫前提下，由皮商挑选待宰兔并负责宰杀。

养兔生产者根据市场对不同档次兔皮的需求，生产相应的产品。当市场对低档兔皮情有独钟时，可以通过适当降低饲养周期进行生产。

48日龄　　　　　　　　　100日龄

142日龄　　　　　　176日龄　　　　　　204日龄

图9-11　有色獭兔被毛颜色由浅变深（曹亮　任克良）

2. 断食不断水

已选定的待宰兔，宰杀前先断食8小时，只供给充足的饮水，利于屠宰操作，保证皮张质量，也节省饲料。

3. 处死方法

有颈部移位法、棒击法和电麻法。

4. 剥皮方法

处死后应立即剥皮。方法见本章第二节"一、家兔的屠宰""4. 剥皮"。

5. 放血净膛

将剥皮后的兔体侧挂于钩上，迅速割断颈部血管和气管放血 3 ～ 4 分钟。剥皮后放血可以减少毛皮污染，而且充分放血可使胴体肉质细嫩，含水量少，利于贮存。

6. 鲜皮的处理

将刚剥下的鲜皮，切除头部、四肢和兔尾等部分，用刮刀刮去皮板上的残肉、脂肪、结缔组织和乳腺等（图9-12）。然后用利刀沿腹部中线剖开成"开片皮"（图9-13）。清理中应注意铺展皮张，刮残留物时用力均衡，顺毛方向，以免损伤皮板。

图9-12　手工刮油方法（刘汉中）

不能及时出售的鲜皮要做防腐处理，即在板面均匀擦抹足够的食盐，然后板面对板面叠合堆放24小时左右将皮腌透，在地面铺一层白纸，将兔皮平铺在其上，板面朝上，用手抚平，置通风阴凉处晾干即可贮存（图9-14 ～图9-16）。食盐腌制的皮张，具有不易变质、不会皱缩、不长蝇蛆、皮板平顺等优点，但遇阴雨天易回潮。

图9-13　开皮支架

图9-14　手工盐渍防腐法

图9-15　板面对板面叠合堆放24小时让皮腌透

图9-16　晾晒兔皮

7. 贮存保管

将经防腐处理过的兔皮，按等级、大小、色泽每10张捆扎，装入木箱或洁净的麻袋里，平放在通风、隔热、防潮且地面最好为瓷砖或地板的库房内。库房要防鼠防蚁，温度5～25℃，相对湿度60%～70%。为防止虫害，打捆时皮板上可撒施精苯粉或二氯化苯等药剂（图9-17）。

8. 出售

若价格合理应尽早出售，以减少长期贮存对毛皮质量的不良影响。

图9-17　鞣制后的兔皮

五、减少残次兔皮的技术措施

獭兔生产实践中，由于种种原因，常生产出不少残次（或低档）獭兔皮，既影响饲养者经济效益，又造成社会资源的浪费。应采取有效措施，降低残次兔皮比例（表9-3）。

表9-3　残次皮形成的原因、种类及对策

残次皮形成的原因	种类	对策
饲养管理不当	伤疤皮：斗殴、脓肿所致	商品獭兔单笼饲养；做好兔笼卫生工作，净化兔群，预防毛癣病、螨病等
	尿黄皮：兔笼内卫生条件差所致	
	癣癞皮：毛癣、螨病等所致	
宰杀年（月）龄不当	季节皮：季节性换毛尚未完成的兔皮	适当延长饲养期，待被毛平整、皮板足壮时取皮
	轻薄皮：低龄兔宰杀所致。板质菲薄，如牛皮板，呈半透明状，抖动哗啦啦响	
	枪针皮：换毛初期有些绒毛脱离皮板，但仍残留于绒毛中，呈小撮状露出绒面，对毛皮质量影响较大	
	龟盖皮：背部绒毛丰厚平整，腹部绒毛空疏，形成"龟盖"状	
	竖沟皮：皮上隐隐约约有数条竖沟，毛短或缺毛，造成整个皮张不平	
宰杀、加工、贮存不当	刀洞皮：宰杀剥皮过程中造成破残刀伤	提高取皮技术，科学贮存
	缺材：种种原因造成皮形不完整	
	偏：筒皮开皮时，未沿腹部中线切开，造成皮板脊背中线两边面积不等	
	撑板：采用撑板或钉板，撑拉过大，干燥后皮板薄如纸张，极易破裂或折断	
	皱板：鲜皮晾晒时没有展平，皮板干燥后产生皱缩。多为淡板皮	
	板面脂肪不净：这是个普遍的问题。由于脂肪酵解产热，极易使局部受热脱毛。这种情况在生皮时不易发现，只是毛附着不牢，易拔下，但一经鞣制，就形成秃斑	
	陈板：生皮存放时间过长，皮板发黄，失去油性，皮层纤维组织变性，被毛枯燥失去光泽，浸水后不易回鲜，制裘后柔软度差	
	油浇板：板面遗留多量黏黄的脂油犹如浇上一层油。由于板面脂肪过多，过夏贮存时间又长，脂肪酵解而致。这种板制裘时脱毛困难，且极易断裂	
	霉烂、虫蛀皮：因皮张遭雨淋受潮，或鲜皮因未及时晾晒，或晾晒未干而堆叠过久等而使皮张霉烂变质或受到虫蛀，严重影响毛皮品质（图9-18）	

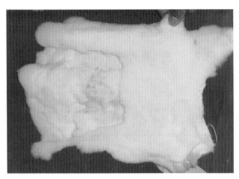

图9-18　虫蛀皮

第四节
兔毛的采集、贮藏与初加工

一、兔毛的采集

饲养毛用兔的主要目的是获取兔毛。采集兔毛的方法有以下3种。

1. 剪毛

（1）剪毛前的准备　备好剪毛所需工具，如剪毛台、毛剪、梳子、台秤、贮毛箱、手术钳、碘酒等（图9-19～图9-21）。剪毛前先用梳子将兔毛梳理通顺，除去身上的杂物和缠结的绒毛，同时对毛剪进行消毒。

（2）剪毛时间　应根据气候条件、兔毛的生长情况及市场兔毛等级的需求有计划地进行剪毛。一般在50～60日龄时给幼兔剪头茬毛，以后每隔75～90天剪一次。在气温较高的季节和地区，对种公兔、种母兔也可60～70天剪一次毛。

（3）剪毛　要领是"绷紧兔皮，剪刀放平，一剪一步，循序渐进"。剪毛的顺序是"由后向前，先背后腹，再剪四肢"（图9-22）。

剪下的兔毛根据长度、色泽及优劣程度分别入箱。

注意事项如下。

① 在剪腹部毛时，应先剪乳头、生殖器附近的毛，以防剪伤兔子的

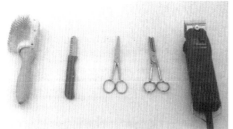

图9-19　剪毛用具

图9-20　圆形剪毛台

图9-21　长方形剪毛台

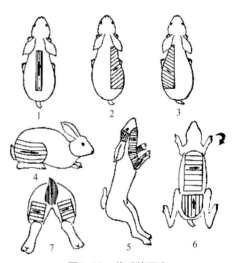

图9-22　剪毛的顺序

睾丸或乳头。如果不慎剪破皮肤，立即用碘酒消毒，以免感染。

②　怀孕兔一般不剪毛。

③　冬季剪毛要选择相对暖和的天气进行，剪毛后注意保暖，防止感冒。

④　剪毛时要一刀准，一刀剪下后不再修剪。修剪的刀毛很短，如混在长毛中，反而降低兔毛等级。

2.脱毛剂采毛

需要采毛的兔口服植物脱毛剂Lagodendron（法国生产）后数天，用手即可轻松拔毛，效果很好，并且对兔体无副作用（图9-23）。

此外，还有拔毛这个方法。

图9-23 药物脱毛后的毛兔（法国）

二、兔毛的分级

1. 兔毛的综合评价

兔毛的分级是初加工的一个重要环节，一般在采毛时同时进行。

兔毛等级分级主要从"长、松、白、净"4个方面进行综合评定。

长：指兔毛纤维的长度。不同等级，纤维长度不同，纤维越长，等级越高。

松：指兔毛要求疏松，无结块、缠绕。

白：指兔毛的色泽。高等级毛要求纯白色，凡有尿黄、灰白、杂色等的兔毛，其等级将大大降低。

净：指兔毛的洁净度。要求其干净，不受污染，没有杂质。

2. 兔毛的等级标准

目前，国家收购兔毛的标准有5个等级，见表9-4。

表9-4 国家兔毛收购标准

等级	标准
特级	纯白色，全松毛，长度在5.7厘米以上，粗毛不超过10%
一级	纯白色，全松毛，长度在4.7厘米以上，粗毛不超过10%
二级	纯白色，全松毛，长度在3.7厘米以上，粗毛不超过20%，稍含能撕开不损品质的缠结毛
三级	纯白色，全松毛，长度在2.5厘米以上，粗毛不超过20%，含能撕开不损品质的缠结毛
次级	白色，全松毛，长度在2.5厘米以上，含有缠结、结块、变色毛等

三、兔毛的贮存

一般养兔户每次采集的兔毛数量少，累计到一定数量才出售，因此做好兔毛的贮存，是保证养兔经济效益的重要环节。

1. 兔毛贮存的基本要求

（1）按等级分别存放，防杂质混入　对采集的分等级兔毛应按等级分别存放，切忌混杂存放。贮藏容器要密封，防止灰尘、杂质落入。

（2）防压　兔毛具有鳞片层而有很高的黏合力，因此保管和贮藏时要疏松地放置，不宜重压，以防粘结。

（3）防潮、防变质　保存环境湿度过大，兔毛回潮率升高，易结成毡片，难以撕开，变色，甚至霉烂变质。因此，存放兔毛的房间应保持通风干燥和清洁。贮毛箱应密闭，不宜靠墙和着地。雨季要防雨，天气晴朗时开窗通风，必要时要翻垛晾晒。

（4）防晒、防高温　兔毛由角蛋白组成，易被阳光、高温氧化变质、变色，不能承受高温和暴晒。因此，即使潮湿，也只能在弱光下晾晒 1 ～ 2 小时，然后再在没有太阳的地方晾 4 ～ 5 小时后装箱。

（5）防虫蛀　兔毛角蛋白易受到虫的蛀食，影响品质。因此，采取有效而可靠的防蛀方法尤为重要。具体操作是选用樟脑丸、萘酚、苯化合物等有效防虫剂，分别放在兔毛贮藏器内不同位置。防虫剂应用纱布包好，防止与兔毛直接接触，以免兔毛变色，影响品质。

2. 兔毛贮藏方法

（1）箱贮　选择干燥、密闭的箱子，箱子内面用白纸糊住，然后将分级的兔毛一边装一边轻轻地压一下，每 6 厘米厚隔一层纸，同时放入包好的防虫剂，装满后合拢箱盖。箱子放置在离地 30 厘米以上、离墙40 ～ 50 厘米远的货架或枕木上（图9-24）。

（2）缸贮　选择清洁干燥的缸，底层先放一层石灰，然后再放一块缸底大小的圆形木板，木板上铺张白纸，最后放兔毛。兔毛的放法与箱贮一样，装满后密封缸即可。也可将兔毛放入干净的白布袋（切忌用麻袋），再入缸保存（图9-24）。

图9-24　兔毛贮存方法

注意事项：无论以上哪种方法，都要定期选择晴天打开检查，如发现回潮、霉变，应采取补救措施。一般不宜用塑料袋贮存兔毛。

四、兔毛的运输

由于兔毛纤维黏合性强，经不起翻动和摩擦挤压；毛色鲜艳又带有静电，容易污染；兔毛吸水性强，极易受潮变质。因此，兔毛的运输要注意防潮，保持清洁和严禁挤压。

1. 兔毛的包装

包装好坏直接关系到兔毛在运输途中的质量能否得到保证。生产中兔毛的包装方法多样，现介绍以下几种常用包装方法。

（1）榨包包装　用机械打包，外面再用专用的包装布缝牢，每件可装50～75千克。适用于长途运输或出口。

（2）布袋包装　用布袋装毛缝口，外用绳子捆扎（最好加裹塑料袋），每袋可装30千克左右。装毛时应压紧，以免经运输翻动使毛纤维相互摩擦而结毡。

（3）纸箱包装　箱内干净，分层装毛加封，外用塑料袋或布袋包裹。

2. 防雨防潮

启运前检查包装箱是否符合防潮要求。雨天最好不要出运。汽车、火车或轮船装运，如无顶棚，均须加盖防雨布。

3. 防污染

运输车辆必须保护清洁，不能与粉尘大的货物混装，尤其不能与化学试剂、液体物混装。

4. 防挤压

运输兔毛时，包装箱之间不能互相挤压，尤其在与别的笨重物件混运时，兔毛应装在上层，以免兔毛受挤压。

五、兔毛的初加工

兔毛的初加工是兔毛生产及加工中比较重要的环节，采下的兔毛或收购的兔毛，经严格工厂化初加工后，出口或提供给精加工商，可大幅提高经济效益。

兔毛初加工工艺一般为人工分选（分级）→拼配→开松→除杂→包装。初加工主要采用大量人工与机械化作业相结合。

兔毛初加工的质量标准仍从"长、松、白、净"4个方面进行综合评价后分级。

六、兔毛的销售

兔毛储存时间过长，会导致兔毛的质量（如光泽度）下降等，为此，价格合适时及时出售。

（任克良）

第十章

兔病防治技术

家兔体形小，抗病力差，一旦患病往往来不及治疗或治疗费用高，为此，养兔生产实践中应严格遵循"预防为主，防重于治"的原则。针对家兔发病规律，采取综合防治技术措施，保障兔群健康，降低病死率，最终达到提高养兔经济效益的目的。

第一节
兔病发生基本规律、综合防治技术

一、兔病发生的原因

兔病是机体与外界致病因素相互作用而产生的损伤与抗损伤的复杂的斗争过程。在这个过程中，兔体对环境的适应能力降低，生产能力下降。

兔病发生的原因一般可分为外界致病因素和内部致病因素两大类。

1. 外界致病因素

是指家兔周围环境中的各种致病因素。

（1）生物性致病因素　包括各种病原微生物（细菌、病毒、真菌、螺旋体等）和寄生虫（如原虫、蠕虫等），主要引起传染病、寄生虫病、某些中毒病及肿瘤等。

（2）化学性致病因素　主要有强酸、强碱、重金属盐类、农药、化学毒物、氨气、一氧化碳、硫化氢等化学物质，可引起中毒性疾病。

（3）物理性致病因素　指炎热、寒冷、电流、光照、噪声、气压、湿度和放射线等诸多因素，有些可直接致病，有些可促使其他疾病的发生。如炎热而潮湿的环境容易中暑，高温可引起灼伤，强烈的阳光长时间照射可导致日射病，寒冷低温除可造成冻伤外，还能削弱家兔机体的抵抗力而促使感冒和肺炎的发生等。

（4）机械性致病因素　是指机械力的作用。大多数情况下这种病因来自外界，如各种击打、碰撞、扭曲、刺戳等可引起挫伤、扭伤、创伤、关节脱位、骨折等。个别的机械力是来自体内，如体内的肿瘤、寄生虫、肾结石、毛球和其他异物等，可因其对局部组织器官造成的刺激、压迫和阻塞等而造成损害。

（5）其他因素　除上述各种致病因素外，机体正常生理活动所需的各种营养物质和机能代谢调节物质，如蛋白质、碳水化合物、脂肪、矿物质、维生素、激素、氧气和水等，因供给不足或过量，或是体内产生不足或过多，也都能引起疾病。

此外，应激因素在疾病发生上的意义也日益受到重视。

2. 内部致病因素

兔病发生的内部因素主要是指兔体对外界致病因素的感受性和抵抗力。机体对致病因素的易感性和防御能力与机体的免疫状态、遗传特性、内分泌状态、年龄、性别和兔的品种等因素有关。

二、兔病的分类

根据兔病发生的原因可将兔病分为传染病、寄生虫病、普通病和遗传病四种。

1. 传染病

传染病是指由致病微生物（即病原微生物）侵入机体而引起的具有一定潜伏期和临床表现，并能够不断传播给其他个体的疾病。常见的传染病有病毒性传染病、细菌性传染病和真菌性传染病三大类。

2. 寄生虫病

是由各种寄生虫侵入机体内部或侵害体表而引起的一类疾病。常见的有原虫病、蠕虫病和外寄生虫病等。

3. 普通病

普通病（非传染病）由一般性致病因素引起的一类疾病。引起兔普通病常见的病因有创伤、冷、热、化学毒物和营养缺乏等。临床上，常见的普通病有营养代谢病、中毒性疾病、内科病、外科病及其他病等。

4. 遗传病

是指由于遗传物质变异而对动物个体造成有害影响，表现为身体结构缺陷或功能障碍，并且这种现象能按一定遗传方式传递给其后代的疾病，如短趾、八字腿、牛眼等。

三、兔病发生的特点

与其他动物相比，家兔的疾病发生、发展和防治不同，有如下特点。了解这些特点，有助于养兔生产者做好兔病防治工作。

1. 机体弱小，抗病力差

与其他动物相比，家兔体小、抗病力差，容易患病，治疗不及时死亡率高。同时由于单个家兔经济价值较低，因此在生产中必须贯彻"预防为主，防重于治"的方针，同时及早发现，及时隔离治疗。

2. 消化道疾病发生率较高

家兔腹壁肌肉较薄，且腹壁紧贴地面，若所在环境温度低，导致腹壁着凉，肠壁受冷刺激时，肠蠕动加快，特别容易引起消化功能紊乱，引起腹泻，继而导致大肠杆菌、魏氏梭菌等疾病，为此应保持家兔饲养环境温度相对恒定。

3. 家兔盲肠微生物区系易受饲养管理的影响，相关疾病发生率高

家兔拥有类似牛、羊等反刍动物瘤胃功能的盲肠，其微生物区系易受饲养管理的影响。饲养过程中要坚持"定时、定质，更换饲料要逐步进行"的原则。同时，治疗疾病时慎用抗生素，如长期口服大量抗生素，就会杀死或破坏兔盲肠中的微生物区系，导致消化功能紊乱。因此，在预防、治疗兔病中要慎重选择抗生素的种类、用药时间和用药方法等。

4. 大兔耐寒怕热，小兔怕冷

高温季节要注意防暑降温。小兔要保持适宜的兔舍温度。

5. 家兔抗应激能力差

饲料配方、饲喂量、气候、环境等突然变化，往往极易导致家兔发生疾病，因此在生产的各个环节要尽量减少各种应激，以保障兔群健康。

6. 一些疾病家兔多发

如创伤性脊椎骨折、脚皮炎等。在生产中要避免让家兔受惊，选择脚毛丰满的个体作为种兔,保持兔舍干燥，笼底板材质以竹板等为宜。

四、兔病综合防制技术

为了保证兔群健康，必须采取综合防控措施，才能达到预期效果。其内容包括以下几种。

1. 加强饲养管理

包括重视兔场、兔舍建设，创造良好的生活环境；合理配制饲料，保证饲料质量、更换饲料逐步进行；按照家兔不同的生理阶段实行科学的饲养管理；加强选种，制定科学繁育计划，降低遗传性疾病发病率，培育健康兔群。

2. 坚持自繁自养，慎重引种

养兔场（户）应选用生产性能优良的公、母种兔进行自繁自养，既可降低养兔成本，同时能防止引种带入疫病。必须引种时，须从非疫区购入，同时进行检疫、隔离等措施。

3. 减少各种应激因素的影响

所谓应激因素，是指那些在一定条件下能使家兔产生一系列全身性、非特异性反应的因子。在应激因素作用下，家兔机体所产生的一系列反应叫做应激反应。应激不仅影响家兔生长发育，加重原有疾病的病情，还可诱发新的疾病，有时甚至导致动物死亡。生产中应尽量减少各应激因素的发生，或将应激强度、时间降到最低。如仔兔断奶采用原笼饲养法，断奶、刺号应错开进行等。

4. 建立卫生防疫制度并认真贯彻落实

进入场区要消毒；场内谢绝参观，禁止其他闲杂人员和有害动物进入场内；搞好兔场环境卫生，定期清洁消毒；杀虫灭鼠防兽，消灭传染媒介。

5. 严格执行消毒制度

消毒是预防兔病的重要一环。其目的是消灭散布于外界环境中的病原微生物和寄生虫，以防止疾病的发生和流行。在消毒时要根据病原体的特性、被消毒物体的性能和经济价值等因素，合理地选择消毒剂和消毒方法。

6. 制订科学合理的免疫程序并严格实施

免疫接种是预防和控制家兔传染病十分重要的措施。免疫接种就是用人工的方法，把疫苗或菌苗等注入家兔体内，从而激发兔体产生特异性抵抗力，使易感的家兔转化为有抵抗力的家兔，以避免传染病的发生和流行。

（1）家兔常用的疫苗　目前家兔常用的疫苗种类、使用方法及注意事项见表10-1。

表10-1　常用疫苗种类和使用方法

疫（菌）苗名称	预防的疾病	使用方法及注意事项	免疫期
兔瘟灭活苗	兔瘟	30～35日龄初次免疫，皮下注射2毫升；60～65日龄二次免疫，剂量1毫升，以后每隔5.5～6个月免疫1次，5天左右产生免疫力	6个月
巴氏杆菌灭活苗	巴氏杆菌病	仔兔断奶免疫，皮下注射1毫升，7天后产生免疫力，每兔每年注射3次	4～6个月
波氏杆菌灭活苗	波氏杆菌病	母兔配种时注射，仔兔断奶前1周注射，以后每隔6个月皮下注射1毫升，7天后产生免疫力，每兔每年注射2次	6个月
魏氏梭菌（A型）氢氧化铝灭活苗	魏氏梭菌性肠炎	仔兔断奶后即皮下注射2毫升，7天后产生免疫力，每兔每年注射2次	6个月
伪结核灭活苗	伪结核耶新氏杆菌病	30日龄以上兔皮下注射1毫升，7天后产生免疫力，每兔每年注射2次	6个月
大肠杆菌病多价灭活苗	大肠杆菌病	仔兔20日龄进行首免，皮下注射1毫升，待仔兔断奶后再免疫1次，皮下注射2毫升，7天后产生免疫力，每兔每年注射2次	6个月

疫（菌）苗名称	预防的疾病	使用方法及注意事项	免疫期
沙门杆菌灭活苗	沙门杆菌病（下痢和流产）	怀孕初期及30日龄以上的兔，皮下注射1毫升，7天后产生免疫力，每兔每年注射2次	6个月
克雷伯氏菌灭活苗	克雷伯氏菌病	仔兔20日龄进行首免，皮下注射1毫升，仔兔断奶后再免疫1次，皮下注射2毫升，每兔每年注射2次	6个月
葡萄球菌病灭活苗	葡萄球菌病	每兔皮下注射2毫升，7天后产生免疫力	6个月
呼吸道病二联苗	巴氏杆菌病、波氏杆菌病	怀孕初期及30日龄以上的兔，皮下注射2毫升，7天后产生免疫力，每兔每年注射2次	6个月
兔瘟-巴氏-魏氏三联苗	兔瘟、巴氏杆菌病、魏氏梭菌病	青年、成年兔每兔皮下注射2毫升，7天后产生免疫力，每兔每年注射2次。不宜作初次免疫	4～6个月

（2）免疫接种类型

① 预防接种　为了防患于未然，平时必须有计划地给健康兔群进行免疫接种。

② 紧急接种　在发生传染病时，为了迅速控制和扑灭疫病的流行，而对疫群、疫区和受威胁区域尚未发病的兔群进行应急性免疫接种。实践证明，在疫区内使用兔瘟、魏氏梭菌、巴氏杆菌、支气管败血波氏杆菌等疫（菌）苗进行紧急接种，对控制和扑灭疫病具有重要作用。

紧急接种除使用疫（菌）苗外，也常用免疫血清。免疫血清虽然安全有效，但常因用量大、价格高、免疫期短而使用少。

（3）制订科学合理的兔群防疫程序并严格执行　养兔场（户）应根据本地区、本场的实际情况，制订出适合本场的兔群防疫程序并严格执行。

7.有计划地进行药物预防及驱虫

对兔群应用药物预防疾病，是重要的防疫措施之一，尤其在某些疫病流行季节之前或流行初期，应用安全、低廉、有效的药物加入饲料、饮水或添加剂中进行群体预防和治疗，可以收到显著的效果。

8. 加强饲料质量检查，注意饲喂饮水卫生，预防中毒病

俗话说"病从口入"，饲料、饮水卫生的好坏与家兔的健康密切相关，应严格按照饲养管理的原则和标准实施，饲料从采购、采集、加工调制到饲料保存、利用等各个环节，要加强质量和卫生检查与控制。严禁饲喂发霉、腐败、变质、冰冻饲料，保证饮水清洁而不被污染。

常见的中毒病主要有药物中毒、饲料中毒、霉变饲料中毒、有毒植物中毒、农药中毒和灭鼠药中毒等。

9. 细心观察兔群，及时发现疾病，及时诊治或扑灭

养兔生产过程中，饲养管理人员要和兽医人员密切配合，结合日常饲养管理工作，注意细心观察兔的行为变化，并进行必要的检查，发现异常，及时诊断和治疗，以减少不必要的损失或将损失降至最低。

第二节
兔病诊断

兔病诊断内容包括临床诊断、流行病学调查诊断、病理学诊断和实验室诊断。

一、临床诊断

临床诊断就是利用人的感觉器官或借助一些最简单的诊断器材（如体温计、听诊器等）直接对病兔进行检查。对于家兔某些具有特征性症状表现的典型病例，经过仔细地临床检查，一般不难作出诊断。

1. 问诊

是以询问的方式向饲养管理人员或防疫员等调查了解与发病有关的情况和经过，一般在作其他检查之前进行，也可贯穿于其他检查过程之

中。通过问诊，有时可以掌握一些重要的诊断依据，为进一步检查提供方向。

（1）病史　包括既往病史和现有病史。了解患兔以往的健康状况，以前是否发生过类似疾病，如何处治，效果如何？本次疾病发生的时间、发病经过、主要表现，采取过什么措施，用什么药物及效果如何等。

（2）周围家兔或本场其他兔群的健康状况　了解同一兔群中有多少兔先后或同时发生过类似疾病，邻舍及附近场、区域兔群最近是否也有类似疾病发生等。

（3）饲养管理及预防用药情况　主要了解饲料的种类、来源、质量、饲喂量及最近是否有变化，饲养人员是否有顶班现象，场舍的卫生状况，管理制度；接种疫苗的种类、来源，接种时间和接种方法，以及其他预防药物的使用情况等。

对问诊所掌握的情况，要实事求是地记录下来，不能随意发挥。

2. 视诊

主要是用肉眼直接观察病兔目前的状态和各种异常现象。通过视诊可以发现许多很有意义的症状，为进一步诊断检查提供线索。

视诊包括体形外貌、体格发育、营养状况、精神状态、运动姿势及被毛、皮肤和可视黏膜的变化等；还要注意某些生理活动是否正常，如有无呼吸急促、咳嗽、流涎及异常的采食、咀嚼、吞咽和排泄动作等；特别要关注粪便和尿液的性状、数量等。

3. 触诊

是用手触摸按压检查部位进行疾病诊断的一种方法。通过触诊可以判断被检器官和组织的状态，确定病变的位置、形态、大小、质地、温度、敏感性和移动性等。

通过浅部触诊检查体表温度、湿度，皮肤及皮下组织厚度、弹性、硬度，肌肉紧张性及局部肿物的性状等。深部触诊常用于体腔内器官的检查，常用类似家兔妊娠检查的方法，触摸腹部有无肿块、硬结等（图10-1）。

4. 听诊

是通过听觉辨别患病动物及其体内某些器官活动过程中所产生的各种声音，根据声音及其性质的变化推断体内器官功能状态和病理变化的一种诊断方法。临床上常用于心脏、肺和胃肠的检查，如听诊心脏的搏动音，可知

图10-1　腹部触诊法

其频率、强度、节律及有无杂音；听诊肺部可知呼吸数、呼吸节律、肺泡呼吸音的强弱及是否有罗音和摩擦音等；听诊腹部可知胃肠是否蠕动及蠕动的强弱等。

5. 叩诊

是对患病家兔体表某一部位进行叩击，根据所产生声音的特性来推断叩击部位组织器官有无病理变化的一种诊断方法，可用于胸腔、腹腔脏器的检查。叩诊时所产生声音的性质主要取决于叩诊部位有无气体或液体，以及量的多少，还与叩诊部位组织的厚度、弹性等有关。如叩击腹部有鼓音，则是胃肠严重臌气。

6. 嗅诊

是利用嗅觉辨别患病动物的排泄物、分泌物、呼出气体以及兔舍和饲料等的气味，借以推断疾病的方法。嗅诊在兽医临床诊断检查中有时具有重要意义，如当患兔呼出的气体有烂苹果味（酮味），可能患妊娠毒血症；患兔腹泻时排出恶臭水样粪便，提示患魏氏梭菌病等。

二、流行病学调查诊断

流行病学调查诊断就是通过问诊、座谈、查阅病历、现场观察和临床检查等方式取得第一手资料。

1. 疾病的发生情况

了解最初发病的时间和兔舍，传播蔓延速度和范围，发病数量、性别、年龄、症状表现、发病率、死亡率和剖检变化等。如仅为母兔发病

尤其是妊娠、哺乳及假妊娠的可能为妊娠毒血症；外生殖有病变，且多为繁殖兔（包括母兔、公兔），应考虑兔密螺旋体病、外生殖道炎症等；发病死亡率高，年龄多在3月龄以上，可能是兔瘟；3月以内死亡的兔可能为球虫病；断奶前后的兔如果腹泻多，为大肠杆菌病、魏氏梭菌病等。

2. 病因调查

了解本场或本地过去是否发生过类似疾病，流行情况如何，是否作过确诊，采取过何种防治措施，效果如何。本次发病前是否引进种兔，新购种兔进场是否检疫和隔离；饲料原料、配方及饲养管理最近是否有较大改变，包括饲料的种类、来源、贮存、调制、饲喂方式等，同时注意饲养人员是否改变；饲料质量怎样，是否发霉变质；如果是购买的饲料，了解厂家饲料配方、原料是否变化；当地气候是否突变，兔舍的温度、湿度和通风情况如何，附近有无工矿废水和毒气排放；兔场的鼠害情况和卫生状况好坏；兔场是否养狗、猫等动物；最近是否进行过杀虫、灭鼠或消毒工作，用过什么药物等。收皮、收毛等商贩是否进入过兔场、兔舍等。

3. 预防免疫、用药情况

了解本场兔群常用什么药物和疫苗进行疾病预防，用量多少，如何使用，饲料中添加过哪些添加剂，什么时候开始，使用了多长时间等。常见的有兔瘟免疫程序不当或疫苗问题导致兔瘟发生。未进行小试就大面积使用厂家推荐的饲料添加剂，导致消化道或中毒性疾病发生。

4. 疾病的发展变化和防治效果

了解病兔的初期表现与中、后期表现，一般病程多长，结局怎样，是否使用过什么药物进行防治，药物用量，使用多长时间，效果如何等。

三、病理学诊断

根据临床诊断尚不能确诊的疾病，必须对病兔或尸体进行解剖，根据剖检特点，再结合临床症状、流行病学特点，对疾病作出正确诊断。

1. 剖检方法

对死亡的兔或病兔进行解剖检查，通过对病死兔的内脏器官、组织病变进行观察，以便了解疾病所在的部位、性质，为明确诊断提供依据。

（1）剖检时间　剖检时间越早越好。夏季不超过2小时。

（2）剖检地点　剖检最好在专门的剖检室（或兽医室）进行，便于消毒和清洗。如现场剖检，应选择远离兔舍和水源的场所进行（图10-2）。

（3）正常家兔脏器　了解家兔正常脏器对识别病理变化十分重要。家兔正常脏器见图10-3～图10-14。

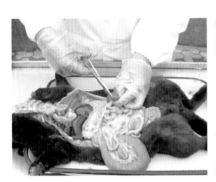

图10-2　剖检病兔

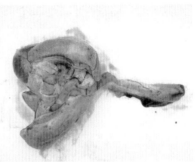

图10-3　肺脏

图10-4　心脏与肺脏

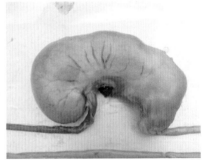

图10-5　胃

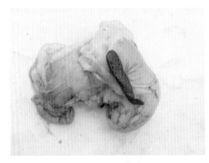

图10-6　脾脏

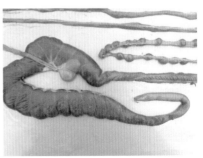

图10-7　盲肠

图10-8 圆小囊

图10-9 蚓突

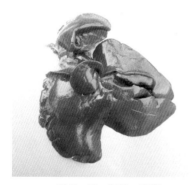

图10-10 肝脏、胆囊

图10-11 肾脏

图10-12 胸腺

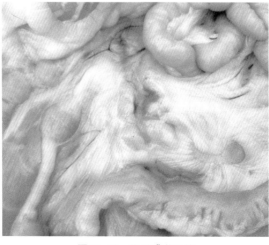

图10-13 肠系膜淋巴结

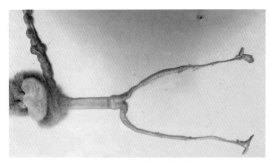

图10-14　母兔生殖系统

2. 家兔外部、内脏器官病变提示疾病种类

（1）外部检查　在剥皮之前检查尸体的外部状态。检查内容包括品种、性别、年龄、毛色、特征、体态、营养状况以及被毛、皮肤、天然孔、可视黏膜等，注意有无异常，同时注意尸体变化（尸冷、尸僵、有无腐败等），以判定死亡的时间、体位（表10-2）。

（2）内脏器官检查　外部检查后即对内脏器官形态、大小、病变等进行检查，其相应提示疾病种类见表10-3 ～表10-5。

表10-2　家兔外部、皮下及上呼吸道病变提示的疾病种类

检查部位	检查内容	提示疾病种类
外部	品种、性别、年龄、毛色、特征、体态、营养状况以及被毛、皮肤、天然孔、可视黏膜等	若体表脱毛、结痂提示螨病、皮肤毛癣菌病
		体毛污染提示由球虫病、大肠杆菌病、魏氏梭菌病等引起的腹泻
		皮下脓肿提示葡萄球菌病
		打喷嚏、流鼻涕、呼吸困难提示巴氏杆菌病、波氏杆菌病、克雷伯氏病等
		脚趾有灰白色结痂提示疥癣病
		耳内有痂皮提示痒螨病
		鼻腔流出泡沫血样提示病毒性出血症或2型兔瘟
皮下	有无出血，水肿、炎性渗出、化脓、坏死、色泽等	皮下出血提示兔病毒性出血症
		皮下组织出血性浆液性浸润提示兔链球菌病
		皮下水肿提示黏液瘤病
		颈前淋巴结肿大或水肿提示李氏杆菌病
		皮下化脓病灶提示葡萄球菌病、兔痘、多杀性巴氏杆菌病

检查部位	检查内容	提示疾病种类
皮下	有无出血，水肿、炎性渗出、化脓、坏死、色泽等	乳房和腹部皮下结缔组织化脓，脓汁乳白色或淡黄色油状，则提示化脓性乳腺炎
		皮下脂肪、肌肉及黏膜黄染提示肝片吸虫病
上呼吸道	鼻腔、喉头黏膜及气管间是否有炎性分泌物、充血和出血	鼻腔内有白色黏稠的分泌物提示巴氏杆菌病、波氏杆菌病等
		鼻腔出血提示中毒、中暑、兔病毒性出血症等
		鼻腔流浆液性或脓性分泌物则提示巴氏杆菌病、波氏杆菌病、李氏杆菌病、兔痘、铜绿假单孢菌病等
		喉头、气管黏膜出血，呈现出血环，腔内积有血样泡沫提示兔病毒性出血症
		喉炎、支气管炎、斑疹则提示兔痘

表10-3 胸腔、肺、心、心包病变提示的疾病种类

检查部位	检查内容	提示疾病种类
胸腔、肺	胸腔积液、色泽、胸膜，肺是否充血、出血、变性、坏死等	胸膜与肺、心包粘连、化脓或纤维性渗出提示巴氏杆菌病、葡萄球菌病、波氏杆菌病
		肺呈暗红色或紫色，肿大，粟粒大小出血点，质地柔韧，切面呈暗红色提示兔病毒性出血症
		肺炎则提示巴氏杆菌病、葡萄球菌病、波氏杆菌病
		纤维性化脓性肺炎提示巴氏杆菌、葡萄球菌病
		肺表面光滑、水肿、有暗红色实变区，切开有液体流出，有大小不等脓灶，乳白色黏稠脓汁则提示波氏杆菌病
		肺充血肿大，片状实变区提示野兔热
		肺呈淡褐色至灰色，坚实结节，具干酪样中心和纤维组织包囊提示兔结核病；肺上有斑疹、灰白色小结节提示兔痘
		胸腔内充满脓包，提示兔巴氏杆菌病、波氏杆菌病、葡萄球菌病等
		浆液或纤维素性渗出提示沙门菌病
		胸腔内积有血样液体提示铜绿假单孢菌病
心、心包	心包、心肌是否充血、出血、变性、坏死等	心包积液、心肌出血提示巴氏杆菌病
		心包积液呈血样液体提示兔铜绿假单孢菌病、魏氏梭菌病等
		心包积液呈棕褐色，心外膜有纤维素渗出提示葡萄球菌病、巴氏杆菌病
		心脏血管怒张呈树枝状提示魏氏梭菌病

续表

检查部位	检查内容	提示疾病种类
心、心包	心包、心肌是否充血、出血、变性、坏死等	心肌暗红，外膜有出血点，心脏扩张、内充满多量血块，心室菲薄、质软提示兔病毒性出血症
		心肌有小坏死灶提示大肠杆菌病
		心包炎提示坏死杆菌病
		心肌有白色条纹提示泰泽氏病
		心包呈淡褐色至灰色，坚实结节，具干酪样中心和纤维组织包囊，提示结核病

表10-4 腹腔脏器、肾病变提示的疾病种类

检查部位	检查内容	提示疾病种类
腹腔脏器	腹水、纤维素性渗出、寄生虫结节，脏器色泽、质地、是否肿胀、充血、出血、化脓、坏死、粘连等	腹水透明、增多提示肝球虫病
		腹腔积有血样液体提示兔铜绿假单孢菌病
		腹腔有纤维素或浆液性渗出提示兔葡萄球虫病、巴氏杆菌病、沙门菌病
		腹腔有葡萄状透明囊附着于脏器或游离于腹腔的为豆状囊尾蚴病
		肝脏表面有灰白色、淡黄色结节，当结节为针尖大小时提示沙门菌病、巴氏杆菌病、野兔热等
		当肝脏结节为绿豆大时则提示肝球虫病
		肝肿大、硬化、胆管扩张提示肝球虫病、肝片吸虫病
		肝质脆，实质呈淡黄色，细胞间质增宽提示病毒性出血症
		胆囊上有小结节提示兔痘
		胆囊扩张、黏膜水肿提示大肠杆菌病
		脾肿大有大小不等的灰白色结节，切开结节有脓或干酪样物，提示伪结核病、沙门菌病、结核病
		脾肿大瘀血提示兔病毒性出血症、巴氏杆菌病
		脾坏死、脓肿提示坏死杆菌病
		脾中度肿大、斑疹、灶性结节和小坏死区提示兔痘
肾	大小、质地、形状、充血、出血等	肾充血、出血提示兔病毒性出血症
		肾有结节提示结核病
		肉芽肿性肾炎、肾表面凹凸不平提示兔脑炎原虫病
		局部肿大突出、似鱼肉样病变提示肾母细胞病、淋巴肉瘤等
		肾肿大或萎缩，用手揉捏有石头样感觉，提示肾结石

表10-5 胃、肠道、盲肠、膀胱、生殖器、脑、脓汁病变提示的疾病种类

检查部位	检查内容	提示疾病种类
胃	溃疡、出血等	胃黏膜脱落、有大小不一的溃疡、浆膜有黑色溃疡斑提示魏氏梭菌病
		胃膨大、充满气体和液体提示大肠杆菌病
		胃黏膜出血、表面附黏液提示兔病毒性出血症
肠道	水肿、充血、出血、结节等	肠黏膜（尤其是结肠）弥漫性出血、充血提示魏氏梭菌病
		回肠后段，结肠前段黏膜充血、出血提示泰泽氏病
		肠黏膜充血、出血、黏膜下层水肿提示沙门菌病
		十二指肠充满气体和粘有胆汁的黏液状液体，空肠充满半透明胶冻样液体，回肠内容物呈黏液样半固体，结肠扩张，有透明胶样液体，浆膜和黏膜充血或有出血斑点，直肠有胶冻样液体则提示大肠杆菌病
		肠道呈出血性肠炎，提示兔链球菌病
		肠黏膜充血、暗红色、表面附有多量黏液，浆膜充血、出血提示兔病毒性出血症、球虫病
		小肠、结肠扩张，黏膜出血斑点提示仔兔轮状病毒
		小肠黏膜有许多灰色小结节提示肠球虫病
		肠道浆膜面稍突起、坚实、病变区大小不等、黏膜溃疡提示结核
盲肠	水肿、充血、出血、结节等	蚓突肥厚、圆小囊肿大变硬、浆膜下有许多灰白色小结节单个或成片存在提示兔伪结核病
		盲肠、结肠腔内有水样褐色内容物提示泰泽氏病
		盲肠壁水肿、增厚、充血、浆膜出血提示大肠杆菌、泰泽氏病
膀胱	尿色、膀胱扩张等	积有茶色尿提示魏氏梭菌病
		膀胱扩张、充满尿液提示球虫病、葡萄球菌病
		蛋白尿提示脑炎原虫病
生殖器	肿大、充血、蓄脓、溃疡等	子宫肿大、充血，有粟粒样坏死结节提示沙门菌病
		子宫呈灰白色，宫内蓄脓提示葡萄球菌病、巴氏杆菌病
		阴茎溃疡，周围皮肤皲裂、红肿、结节等提示梅毒病
		阴囊、阴唇水肿、丘疹、痘疱、痂皮提示兔痘
脑	充血、出血等	脑膜、脊髓膜处腔室脉络丛血管明显扩张充血提示兔病毒性出血症
脓汁	颜色、性状、气味等	若脓汁呈现乳白色提示兔巴氏杆菌病、巴波氏杆菌病、葡萄球菌病、沙门菌病
		若脓汁有恶臭气提示坏死杆菌病
		脓汁呈绿色且有特殊气味提示铜绿假单胞菌病

四、实验室诊断

通过临床症状、剖检难以确诊的疾病，应进一步作实验室检查。实验室诊断即利用实验室的各种仪器设备，通过实验室操作，对来自病兔的各种病料进行检查或检测，随后通过结果分析，对疾病作出比较客观和准确的判断。实验室检查的内容很多，对普通病来说一般只进行一些常规检查；对于某些传染病和寄生虫病则应作病原检查；若疑为中毒性疾病，可进行毒物检测。

五、综合诊断

根据流行病学调查、临床检查、病理剖检、实验室检查等综合分析，最终作出诊断。根据结果，选择相应的治疗药物和方法，以达到治愈疾病的目的，同时做好今后兔病的预防工作。需要指出的是，兔病诊断过程需要具有丰富的兽医、畜牧知识和实践经验，同时具备在众多信息中敏锐找出主要矛盾的能力。在具体诊断过程中，如果善于抓住带有特征性临床表现、流行特点或病理变化等，可以迅速作出较为准确的诊断，因此要求兽医工作者、养兔者，不断加强业务学习，虚心向有经验的专家请教，在实践过程中勤于思考，这样就可在发生疾病时及时作出诊断。

第三节
兔病治疗方法

一、保定方法

1. 徒手保定法

方法一：一手将两耳和颈肩部皮肤大把抓起，另一手托起或抓住其臀部皮肤和尾部即可（图10-15），并可使腹部向上，适合于眼、腹、乳房、四肢等疾病的诊治。

方法二：保定者抓住兔的颈部与侧背部皮肤，将其放在检查台上或桌子上，两手抱住兔头，拇指、食指固定住两耳根部，其余三指压住兔前肢，即可达到保定的目的（图10-16）。适用于静脉注射、采血等操作。

图10-15　家兔徒手保定法（一）

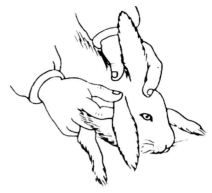

图10-16　家兔徒手保定法（二）

2. 手术台保定

将兔四肢分开，仰卧于手术台上，然后分别固定兔头和四肢（图10-17）。适用于兔的阉割术、乳房疾病治疗和剖腹产手术等。

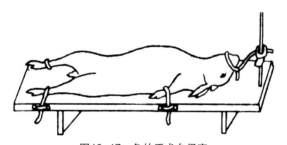

图10-17　兔的手术台保定

3. 保定盒、保定箱保定

保定盒保定：保定时，后盖启开，将兔头向内放入，待兔头从前端内套中伸出后，调节内套使之正好卡住兔头不能缩回筒内为宜，装好后盖（图10-18）。

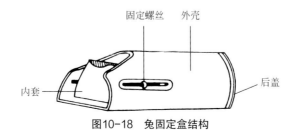

图10-18　兔固定盒结构

保定箱保定：保定箱分箱体和箱盖两部分，箱盖上挖有一个半月形缺口，将兔放入箱内，拉出兔头，盖上箱盖，使兔头卡在箱外（图10-19）。

此法适用于治疗头部疾病、耳静脉输液、灌药等。

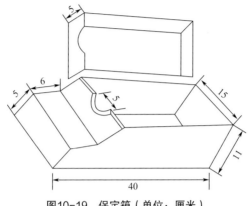

图10-19　保定箱（单位：厘米）

4. 化学保定法

主要是应用镇静剂和肌松剂，如静颂灵、戊巴比妥钠等使家兔安静、无力挣扎，剂量按说明使用。

二、给药方法

1. 口服给药

（1）自由采食法　适用于毒性小、适口性好、无不良异味的药物，或兔患病较轻、尚有食欲或饮欲时。

方法：把药混于饲料或饮水中。饮水中药物应易溶于水。

注意事项：药物必须均匀地混于饲料或饮水中。本法多用于大群预防性给药或驱虫。

（2）灌服法　适用于药量小、有异味的片（丸）剂药物，或食欲废绝的病兔。

方法：片剂药物要先研成粉状，把药物放入匙柄内（汤匙倒执），一手抓住耳部及颈部皮肤把兔提起，另一手用汤匙从一侧口角把药放入嘴内，取出汤勺，让兔自由咀嚼后再把兔放下（图10-20）。如果药量较多，药物放入嘴内后再灌少量饮水。如果是水剂可用注射器（针头取掉）从口角一侧慢慢把药挤进口腔。

注意事项：服药时要观察兔吞咽与否，不能强行灌服，否则易灌入气管内，造成异物性肺炎。

（3）胃管给服法　一些有异味、毒性较大的药品或病兔拒食时采用此法。

图10-20　灌服用药

方法：由助手保定兔并固定好头部，用开口器（木制或竹制，长10厘米，宽1.8～2.2厘米，厚0.5厘米，正中开一比胃管稍大的小圆孔，直径约0.6厘米）使口腔张开，然后将胃管（或人用导尿管）涂上润滑油，胃管穿过开口器上的小孔，缓缓向口腔咽部插入（图10-21）。当兔有吞咽动作

图10-21　胃管给服法

时，趁其吞咽，及时把胃管插入食管，并继续插入胃内。

注意事项：插入正确时，兔不挣扎，无呼吸困难表现；或者将胃管一端插入水中，未见气泡出现，即表明胃管已插入胃内，此时将药液灌入。如误入气管，则应迅速拔出重插，否则会造成异物性肺炎。

2. 注射给药

（1）皮下注射　主要用于疫苗注射和无刺激性或刺激性较小的药物注射。

部位：多在耳部后颈部皮肤处。

方法：注射部位用70%乙醇棉球消毒。用左手拇指和食指捏起皮肤，使呈褶皱。右手持针斜向将针头刺入，缓缓注入药液（图10-22）。注射结束后将针头拔出，用乙醇棉球按压消毒。

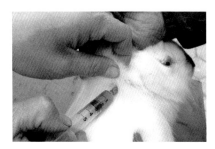

图10-22　皮下注射

注意事项：宜用短针头，以防刺入肌肉内。如果注射正确，可见局部隆起。

（2）肌内注射　适用于多种药物，但不适用于强刺激性药物（如氯化钙等）。

部位：多选在臀肌和大腿部肌肉。

方法：注射部位用70%乙醇棉球消毒。把针头刺入肌肉内，回抽无回血后，缓缓注入药物（图10-23）。拔出针头，用乙醇棉球按压消毒。

扫一扫
观看"6.肌内注射"视频

图10-23　大腿内侧肌内注射

注意事项：一定要保定好兔，防止兔子乱动，以免针头在肌肉内移动伤及大血管、神经和骨骼。

（3）静脉注射　刺激性强、不宜做皮下或肌内注射的药物，或多用于病情严重时的补液。

部位：一般在耳静脉进行。

方法：先把刺入部位毛拔掉，用70%乙醇棉球消毒，静脉不明显时，可用手指弹击耳壳数下或用酒精反复涂搽刺激静脉处皮肤，直至静脉充血怒张，立即用左手拇指与无名指及小指相对，捏住耳尖部，针头沿耳静脉刺入，缓缓注射药物（图10-24）。拔出针头，用乙醇棉球按压注射部位

图10-24　静脉注射

1～2分钟，以免出血。

注意事项：一定要排净注射器内的气泡，否则兔子会因栓塞而死。第一次注射先从耳尖的静脉部开始，以免影响以后刺针；油类药剂不能静注；注射钙剂要缓慢；药量多时要加温。

（4）腹腔内注射　多在静脉注射困难或家兔心力衰竭时选用。

部位：选在脐后部腹底壁、偏腹中线左侧3毫米处。

方法：注射部位剪毛后消毒，抬高家兔后躯，对着脊柱方向，针头呈60°刺入腹腔，回抽活塞不见气泡、液体、血液和

图10-25　腹腔注射

肠内容物后注射药液（图10-25）。刺针不宜过深，以免伤及内脏。怀疑肝、肾或脾肿大时，要特别小心。

注意事项：注射最好是在兔胃、膀胱空虚时进行。一次补液量为50～300毫升，但药液不能有较强刺激性。针头长度一般以2.5厘米为宜。药液温度应与兔体温相近。

3. 灌肠

适用于兔发生便秘、毛球病等，当口服给药效果不好时，也可选用灌肠。

方法：一人将兔蹲卧在桌上保定，提起兔尾巴，露出其肛门，另一人将橡皮管或人用导尿管涂上凡士林或液体石蜡后，将导管缓缓自兔的肛门插入，深度7～10厘米。最后将盛有药液的注射器与导管连接，即可灌注药液（图10-26）。灌注后使导管在肛门内停留3分钟左右，然后拔出。

注意事项：药液温度应接近兔体温。

图10-26　灌肠

4. 局部给药

（1）点眼　适用于结膜炎症，可将药液滴入兔眼结膜囊内。如为眼膏，则将药物挤入眼结膜囊内。眼药水滴入后不要立即松开右手，否则药液会被挤压并经鼻泪管开口而流失。点眼的次数一般每隔2～4小时1次。

（2）涂搽　用药物的溶液剂和软膏剂涂在皮肤或黏膜上，主要用于皮肤、黏膜的感染及疥癣、毛癣菌等治疗。

（3）洗涤　用药物的溶液冲洗皮肤和黏膜，以治疗局部创伤和感染，如眼膜炎、鼻腔及口腔黏膜的冲洗、皮肤化脓创口的冲洗等。常用的有生理盐水和0.1%高锰酸钾溶液等。

第四节
家兔主要疾病防治技术

家兔疾病种类较多，本书对危害家兔主要的疾病防治进行详细介绍。

一、兔病毒性出血症（兔瘟、2型兔瘟）

兔病毒性出血症俗称兔瘟、兔出血症，于1984年在我国江苏省首次暴发，波及世界各地。本病是由兔病毒性出血症病毒引起家兔的一种急性、高度致死性传染病，对养兔生产危害极大。本病的特征为兔生前体温升高，死后呈明显的全身性出血和实质器官变性、坏死。

2010年，法国出现一种与传统兔瘟病毒在抗原形态和遗传特性方面存在差异的兔瘟2型病毒，被命名为2型兔瘟。2020年4月该病型在我国四川首次被发现，死亡率达73.3%。

【病原】兔出血性病毒（RHDV），属杯状病毒，具有独特的形态结构（图10-27）。该病毒具有凝集红细胞的能力，特别是人的O型红细胞。

2010年在法国出现的一种新的兔出血症病毒变体，被命名为RHDV2。

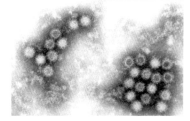

图10-27　兔出血症病毒颗粒形态
（×200000）（刘胜旺）

【流行特点】本病自然感染只发生于兔，其他畜禽不会染病。各类型兔中以毛用兔最为易感，獭兔、肉兔次之。同龄公母兔的易感性无明显差异。但不同年龄家兔的易感性差异很大。青年兔和成年兔的发病率较高，但近年来，断奶幼兔发病病例也呈增高的趋势。仔兔一般不发病。一年四季均可发生，但春、秋两季更易流行。病兔、死兔和隐性传染兔为主要传染源，呼吸道、消化道、伤口和黏膜为主要传染途径。此外，新疫区比老疫区病兔死亡率高。

与传统兔瘟相比，RHDV2感染宿主范围更广，包括家兔和欧洲野兔（Cape Hares品种），跨物种感染。发病死亡年龄较小，未断奶的仔兔亦发病。死亡率达5%～70%。

【典型临床症状与病理剖检变化】传统兔病毒性出血症主要临床症状、剖检变化如下。

最急性病例突然抽搐尖叫几声后猝死，有的嘴内吃着草而突然死亡。急性病例体温升到41℃以上，精神萎靡，不喜动，食欲减退或废绝，饮水增多，病程12～48小时，死前表现呼吸急促，兴奋，挣扎，狂奔，啃咬兔笼，全身颤抖，体温突然下降。有的尖叫几声后死亡。有的鼻孔流出泡沫状血液，有的口腔或耳内流出红色泡沫样液体（图10-28、图10-29）。肛门松弛，周围被少量淡黄色或淡黄色胶样物玷污（图10-30）。慢性的少数可耐过、康复。

剖检见气管内充满血样液体，黏膜出血，呈明显的气管环（图10-31）。肺充血、有点状出血（图10-32）。胸腺、心外膜、胃浆膜、肾、淋巴结、肠浆膜等组织器官均明显出血，实质器官变性（图10-33～图10-39）。

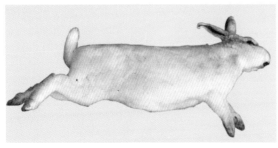

图10-28 尸体不显消瘦、四肢僵直，鼻腔流出血样液体（任克良）

图10-29 鼻腔内流出血样、泡沫液体（任克良）

图10-30　病兔排出黏液性粪便
（任克良）

图10-31　气管内充满血液样泡沫
（任克良）

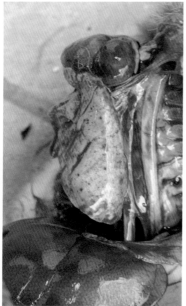

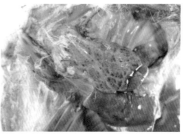

图10-33　胸腺水肿，有大量的出
血斑点（任克良）

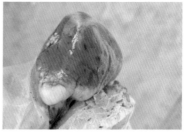

图10-32　肺上有鲜红的出血斑点
（任克良）

图10-34　心外膜出血（任克良）

图10-35　胃浆膜散在大量出血点
（任克良）

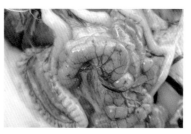

图10-36　小肠浆膜出血（任克良）

脾瘀血肿大（图10-40）。肝脏肿大、有出血点、有的呈花白状，胆囊充盈（图10-41、图10-42）。膀胱积尿，充满黄褐色尿液（图10-43）。脑膜血管充血怒张并有出血斑点。组织检查，肺、肾等器官发现微血管形成，肝、肾等实质器官细胞明显坏死。

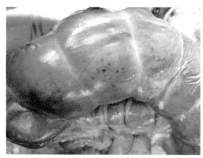

图10-37　盲肠浆膜出血（任克良）

图10-38　肾点状出血（任克良）

图10-39　直肠浆膜有出血斑点
（任克良）

图10-40　脾瘀血肿大，呈黑紫色
（任克良）

图10-41　胆囊胀大，充满胆汁，肝脏
变性色黄（任克良）

图10-42　花白肝，有出血点
（任克良）

图10-43　膀胱内充满尿液（任克良）

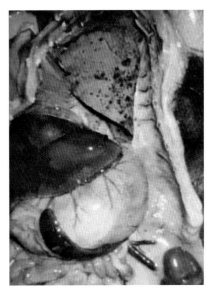

图10-44　肺有大量出血斑点
（Margaridaduart等）

【诊断要点】（1）青年兔与成年兔的发病率、死亡率高。月龄越小发病越少，仔兔一般不感染。一年四季均可发生，多流行于春秋季；（2）主要呈全身败血性变化，以多发性出血最为明显；（3）确诊需做病毒检查鉴定、血凝试验和血凝抑制试验。RHDV2的确诊须做RT-PCR以及荧光定量RT-PCR试验。

RHDV2的主要临床症状、剖检变化如下。

RHDV2较多地出现亚急性或慢性感染。多数出现黄疸，尤见皮下。剖检以实质器官出血、瘀血为主要特征。尸检见心脏、气管、胸腺、肺、肝脏、肾脏和肠道等多处有出血现象。常见胸腔和腹腔有丰富的血液样渗出物、凝集呈块，肝脏肿大、灰白或变黄，并伴有黄疸，肺脏出血，气管充血、出血，小肠肠道绒毛有局灶性坏死，膀胱充盈、积尿（图10-44～图10-46）。

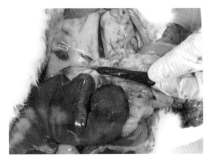

图10-45　肝脏肿大，变黄；脾脏肿大；膀胱积尿（王芳等，兔病图鉴）

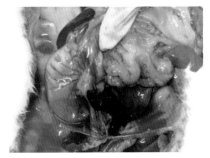

图10-46　腹腔出血，凝集呈块（王芳等，兔病图鉴）

【预防】（1）定期免疫接种。定期注射兔瘟疫苗。35日龄用兔瘟单联苗或瘟-巴二联苗，每只皮下注射2毫升。60～65日龄时加强免疫一次，皮下注射1毫升。以后每隔5.5～6个月注射1次。

扫一扫
观看"7.疫苗皮下注射"
视频

（2）禁止从疫区购兔。

（3）严禁收购肉兔、兔毛、兔皮等的商贩进入兔舍。

（4）做好病死兔的无害化处理。病死兔要深埋或焚烧，不得乱扔。使用的一切用具、排泄物均需经1%氢氧化钠溶液消毒。

兔瘟2型 2020年4月在我国四川首次发生，鉴于本病用传统的兔瘟疫苗防控效果差的特点，因此，严禁从患有该病的兔场引种；严禁商贩进入生产区。我国开展研制2型兔瘟疫苗迫在眉睫。

【治疗】目前本病无特效治疗药物。若兔群发生兔瘟，可采取下列措施。

［方1］抗兔瘟高免血清：一般在发病后尚未出现高热症状时使用。方法：用4毫升高免血清，1次皮下注射即可。在注射血清后7～10日，仍需再及时注射兔瘟疫苗。

［方2］紧急注射兔瘟疫苗：对未表现临诊症状兔进行兔瘟疫苗紧急接种，剂量4～5倍，一兔用一针头。但注射后短期内兔群死亡率可能有升高的情况。

目前兔瘟流行趋于低龄化，病理变化趋于非典型化，多数病例仅见肺、胸腺、肾等脏器有出血斑点，其他脏器病变不明显。

目前，国外目前没有RHDV2相关疫苗，意大利、法国等已经开展了RHDV2灭活疫苗的研制，目前尚无2型兔瘟疫苗产品上市。

二、兔传染性水疱口炎

兔传染性水疱口炎俗称流涎病，是由水疱口炎病毒引起的一种急性传染病。其特征是口腔黏膜形成水疱和伴有大量流涎。发病率和死亡率较高，幼兔死亡率可达50%。

【病原】兔传染性水疱口炎病毒，主要存在于病兔的水疱液、水疱及局部淋巴结中。

【流行特点】病兔是主要的传染源。病毒随污染的饲料或饮水经口、唇、齿龈和口腔黏膜而侵入，吸血昆虫的叮咬也可传播本病。饲养管理不当，饲喂发霉变质或带刺的饲料，引起黏膜损伤，更易感染。本病多发于春、秋两季，主要侵害1～3月龄的仔幼兔，青年兔、成年兔发病率较低。

【典型临床症状与病理剖检变化】口腔黏膜发生水疱性炎症，并伴随大量流涎（图10-47）。病初体温正常或升高，口腔黏膜潮红、充血，随后出现粟粒至扁豆大的水疱。水疱破溃后形成溃疡。流涎使颌下、胸前和前肢被毛粘成一片，发生炎症、脱毛（图10-48、图10-49）。如继发细菌性感染，常引起唇、舌、口腔黏膜坏死，发生恶臭。患兔食欲下降或废绝，精神沉郁，消化不良，常发生腹泻，日渐消瘦，虚弱或死亡。幼兔死亡率高，青年兔、成年兔死亡率较低。

 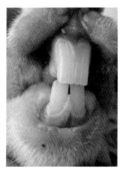 

图10-47 病兔大量流涎，沾湿下颌、嘴角和颜面部被毛（任克良）　图10-48 下唇和齿龈黏膜有不规则的溃疡（任克良）　图10-49 口腔黏膜结节和水疱——齿龈和唇黏膜充血，有结节和水疱形成（陈怀涛）

【诊断要点】根据流行病学资料（主要危害1～3月龄的幼兔，其中断奶1～2周龄的幼兔最常见，成年兔发病少，本病常发生于春秋季）、症状（大量流涎）和病变（口腔黏膜的结节、水疱与溃疡）可作出诊断。必要时作病毒鉴定。

【类症鉴别】（1）与兔痘的鉴别　患兔痘的病兔的口腔和唇黏膜上虽也发生丘疹和水疱，但显著的病变是皮肤的损害，丘疹还多见于耳、眼、腹部、背部和阴囊等处皮肤下，尤其是眼睑发炎、肿胀、羞明、流泪，而本病病变仅在口腔。

（2）与一般性口炎的鉴别 后者主要是由机械性刺激引起的，如含有带刺的饲草、异物（如铁钉和铁丝等）都能直接损伤口腔黏膜；或误食化学药物，有毒植物；或采食霉败饲料等，均可引发口炎。其中，中毒引起的口炎具有如下特征：有误食染毒饲料或用药错误病史；群发；体温不升高；残剩饲料和胃内容物中可检出相应的毒物。

【预防】经常检查饲料质量，严禁用粗糙、带芒刺饲草饲喂幼兔。发现兔流口水，及时隔离治疗，并对兔笼、用具等用2%氢氧化钠溶液消毒。

【治疗】[方1] 可用青霉素粉剂涂于口腔内，剂量以火柴头大小为宜，一般一次可治愈。但剂量大时易引起兔死亡。

[方2] 先用防腐消毒液（如1%盐水或0.1%高锰酸钾溶液等）冲洗口腔，然后涂搽碘甘油、明矾与少量白糖的混合剂，每天2次。

[方3] 全身治疗：内服磺胺二甲嘧啶，0.2～0.5克/千克体重，每天1次，连服数日。

对可疑病兔喂服磺胺二甲嘧啶，剂量减半。

三、巴氏杆菌病

巴氏杆菌病是家兔的一种重要常见传染病，病原为多杀性巴氏杆菌，临诊病型多种多样。

【病原】多杀性巴氏杆菌为革兰阴性菌，两端钝圆、细小，呈卵圆形的短杆状。菌体两端着色深，但培养物涂片染色，两极着色则不够明显。

【流行特点】多发生于春秋两季，常呈散发或地方性流行。多数家兔鼻腔黏膜带有巴氏杆菌，但不表现临床症状。当各种因素（如长途运输、过分拥挤、饲养管理不良、空气质量不良、气温突变、疾病等）应激作用下，机体抵抗力下降，存在于上呼吸道黏膜以及扁桃体内的巴氏杆菌则大量繁殖，侵入下部呼吸道，引起肺脏病变，或由于毒力增强而引起本病的发生。呼吸道、消化道或皮肤、黏膜伤口为主要传染途径。

【典型临床症状与病理剖检变化】临诊病型多种多样，主要有败血

图10-50 浆液出血性鼻炎——鼻腔黏膜充血、出血、水肿，附有淡红色鼻液（陈怀涛）

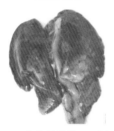

图10-51 出血性肺炎——肺充血、水肿，有许多大小不等的出血斑点（陈怀涛）

图10-52 肝坏死点——肝表面散在大量灰黄色坏死点（陈怀涛）

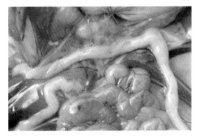

图10-53 肠浆膜出血——结肠和空肠浆膜散在较多出血斑点（陈怀涛）

型、肺炎型和生殖系统感染型，此外还有中耳炎型、结膜炎型和脓肿型等。

（1）败血型 急性时精神萎靡，停食，呼吸急促，体温达41℃以上，鼻腔流出浆液、脓性鼻涕。死前体温下降，四肢抽搐。病程短的24小时内死亡，长的1～3天死亡。流行之初有不显症状而突然死亡的病例。剖检为全身性多个器官充血、瘀血、出血和坏死（图10-50～图10-54）。该型可单独发生或继发于其他任何一型巴氏杆菌病，但最多见于鼻炎型和肺炎型之后，此时可同时见到其他型的症状和病变。

（2）肺炎型 急性纤维素性化脓性肺炎和胸膜炎，并常导致败血症的结局。病初食欲不振，精神沉郁，主要症状为呼吸困难。多数病例出现头向上仰、张口呼吸时则迅速死亡（图10-55、图10-56）。

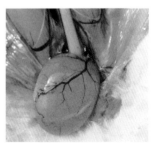

图10-54 膀胱积尿——膀胱积尿，血管怒张；直肠浆膜有出血点（陈怀涛）

图10-55 鼻腔有黏性分泌物，呼吸困难（任克良）

图10-56 左图的病兔剖检后，可见胸腔内积有大量白色脓汁（任克良）

剖检见肺实变、纤维素性肺炎、化脓性肺炎和坏死性肺炎以及纤维素性胸膜炎、胸腔积脓、心包膜有出血点（图10-57～图10-62）。

扫一扫
观看"8.鼻炎、呼吸困难"视频

图10-57 患兔呼吸困难，流鼻涕，伴有结膜炎（任克良）

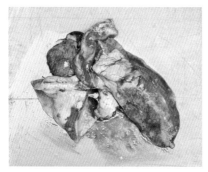

图10-58 上图的患兔剖检后，见肺脏大面积红色肝变（任克良）

图10-59 化脓性肺炎（任克良）

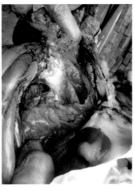

图10-60　纤维素性肺炎　　图10-61　胸腔内充满白　　图10-62　纤维素性
　　（任克良）　　　　　　　色脓汁（任克良）　　　　胸膜炎（任克良）

（3）生殖系统感染型　母兔感染时可无明显症状，或表现为不孕并有黏液脓性分泌物从阴道流出（图10-63）。子宫扩张，黏膜充血，内有脓性渗出物（图10-64）。公兔感染初期附睾出现病变，随后一侧或两侧的睾丸肿大，质地坚实，有的发生脓肿（图10-65），有的阴茎有脓肿（图10-66）。

【诊断要点】春、秋季多发，呈散发或地方性流行。除精神委顿、不食与呼吸急促外，据不同病型的症状、病理变化可作出初步诊断，但确诊需做细菌学检查。

【预防】（1）建立无多杀性巴氏杆菌种群。

（2）做好兔舍通风换气、消毒工作。定期消毒兔舍，适当降低饲养密度，保障饮水系统正常运行不滴漏，及时清除粪尿，降低兔舍湿度，

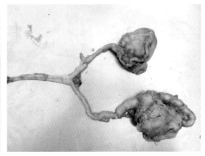

图10-63　阴道内流出白色脓液　　图10-64　子宫角、输卵管积聚大量脓
　　　（任克良）　　　　　　　　　　液而增粗（任克良）

图10-65　睾丸明显肿大，质地坚实　　图10-66　阴茎上小脓肿（任克良）
　　　　（任克良）

做好通风换气工作，尤其是寒冷季节。

（3）及时淘汰兔群中带菌者。对兔群经常进行临诊检查，将流鼻涕、鼻毛潮湿蓬乱、中耳炎、结膜炎的兔子及时检出，隔离饲养和治疗。

（4）定期注射兔巴氏杆菌灭活菌苗。每年3次，每次每只皮下注射1毫升。

【治疗】

［方1］青霉素、链霉素：联合注射，青霉素2万～4万单位/千克体重、链霉素20毫克，混合一次肌内注射，每天2次，连用3天。

［方2］磺胺二甲嘧啶：内服，首次量0.2克/千克体重，维持量为0.1克，每天2次，连用3～5天。用药同时应注意配合等量的碳酸氢钠。

［方3］恩诺沙星：100毫克/升饮水，连续7～14天；或5～10毫克/千克，口服或肌内注射，每天2次，连续7～14天，对上呼吸道巴氏杆菌感染有一定效果。

［方4］庆大霉素：肌内注射，2万单位/千克体重，每天2次，连续5天为一个疗程。

［方5］氟哌酸：肌内注射，每天2次，0.5～1毫升/次，连续5天为一个疗程。

［方6］卡那霉素：肌内注射，10～15毫克/千克体重，每天2次，连用3～5天。

［方7］环丙沙星：肌内注射，每只0.5毫升，每天1次，连用3天。

［方8］替米考星：25毫克/千克体重，皮卜注射。

［方9］抗巴氏杆菌高免血清：皮下注射，高免血清6毫升/千克体重，8～10小时再重复注射1次。

四、支气管败血波氏杆菌病

支气管败血波氏杆菌病是由支气管败血波氏杆菌引起家兔的一种呼吸器官传染病，其特征为鼻炎和支气管肺炎，前者常呈地方性流行，后者则多是散发性。

【病原】支气管败血波氏杆菌为一种细小杆菌，革兰染色阴性，常呈两极染色，是家兔上呼吸道的常在性寄生菌。

【流行特点】本病多发于气候多变的春秋两季，冬季兔舍通风不良时也易流行。传染途径主要是呼吸道。病兔打喷嚏和咳嗽时病菌污染环境，并通过空气直接传染给相邻的健康兔，当兔子患感冒、寄生虫等疾病时，均易诱发本病。本病常与巴氏杆菌病、李氏杆菌病等并发。

【典型临床症状与病理剖检变化】鼻炎型：较为常见，多与巴氏杆菌混合感染，鼻腔流出浆液或黏液性分泌物（通常不呈脓性）（图10-67）。病程短，易康复。

支气管肺炎型：鼻腔流出黏性至脓性分泌物，鼻炎长期不愈，病兔精神沉郁，食欲不振，逐渐消瘦，呼吸加快。成年兔多为慢性，幼兔和青年兔常呈急性。剖检时，如为支气管肺炎型，支气管腔可见混有泡沫的黏液性分泌物，肺有大小不等、数量不一的脓疱，肝、肾等器官也可见或大或小的脓疱（图10-68～图10-74）。

【诊断要点】（1）有明显鼻炎、支气管肺炎症状；（2）有特征性的化脓性支气管肺炎和肺脓疱等病变；（3）病原菌分离鉴定。

图10-67　鼻孔流出黏液性鼻液
（任克良）

图10-68　肺上连接一个鸡蛋大小的脓疱
（任克良）

图10-69 肺的表面和实质可见大量脓疱（任克良）

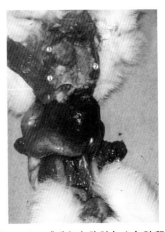

图10-70 哺乳仔兔胸腔与心包腔积脓（任克良）

① 左肺与胸腔表面；②有脓汁黏附，心包腔；③内有黏稠、乳油样的白色脓液

图10-71 肺上的一个脓疱已切开，流出白色乳油状脓液（任克良）

图10-72 肝上组织中密布许多较小的脓疱（王永坤）

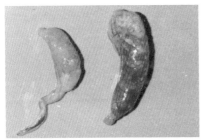

图10-73 两个睾丸中均有一些大小不等的脓疱（王永坤）

图10-74 肾组织可见大小不等的脓疱（任克良）

【预防】（1）保持兔舍清洁和通风良好。

（2）及时检出、治疗或淘汰有呼吸道症状的病兔。

（3）定期注射兔波氏杆菌灭活苗。每只皮下注射1毫升，免疫期6个月，每年注射2次。

【治疗】

［方1］庆大霉素：每只每次1万～2万单位，肌内注射，每天2次。

［方2］卡那霉素：每只每次1万～2万单位，肌内注射，每天2次。

［方3］链霉素：20毫克／千克体重，肌内注射，每天2次，连用4天。

［方4］恩诺沙星：肌内注射，5～10毫克／千克体重，每天2次，连用2～3天。

［方5］四环素：肌内注射，1万～2万国际单位／只，每天2次。

［方6］酞酰磺胺噻唑：内服，0.2～0.3克／千克体重，每天2次。

治疗本病停药后易复发，内脏脓疱的病例治疗效果不明显，应及时淘汰。

五、魏氏梭菌病

兔魏氏梭菌病又称兔梭菌性肠炎，主要是由A型魏氏梭菌及其所产生的外毒素引起的一种死亡率极高的致死性肠毒血症。以泻出大量水样粪便，导致迅速死亡为特征。是目前危害养兔业的主要疾病之一。

【病原】主要为A型魏氏梭菌（图10-75），少数为E型魏氏梭菌。本菌属条件性致病菌，革兰染色阳性，厌氧条件下生长繁殖良好。可产生多种毒素。

【流行特点】不同年龄、品种、性别的家兔对本病均易感染。一年四季均可发生，但以冬春两季发病率最高。各种应激因素均可诱发本病发生，如长途运输、青粗饲料短缺、饲料配方突然更

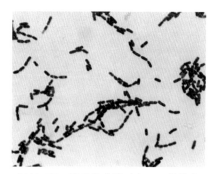

图10-75 魏氏梭菌的形态——纯培养物中魏氏梭菌的形态，呈革兰阳性大杆菌，芽孢位于菌体中央，呈卵圆形（Gram×1000）（王永坤）

换（尤其从低能量、低蛋白向高能量、高蛋白饲粮转变）、长期饲喂抗生素、气候骤变等。消化道是主要传播途径。

【典型临床症状与病理剖检变化】急性腹泻。粪便有特殊腥臭味，呈黑褐色或黄绿色，污染肛门等部位（图10-76～图10-78）。轻摇兔体可听到"咣、咣"的拍水声。有水泻的病兔多于当天或次日死亡。流行期间也可见无下痢症状即迅速死亡的病例。胃多胀满，黏膜脱落，有出血斑点和溃疡（图10-79～图10-82）。小肠壁充血、出血，肠腔充满含气泡的稀薄内容物（图10-83）。盲肠黏膜有条纹状出血，内容物呈黑色或黑褐色水样（图10-84、图10-85）。心脏表面血管怒张呈树枝状（图10-86）。有的膀胱积有茶色或蓝色尿液（图10-87）。

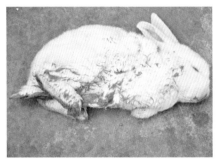

图10-76　幼兔尾部、腹部沾有水样粪便（任克良）

图10-77　腹部膨大、水样粪便污染肛门周围及尾部（成年兔）（任克良）

图10-78　腹部、肛门周围和后肢被毛被水样稀粪或黄绿色粪便玷污（任克良）

图10-79　胃内充满食物，黏膜脱落（任克良）

图10-80　胃黏膜脱落，有大量出血斑
点（任克良）

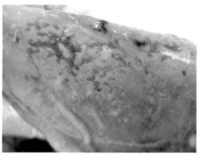

图10-81　胃黏膜有许多浅表性溃疡
（任克良）

图10-82　通过胃浆膜可见到胃黏膜有
大小不等的黑色溃疡斑点（任克良）

图10-83　小肠壁瘀血、出血，肠腔充
满气体和稀薄内容物（任克良）

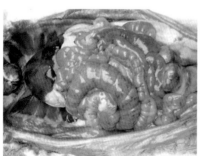

图10-84　盲肠有出血性条纹（怀孕母
兔）（任克良）

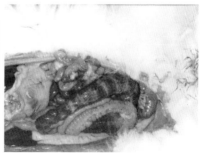

图10-85　盲肠浆膜出血，呈横向红色
条带形（任克良）

图10-86　心脏表面血管怒张，呈树枝　　　　图10-87　膀胱积尿，尿液呈蓝色
　　　　　状充血（任克良）　　　　　　　　　　　　　（任克良）

【诊断要点】（1）发病不分年龄，以1～3月龄幼兔多发，饲料配方、气候突变、长期饲喂抗生素等多种应激因素均可诱发本病。

（2）急性腹泻后迅速死亡，粪便稀，恶臭，常带血液；通常体温不高。

（3）胃与盲肠有出血、溃疡等特征性病变。

（4）抗生素治疗无效。

（5）病原菌及其毒素检测。

【预防】（1）加强饲养管理。饲粮中应有足够的木质素（≥5%），变化饲料逐步进行，减少各种应激（如转群、更换饲养人员等）的发生。

（2）规范用药。治疗疾病时要注意抗生素种类、剂量和时间。禁止口服林可霉素、克林霉素、阿莫西林、氨苄西林等抗生素。

（3）预防接种。兔群定期皮下注射A型魏氏梭菌灭活苗，每年2次，每次2毫升。据国外报道，给4周龄的兔子接种疫苗，效果很好，两周后进行第二次接种，效果更好。

【治疗】本病治疗效果差。发生本病后，及时隔离病兔，对患兔兔笼及周围环境进行彻底消毒。在饲料中增加粗饲料比例或增加饲喂青干草的同时，须采取以下措施。

［方1］魏氏梭菌疫苗：对无临床症状的兔紧急注射魏氏梭菌疫苗，剂量加倍。

［方2］A型魏氏梭菌高免血清：按2～3毫升/千克体重，皮下注射、肌内注射或静脉注射。

［方3］二甲基三哒唑：每千克饲料添加500毫克，效果可靠。

［方4］金霉素：肌内注射，20～40毫克/千克体重，每天2次，连用3天。也可用金霉素22毫克拌入1千克饲料中喂兔，连喂5天，可预防本病。

［方5］红霉素：肌内注射，20～30毫克/千克体重，每天2次，连用3天。

［方6］甲硝唑＋考来烯胺：按照说明用药。甲硝唑用以杀死厌氧菌，考来烯胺用来吸收肠毒素。

在使用抗生素的同时，也可在饲料中加入活性炭、维生素B_2等辅助药物。

在以上方法的基础上，配合对症治疗，如腹腔注射5%葡萄糖生理盐水进行补液，口服食母生（每只5～8克）和胃蛋白酶（每只1～2克），疗效更好。

以上治疗对患病初期效果较好，晚期无效。

六、大肠杆菌病

兔大肠杆菌病是由一定血清型的致病性大肠杆菌及其毒素引起的一种暴发性、死亡率很高的仔兔、幼兔肠道传染病。本病的特征为水样或胶冻样粪便及脱水。是断奶前后家兔致死的主要疾病之一。

【病原】埃希大肠杆菌，为革兰阴性菌，呈椭圆形。引起仔兔大肠杆菌病的主要血清型有O_{128}、O_{85}、O_{88}、O_{119}、O_{18}和O_{26}等。

【流行特点】本病一年四季均可发生，主要侵害初生和断奶前后的仔兔、幼兔，成年兔发病率低。正常情况下，大肠杆菌不会出现在家兔的肠道微生物区系，或者只有少量存在。当某些情况下，如存在饲养管理不良（如饲料配方突然变化、饲喂量突然增加、采食大量冷冻饲料和多汁饲料、断奶方式不当等）、气候突变等应激因素时，肠道正常菌群活动受到破坏，致病性大肠杆菌数量急剧增加，其产生的毒素大量积累，引起腹泻。兔群一旦发生本病，常因场地、兔笼的污染而引起大流行，造成仔兔、幼兔大量死亡。第一胎仔兔发病率和死亡率较高，其他细菌（如魏氏梭菌、沙门菌）、轮状病毒、球虫病等也可诱发本病。

【典型临床症状与病理剖检变化】以下痢、流涎为主。最急性的未见任何症状突然死亡，急性的1～2天内死亡，亚急性的7～8天死亡。体温正常或稍低，待在笼中一角，四肢发冷，发出磨牙声（可能是疼痛所致），精神沉郁，被毛粗乱，腹部膨胀（因肠道充满气体和液体）。病初有黄色明胶样黏液和附着有该黏液的干粪排出（图10-88、图10-89）。有时带黏液粪球与正常粪球交替排出，随后出现黄色水样稀粪或白色泡沫（图10-90）。主要病理变化为胃肠炎，小肠内含有较多气体和淡黄色黏液，大肠内有黏液样分泌物，也可见其他病变（图10-91～图10-98）。

【诊断要点】（1）有饲料配方改变、更换笼位、气候突变、饲养人员变更等应激史；（2）断奶前后仔兔、幼兔多发，同笼仔幼兔相继发生；（3）从肛门排出黏胶状物；（4）有明显的黏液性肠炎病变；（5）病原菌及其毒素检测。

图10-88 患兔排出大量淡黄色明胶样黏液和干粪球（任克良）

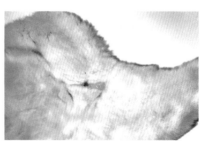

图10-89 排出黄色胶冻样黏液（任克良）

图10-90 流行期，用手挤压肛门仅排出白色泡沫状粪便（任克良）

图10-91 小肠内充满气泡和淡黄色黏液（任克良）

图10-92　肠腔内黏液呈淡黄　　图10-93　结肠剖开时有大量胶样物流出，粪便
　　　　　色（任克良）　　　　　　　　　　被胶样物包裹（陈怀涛）

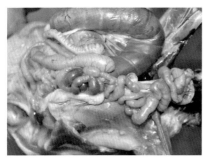

图10-94　病变肠道内充满泡沫及淡黄　　图10-95　盲肠黏膜水肿、充血
　　　　　色黏液，盲肠壁有出血点（任克良）　　　　　（成年兔）（任克良）

图10-96　盲肠黏膜水肿，色暗红，附　　图10-97　胃臌气，膨大，小肠内充满
　　　　　有黏液（成年兔）（任克良）　　　　　　半透明黄绿色胶样物（哺乳仔兔）
　　　　　　　　　　　　　　　　　　　　　　　　　（任克良）

【预防】（1）减少各种应激。仔兔断奶前后不能突然改变饲料，提倡原笼原窝饲养，饲喂要遵循"定时、定量、定质"的原则，春秋季要注意保持兔舍温度的相对恒定。

（2）注射疫苗。20～25日龄仔兔皮下注射大肠杆菌灭活苗。用本场分离的大肠杆菌制成的菌苗预防注射，效果确切。

【治疗】在用药前最好先对病兔分离到的大肠杆菌做药敏试验，选择较敏感的药物进行治疗。

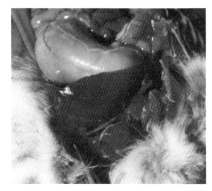

图10-98　肝表面可见黄白色小点状坏死灶（陈怀涛）

［方1］庆大霉素：每兔1万～2万单位，肌内注射，每天2次，连用3～5天；也可在饮水中添加庆大霉素。

［方2］5%诺氟沙星：肌内注射，0.5毫升/千克体重，每天2次。

［方3］硫酸卡那霉素：肌内注射，25万单位/千克体重，每天2次。

［方4］痢特灵：内服，15毫克/千克体重，每天3次，连用4～5天。

［方5］磺胺脒100毫克/千克体重、痢特灵15毫克/千克体重、酵母片1片，混合口服，每天3次，连用4～5天。

抗生素用药后，可使用促菌生菌液。每只2毫升（约10亿活菌）口服，每天1次，连用3次。

对症治疗。可皮下注射或腹腔注射葡萄糖生理盐水或口服生理盐水等，以防脱水。

七、葡萄球菌病

兔葡萄球菌病是由金黄色葡萄球菌引起的常见传染病。其特征为身体各器官形成脓肿或发生致死性脓毒败血症。

【病原】金黄色葡萄球菌在自然界分布广泛，为革兰染色阳性，能产生高效价的8种毒素。家兔对本菌特别敏感。

【流行特点】家兔是对金黄色葡萄球菌最敏感的一种动物。通过各种不同途径都可能发生感染，尤其是皮肤、黏膜的损伤，哺乳母兔的乳头是葡萄球菌进入机体的重要门户。通过飞沫经上呼吸道感染时，可引起上呼吸道炎症和鼻炎。通过表皮擦伤或毛囊、汗腺而引起皮肤感染时，可发生局部炎症，并可导致转移性脓毒血症。通过哺乳母兔的乳头以及乳房损伤感染时，可患乳腺炎。仔兔吸吮了含本菌的乳汁、产箱污染物等，均可患黄尿病、败血症等。

【典型临床症状与病理剖检变化】常表现为以下几种病型。

（1）脓肿　原发性脓肿多位于皮下或某一内脏（图10-99～图10-104），手摸时兔有痛感，稍硬，有弹性，以后逐渐增大变软。脓肿破溃后流出脓稠、乳白色的脓液。一般患兔精神、食欲正常。以后可引起脓毒血症，并在多脏器发生转移性脓肿或化脓性炎症。

（2）仔兔脓毒败血症　出生后2～3天皮肤发生粟粒大白色脓疱（图10-105、图10-106），多由于垫草粗糙而刺伤皮肤导致，脓汁呈乳白色乳油状，多数在2～5天因败血症死亡。剖检时肺脏和心脏也常见许多白色小脓疱。

（3）乳腺炎　产后5～20天的母兔多发。急性时，乳房肿胀、发热，色红有痛感。乳汁中混有脓液和血液。慢性时，乳房局部形成大小不一的硬块，之后化脓，脓肿也可破溃流出脓汁（图10-107、图10-108）。

图10-99　颜部脓肿（任克良）

图10-100　右前肢外侧有一
脓肿（任克良）

图10-101　下唇部的一个脓肿，因其影
响采食致病兔消瘦（任克良）

图10-102　注射疫苗消毒不严导致的颈
部脓肿（任克良）

图10-103　腹腔内有数个大小不等的脓肿，内有白色乳油状脓液（任克良）

图10-104　腹腔10厘米左右大的脓肿（任克良）

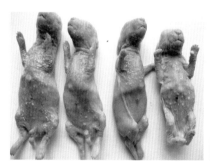

图10-105　皮肤多发性脓疱——皮肤上散在许多粟粒大的小脓疱（任克良）

图10-106　脓疱内有白色脓汁（任克良）

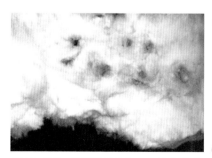

图10-107　化脓性乳腺炎——数个乳头周围都有脓肿（任克良）

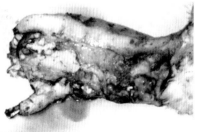

图10-108　化脓性乳腺炎乳腺区切面见许多大小不等的脓肿，脓液呈白色乳油状（任克良）

图10-109 病兔症状——同窝仔兔同时发病，仔兔后肢被黄色稀粪污染（任克良）

（4）仔兔急性肠炎（黄尿病）

因仔兔食入患乳腺炎母兔的乳汁或产箱垫料被污染引起。一般全窝发生，病仔兔肛门四周和后肢被黄色稀粪污染（图10-109、图10-110），仔兔昏睡，不食，死亡率高。剖检见出血性胃肠炎病变（图10-111、图10-112）。膀胱极度扩张并充满尿液，氨臭味极浓（图10-113）。

图10-110 仔兔急性肠炎——肛门四周和后肢被毛被稀粪污染（任克良）

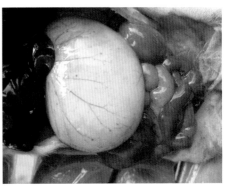

图10-111 出血性胃肠炎——胃内充满食物（乳汁），浆膜出血，小肠壁瘀血色红（任克良）

图10-112 肠浆膜出血——肠浆膜有大量出血点，小肠内充满淡黄色黏液（任克良）

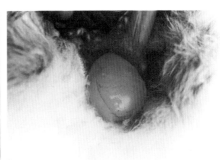

图10-113 膀胱积尿——膀胱扩张，充满淡黄色尿液（陈怀涛）

（5）足皮炎、脚皮炎 足皮炎的病变部大小不一，多位于足底部后肢跖趾区的跖侧面（图10-114），偶见于前肢掌趾区的跖侧面，该病型极易因败血症迅速死亡，致死率较高。脚皮炎在足底部。病变部皮肤脱毛、红肿，之后形成脓肿、破溃，最终形成大小不一的溃疡面（图10-115）。病兔小心换脚休息，跛行，甚至出现跷腿、拱背等症状。

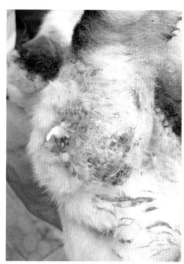
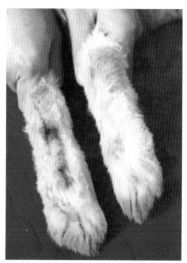

图10-114 脓肿——跗股部脓肿，浓汁呈乳白色（任克良）

图10-115 化脓性脚皮炎——肢脚掌皮肤充血、出血，局部化脓破溃（陈怀涛）

【诊断要点】根据皮肤、乳腺和内脏器官的脓肿及腹泻等症状与病变可怀疑本病，确诊应进行病原菌分离鉴定。

【预防】（1）防止兔体外伤。清除兔笼内一切锋利的物品；产箱内垫草要柔软。

（2）清洁。兔体受外伤时要及时作消毒处理；注射疫苗部位要作消毒处理。

（3）科学饲喂。产仔前后的母兔适当减少饲喂量和多汁饲料供给量。

（4）免疫接种。发病率高的兔群要定期注射葡萄球菌菌苗，每年2次，每次皮下注射1毫升。

【治疗】（1）局部治疗。局部脓肿与溃疡按常规外科处理，涂搽5%龙胆紫酒精溶液，或3%～5%碘酒、3%结晶紫石炭酸溶液、青霉素软膏、红霉素软膏等药物。

（2）全身治疗。新青霉素Ⅱ每千克体重10～15毫克，肌内注射，每天2次，连用4天。也可用四环素、磺胺类药物治疗。

足皮炎治疗不及时极易因败血症迅速死亡。

八、传染性鼻炎

传染性鼻炎主要是由多杀性巴氏杆菌、支气管波氏杆菌等引起的一种慢性呼吸道传染病，是规模兔场的一种常见多发病。该病虽然传播较慢，但常成为急性巴氏杆菌病和支气管波氏杆菌病的疫源，常常导致化脓性结膜炎、中耳炎病例的发生。

【病原】本病病原除多杀性巴氏杆菌和支气管败血波氏杆菌外，少数病例可能由金黄色葡萄球菌和铜绿假单孢菌等所致。

【流行特点】本病一年四季均可发生，但多发于冬季、春季，常呈地方性和散发性流行。由于多数家兔上呼吸道黏膜带有病原菌，常常临诊症状不表现或不明显。若将患兔或带菌兔引入兔群，或遇饲养不当、兔舍通风不良等因素时，则可迅速致病，传播途径主要是经呼吸道感染，消化道、皮肤和黏膜的伤口也可感染。

【典型临床症状与病理剖检变化】患兔病初表现为上呼吸道卡他性炎症，流出浆液性鼻涕，以后转为黏液性至脓性鼻漏。病兔经常打喷嚏、咳嗽。鼻孔周围的被毛潮湿、缠结，甚至脱落，皮肤红肿、发炎。随后鼻涕变得更多更稠，并在鼻孔周围结痂，堵塞鼻孔，使呼吸更加困难，并有鼾声（图10-116～图10-118）。由于病兔经常抓擦鼻部，病兔可把病菌传播给其他兔，也可将病菌带入眼内、耳内或皮下，引起化脓性结膜炎、角膜炎、中耳炎、皮下脓肿、乳腺炎等并发症（图10-119）。最后病兔常因精神委顿，营养不良，衰竭而死亡。剖检病变仅限于鼻腔和鼻窦，常呈鼻漏。鼻腔、鼻窦、副鼻窦内含有多量浆液、黏液或脓液，黏膜增厚、红肿或水肿，或有糜烂处。

图10-116　患兔有少量黏性分泌物（任克良）

图10-117　鼻孔内　　图10-118　鼻涕在鼻孔周围　　图10-119　患兔不适，经
流出大量黏性白色　　形成结痂，痂皮内有兔毛附　　常抓擦鼻部（任克良）
分泌物（任克良）　　着，呼吸困难（任克良）

常常发现有仰头、张口呼吸，突然窒息死亡的病例。剖检可见肺部有肝样硬化，肺部有白色脓液或有大小不一、数量不等的脓疱或胸腔有脓疱，使肺部与胸膜或与胸壁发生粘连（图10-120、图10-121）。

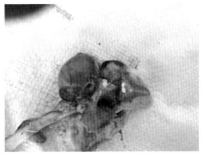

图10-120　患兔头部上仰用口呼吸　　图10-121　左图患兔剖检可见肺部分
（任克良）　　　　　　　　肝变，切开肝变部有多处流出白色脓汁
（任克良）

【诊断要点】根据临诊症状可作出初步诊断，但确诊须作细菌学检查。

【类症鉴别】与非传染性鼻炎的鉴别：后者常因受到强烈刺激性气体的刺激，特别是兔舍通风不良时氨气或灰尘的刺激，以及气候骤变所致感冒等外界因素的影响，使上呼吸道黏膜发炎。患兔鼻腔流出少量浆液性分泌物，但当消除外界不利因素后，鼻炎症状很快消失。而前者鼻炎症状仍然不断发展，鼻腔分泌物由浆液性—黏液性—脓性发展，是两者区别诊断的重要依据。

【预防】（1）做好兔舍通风换气工作。尤其在冬季解决好通风与保温这对矛盾。

（2）发现患鼻炎的病兔，及时隔离治疗，以防将病菌传染给其他兔。

（3）定期对兔群注射巴氏杆菌、波氏杆菌疫苗或呼吸道二联苗（巴氏杆菌、波氏杆菌）。皮下注射，2～3次/年，剂量按说明使用。

【治疗】因病原不同，治疗时应按药敏试验结果选择用药，也可参照巴氏杆病、波氏杆菌病等用药方案进行。

[方1]恩诺沙星：100毫克/升饮水，连用7～14天；或5～10毫克/千克体重，口服或肌内注射，每天2次，连用7～14天。同时庆大霉素滴鼻，2～3滴/次，每天2～3次，效果较好。

[方2]可用链霉素、四环素、庆大霉素、卡那霉素等滴鼻或肌内注射。

药物治疗与注射疫苗相结合效果较好。

九、密螺旋体病

兔密螺旋体病俗称兔梅毒，是由兔密螺旋体引起的成年兔的一种慢性传染病。

【病原】兔梅毒密螺旋体呈革兰染色阴性的细长螺旋形微生物。病原主要存在于病兔的病组织中，由于染色不良而常用印度墨汁、姬姆萨、碳酸复红与镀银染色法，如姬姆萨染色呈玫瑰红色。本病原微生物只感染兔，不感染其他动物。

【流行特点】本病只发生于家兔和野兔，病原体主要存在于病变部组织，主要通过配种经生殖器传播，故多见于成年兔，青年兔、幼兔很少发生。育龄母兔发病率比公兔高，放养兔比笼养兔发病率高，发病兔几乎无一死亡。

【典型临床症状与病理剖检变化】潜伏期为2～10周。病兔精神、食欲、体温均正常，主要病变为母兔阴唇、肛门皮肤和黏膜发生炎症、结节和溃疡。公兔阴囊水肿，皮肤呈糠麸样。阴茎水肿，龟头肿大，睾丸也会发生病变（图10-122～图10-125）。通过搔抓病部，可将其分泌物中的病原体带至其他部位，如鼻、唇、眼睑、面部、耳等处（图10-126）。

图10-122 龟头与包皮红肿（陈怀涛）

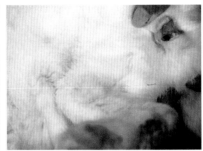

图10-123 阴部皮肤发炎、结痂
（任克良）

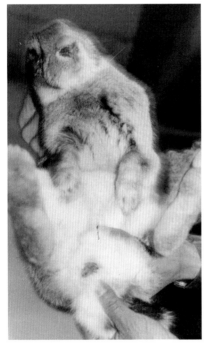

图10-124 阴部有痂皮，鼻部发炎、结
痂（任克良）

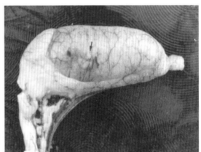

图10-125 睾丸肿大、充血、出血，并
有黄色坏死灶（陈怀涛）

图10-126 鼻、唇部皮肤发炎并结痂
（程相朝等，兔病类症鉴别诊断彩色
图谱）

慢性者导致患部呈干燥鳞片状病变，被毛脱落。腹股沟与腘淋巴结肿大。母兔病后失去配种能力，受胎率下降。

【诊断要点】成年兔多发，放养兔较笼养兔易发。发病率高，但几乎无死亡。根据外生殖器的典型病变可作初步诊断，确诊应依病原体的检出。

【类症鉴别】（1）与外生殖器官炎症的鉴别　外生殖器官炎症可发生于不同年龄家兔，仔兔可死亡，孕兔可流产，阴道流出黄白色黏稠的脓液，阴部和阴道黏膜溃烂，常形成溃疡面，形成如花椰芽样，或有大小不一的脓疱。而本病多发生于成年兔，尤其是经配种的公、母兔，患兔不发生流产、死亡，无脓疱及阴道无脓性分泌物。

（2）与疥螨病的鉴别　兔疥螨病变多发生于少毛或无毛的足趾、耳壳、耳尖、鼻端以及口腔周围等部位的皮肤。患部的皮肤充血、出血、肥厚、脱毛，有淡黄色渗出物、皮屑和干涸的痂皮。而外生殖器官的皮肤和黏膜无上述病理变化。

【预防】（1）定期检查公母兔外生殖器，对患兔或可疑兔停止配种，隔离治疗。重病者淘汰，并用1%～2%烧碱或3%来苏尔对兔笼用具、环境进行消毒。

（2）引进的种兔，隔离饲养1个月，确认无病后方可入群。

【治疗】治疗采取局部与全身治疗相结合，效果较好。

（1）局部治疗　可用2%硼酸溶液、0.1%高锰酸钾溶液冲洗后，涂搽碘甘油或青霉素软膏。治疗期间停止配种。

（2）全身治疗

［方1］苄星青霉素G：42000国际单位/千克体重，皮下注射，每周1次，连用3周，可根除兔群内的密螺旋体病。

［方2］新砷凡纳明：40～60毫克/千克体重，用生理盐水配成5%溶液，耳静脉注射。一次不能治愈者，间隔1～2周重复1次。配合青霉素，效果更佳。青霉素2万～4万单位/千克体重，每天2次，肌内注射，连用3～5天。

［方3］氨苄西林钠：肌内注射，10～20毫克/千克体重，每天2次，连用2～3天。

［方4］盐酸四环素：静脉注射，5～10毫克/千克体重，每天2次，连用2～3天。

用新砷凡纳明进行静脉注射时，切勿漏出血管外，以防引起坏死。用青霉素治疗期间应增喂干草，同时注意消化道疾病的发生。

本病对人和其他动物无感染力。

十、毛癣菌病

毛癣菌病是由致病性皮肤癣真菌感染表皮及其附属结构（如毛囊、毛干）而引起的疾病，其特征为皮肤局部脱毛、形成痂皮甚至溃疡。除兔外，本病也可感染人、多种畜禽以及野生动物。兔群一旦感染，死亡率虽不高，但导致家兔采食量下降，生长受阻，出栏期延长，皮用兔毛皮质量下降，同时很难彻底治愈，是目前危害兔业发展的主要顽疾之一。

【病原】须发癣菌是引起毛癣菌病最常见的病原体，石膏状小孢霉、犬小孢霉等也可引起（图10-127～图10-129）。

【流行特点】本病多由引种不当所致。引进的隐形感染者（青年兔或成年兔）不表现临床症状，待配种产仔后，仔兔吮乳时被相继或同窝感染发病，青年兔可自愈，但常为带菌者（图10-130）。

【典型临床症状与病理剖检变化】出生后仔兔吸吮母兔乳头时，乳头周围被毛湿润，使隐形感染的癣菌复发，一方面乳头周围脱毛、发红、起痂皮，同时仔兔吸乳时被感染。最先从嘴周发病，随后迅速扩散到鼻部、面部、眼周围、耳朵及颈部等皮肤，继而感染肢端、腹下和其他部位（包括肛门、阴部等），患部皮肤形成不规则的块状或圆形、椭圆形脱毛与断毛区，覆盖一

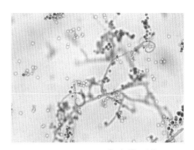

图10-127　须发癣菌形态（×1000倍）（高淑霞、崔丽娜）

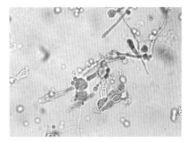

图10-128　石膏状小孢霉形态（×1000倍）（高淑霞、崔丽娜）

图10-129　犬小孢霉形态（×1000倍）（高淑霞、崔丽娜）

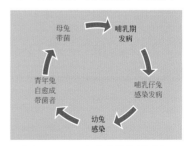

图10-130　癣菌病的传播过程

扫一扫
观看"9. 毛癣菌病"视频

层灰白色糠麸状痂皮，并发生炎性变化，有时形成溃疡（图10-131～图10-136）。患兔剧痒，躁动不安，采食下降，逐渐消瘦，或继发感染使病情恶化而死亡。本病虽可自愈，但成为带菌者，严重影响兔生长及毛皮质量。

【诊断要点】（1）有从感染本病兔群引种史。（2）仔兔、幼兔易发，成年兔常无临诊症状但多为隐性带菌者，成为兔群感染源。（3）皮肤的特征性病变。（4）刮取皮屑检查，发现真菌孢子和菌丝体即可确诊。

图10-131　乳腺部病变——母兔乳头周围脱毛、发红，起淡黄色痂皮（任克良）

【预防】（1）引种要严格检查。对供种场兔群尤其是仔兔、幼兔要严格调查，确定为无病的方可引种。种兔引进本场时，必须隔离观察至第一胎仔兔断奶，确认出生后的仔兔无本病发生，才能将种兔混入本场兔群中饲养。

（2）及时发现，及时淘汰。一旦发现兔群有疑似病例，立即隔离治疗，最好作淘汰处理，并对所处环境进行全面彻底消毒。

【治疗】由于本病传染快，治疗有效果但易复发，为此，笔者强烈建议以淘汰为主。

图10-132　嘴、眼、前胸、前后肢等部位脱毛，痂皮较厚（任克良）

图10-133　同窝、同笼兔相继或同时发病（任克良）

图10-135　背部、腹侧有界限明显的片
状脱毛区，皮肤上覆盖一层白色糠麸样
痂皮（任克良）

图10-134　眼圈、肢部及腹部发生脱
毛、充血，并形成
痂皮（任克良）

图10-136　阴部形成灰色痂皮
（任克良）

　　［方1］克霉唑：对初生仔兔全身涂抹克霉唑制剂可以有效预防仔兔发病。也可将克霉唑、滑石粉等混合撒在产仔箱内进行预防。

　　［方2］局部治疗。先用肥皂或消毒药水涂搽，以软化痂皮，将痂皮去掉，然后涂搽2%咪康唑软膏或益康唑霉菌软膏等，每天涂2次，连涂数天。

　　［方3］全身治疗。口服灰黄霉素，按每千克体重25～60毫克，每天1次，连服15天，停药15天再用15天。灰黄霉素有致畸作用，孕兔禁用。肉用兔禁用。

　　本病可传染给人，尤其是小孩、妇女（图10-137、图10-138），因此须注意个人防护。

十一、球虫病

　　球虫病由艾美尔属的多种球虫引起的一种对幼兔危害极其严重的原虫病。其特征为腹泻、消瘦及球虫性肝炎和肠炎。该病被我国定为二类

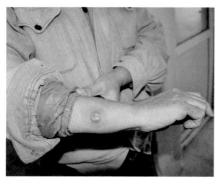

图10-137　饲养人员感染真菌
（任克良）

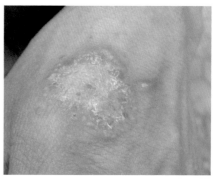

图10-138　手背感染，发红，起痂皮
（任克良）

动物疫病。

【病原及发育史】侵害家兔的球虫有10多种。除斯氏艾美尔球虫寄生于肝脏胆管上皮细胞外，其他种类的球虫均寄生于肠上皮细胞。不同球虫形态各异（图10-139）。

球虫发育史分为以下三个阶段。

（1）无性繁殖阶段：球虫寄生部位（上皮细胞内）以裂殖法进行增殖。

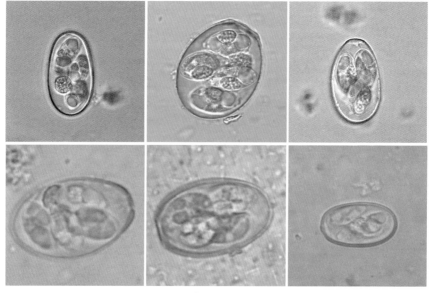

图10-139　常见兔艾美耳球虫形态

（2）有性繁殖阶段：以配子生殖法形成雌性细胞（大配子）和雄性细胞（小配子），雌雄细胞融合成合子。这一阶段也在宿主上皮细胞内完成。

（3）孢子生殖阶段：合子变为卵囊，卵囊内原生质团分裂为孢子囊和子孢子。该阶段在外界环境中完成。

【流行特点】兔是兔球虫病的唯一自然宿主。本病一般在温暖多雨季节流行，南方在早春及梅雨季节高发，北方一般在 7 ～ 8 月份，呈地方性流行。所有品种的家兔对本病都有易感染性。成年兔受球虫的感染强度较低，因有免疫力，一般都能耐过。断奶到 5 月龄的兔最易感染。其感染率可达100%，患病后幼兔的死亡率也很高，可达80%左右。耐过的兔长期不能康复，生长发育受到严重影响，一般可减轻体重14% ～ 27%。

成年兔、兔笼和鼠类等在球虫病的流行中起着很大的传播作用。球虫卵囊对化学药品和低温的抵抗力很强，但在干燥和高温条件下很容易死亡，如在80℃热水中10秒钟死亡，在沸水中立即死亡。紫外线对各发育阶段的球虫均有较强的杀灭作用。

【典型临床症状】根据病程长短和强度可分为最急性（病程3 ～ 6天，家兔常死亡）、急性（病程1 ～ 3周）和慢性（病程1 ～ 3个月）。

根据发病部位可分为肝型、肠型和混合型3种类型。肝型球虫病的潜伏期为18 ～ 21天，肠型球虫病的潜伏期依寄生虫种类不同为5 ～ 11天，多呈急性。除人工感染外，生产实践中球虫病往往是混合型。

病初食欲降低，随后废绝，伏卧不动（图10-140），精神沉郁，两眼无神，眼鼻分泌物增多，贫血，下痢，幼兔生长停滞。有时腹泻或腹泻与便秘交替出现（图10-141）。病兔因肠臌气，肠壁增厚，膀胱积尿，肝脏肿大而出现腹围增大，手叩时发出鼓声。家兔患肝球虫病时，肝区触诊疼痛；肝脏严重损害时，结膜苍白，有时黄染。病至末期，幼兔出现神经症状，四肢痉挛，头向后仰，有时麻痹，终因衰竭而死亡（图10-142）。

【病理剖检变化】肝脏变化：肝实质部的结节的演化过程为：疾病早期，结节是分散的，其中为乳样内容物；疾病后期，结节会相互融合，其中为奶酪样内容物。

剖检可见肝肿大，表面有粟粒至豌豆大的白色或淡黄色圆形结节

图10-140 患兔精神沉郁，被毛蓬乱，食欲减退，伏地（任克良）

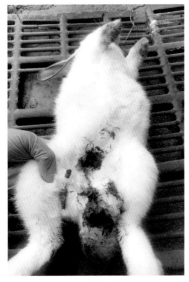

图10-141 腹泻（任克良）

图10-142 突然倒地，四肢抽搐，角弓反张，惨叫一声死亡（任克良）

病灶（图10-143、图10-144），沿小胆管分布。切面胆管壁增厚，管腔内有浓稠的液体或有坚硬的矿物质。胆囊肿大，胆汁浓稠、色暗。腹腔积液。急性期，病兔肝脏极度肿大。较正常肿大7倍。慢性肝球虫病，其胆管周围和肝小叶间部分结缔组织增生，肝细胞萎缩（间质性肝炎），胆囊黏膜有卡他性炎症，胆汁浓稠，内含崩解的上皮细胞。镜检有时可发现大量球虫卵囊。

肠管变化：病变主要在十二指肠、空肠、回肠和盲肠等部位。可见肠壁血管充血，肠黏膜充血并有点状溢血（图10-145）。小肠内充满气体和大量黏液，有时肠黏膜覆盖有微红色黏液（图10-146、图10-147）。慢性病例，可见肠道增厚，肠黏膜呈淡灰色或发白，肠黏膜上有许多小而硬的白色结节（内含大量球虫卵囊）和小的化脓性、坏死性病灶（图10-148、图10-149）。

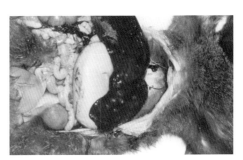

图10-143 肝结节状病变——肝表面有淡黄白色圆形结节，膀胱积尿（任克良）

图10-144 球虫性肝炎——肝脏上密布大小不等的淡黄色结节，胆囊充盈（任克良）

图10-145 肠道病变——肠壁血管充血，肠黏膜出血并有点状溢血（崔平、索勋）

图10-146 肠道病变——小肠肠道充满气体和大量黏液（崔平、索勋）

图10-147 结肠病变——感染黄艾美耳球虫的家兔结肠出血（汪运舟）

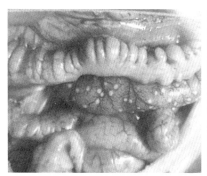

图10-148 球虫性肠炎——小肠黏膜呈淡灰色，有白色结节（董亚芳、王启明）

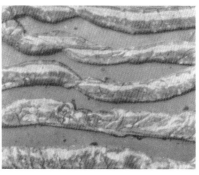

图10-149 球虫性肠炎——小肠壁散在大量灰白色球虫结节（范国雄）

【诊断要点】（1）温暖潮湿环境易发；（2）幼龄兔易感染发病，病死率高；（3）主要表现腹泻、消瘦、贫血等症状；（4）肝、肠特征的结节状病变；（5）检查粪便卵囊，或用肠黏膜、肝结节内容物及胆汁做涂片，检查卵囊、裂殖体与裂殖子等。具体方法：滴1滴50％甘油水溶液于载玻片上，取火柴头大小的新鲜兔粪，用竹签加以涂布，剔去粪渣，盖上盖玻片，放在显微镜下用低倍镜（10×物镜）检查。饱和盐水漂浮法的操作方法：取新鲜兔粪5～10克放入量杯中，先加少量饱和盐水将兔粪捣烂混匀，再加饱和盐水到50毫升。将此粪液用双层纱布过滤，滤液静置15～30分钟，球虫卵即浮于液面，取浮液镜检。相对而言，饱和盐水漂浮法检出率更高。

另外，还可在剖检后取肠道内容物、肠黏膜、结节等进行压片或涂片，用姬姆萨氏液染色，镜检如发现大量裂殖体、裂殖子等各型虫体也可确诊（图10-150）。

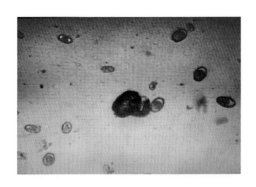

扫一扫
观看"10. 球虫卵镜检"视频

图10-150　小肠内检查到的兔球虫卵囊（任克良、王彩先）

【预防】（1）实行笼养，大小兔分笼饲养，定期消毒，保持室内通风干燥。

（2）兔粪尿要堆积发酵，以杀灭粪中卵囊。病死兔要深埋或焚烧。兔的青饲料地严禁用兔粪作肥料。

（3）定期进行药物预防。成年兔是兔群中传染源，因此要定期加药驱虫。幼兔是球虫病的高发阶段，须进行药物预防。常用的抗球虫药物：氯苯胍、地克珠利、妥曲珠利、磺胺类药物（磺胺喹噁啉、磺胺二甲嘧啶、磺胺对氧嘧啶、复方新诺明等）等。

　　［方1］氯苯胍：又名盐酸氯苯胍或双氯苯胍。按0.015%混饲，饲喂从采食至断奶后45天。氯苯胍有异味，可在兔肉中出现，因此，屠宰前1周应停喂。

　　［方2］地克珠利：饲料和饮水中按0.0001%添加。

　　［方3］妥曲珠利：又称甲基三嗪酮、百球清。按0.0015%在饮水或饲料中添加，连喂21天。注意：若本地区饮水硬度极高和pH值低于8.5，饮水中必须加入碳酸氢钠（小苏打）以使水的pH值调整到8.5～11的范围内。

　　【治疗】治疗球虫病可参考下列方案。

　　［方1］氯苯胍：按0.03%混饲，用药1周后改为预防量。

　　［方2］地克珠利：加倍用药，连续用药7天，改为预防量。

　　［方3］妥曲珠利：每日饮用药物浓度为0.0025%的饮水，连喂2天，间隔5天，再用2天，即可完全控制球虫病。注意事项同上。

　　注意事项：（1）及早用药。（2）轮换用药。一般一种药使用3～6个月改换成其他药，但不能换为同一类型的药，如不能从一种磺胺药换成另一种磺胺药，以防产生抗药性。（3）应注意对症治疗。如补液、补充维生素K、维生素A等。（4）有些抗球虫药物禁用或慎用。家兔禁用马杜拉霉素。慎用莫能菌素等。（5）注意休药期。参考不同药物休药期合理用药。

十二、豆状囊尾蚴病

　　豆状囊尾蚴病是由豆状带绦虫——豆状囊尾蚴寄生于兔的肝脏、肠系膜和大网膜等所引起的疾病。养犬的兔场，该病的发生率高。

　　【病原】豆状带绦虫寄生于犬、狼、猫和狐狸等肉食兽的小肠内（图10-151），成熟绦虫排出含卵节片，兔食入污染有节片和虫卵的饲料后，六钩蚴便从卵中钻出，进入肠壁血管，随血流到达肝脏。再钻出肝膜，进入腹腔，在肠系膜、大网膜等处发育为豆状囊尾蚴。豆状囊尾蚴虫体呈囊泡状，大小10～18毫米，囊内含有透明液和一个头节，具成虫头节的特征（图10-152）。

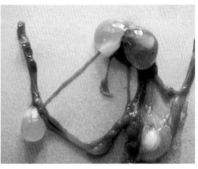

图10-151　兔豆状囊尾蚴病（杨光友）　　图10-152　豆状囊尾蚴的形态——豆状囊尾蚴呈小泡状，其中有一个白色头节（任克良、李燕平）

【流行特点】本病呈世界性分布。各年龄的兔均可发生。因成虫寄生在犬、狐狸等肉食性动物的小肠内，因此，凡饲养犬的兔场，如果对犬管理不当，往往造成整个兔群发病。

【典型临床症状与病理剖检变化】轻度感染一般无明显症状。大量感染时可导致肝炎和消化障碍等表现，如食欲减退，腹围增大，精神不振，嗜睡，逐渐消瘦，最后因体力衰竭而死亡。急性发作可引起突然死亡。剖检可见从肝脏中出来的虫体，出来的囊尾蚴一般寄生在肠系膜、大网膜、肝表面、膀胱等处浆膜，数量不等，状似小水泡或石榴籽（图10-153～图10-156）。虫体通过肝脏的迁移导致肝脏出现弯曲的通道，严重时导致肝炎、纤维化和坏疽等（图10-157、图10-158）。

扫一扫
观看"11.豆状囊尾蚴病"视频

图10-153　有一囊尾蚴即将从肝脏中移行出来（任克良）

图10-154　刚从肝脏中出来的囊尾蚴（李燕平）

图10-155　胃浆膜面寄生的豆状囊尾蚴（任克良）

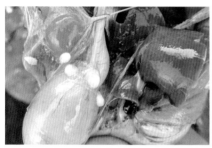

图10-156　膀胱浆膜上寄生的豆状囊尾蚴（任克良）

图10-157　已从肝脏中移行出来的囊尾蚴（任克良）

【诊断要点】兔场饲养犬的兔群多发；生前仅以症状难以作出诊断，可用间接血凝反应检测诊断。剖检发现豆状囊尾蚴即可作出确诊。

【预防】（1）做好兔场饲料卫生管理工作。

图10-158　肝大面积结缔组织增生（任克良）

（2）兔场内禁止饲养犬、猫或对犬、猫定期驱虫。驱虫药物可用吡喹酮，根据说明用药。禁止用带虫的病死兔喂犬、猫等，以阻断病源。

【治疗】

［方1］吡喹酮：10～35毫克/千克体重，口服，每天1次，连用5天。

［方2］芬苯达唑：拌料喂服，50毫克/千克体重，每天1次，连用5天。

［方3］阿苯达唑：内服，10～15毫克/千克体重，每天1次，连用5天。

［方4］氯硝柳胺：拌料喂服，一次量8～10毫克/千克体重。

［方5］甲苯咪唑：按1克/千克饲料或50毫克/千克体重饲喂，连用14天。

凡养犬的兔场，本病发生率非常高。兔群一旦检出一个病例，应考虑全群预防和治疗。

十三、螨病

兔螨病又称疥癣病，是由痒螨和疥螨等寄生于体表或真皮而引起的一种高度接触性慢性外寄生虫病。其特征为病兔剧痒、结痂性皮炎、脱毛和消瘦。

【病原】兔螨病病原为兔痒螨、兔疥螨、兔背肛螨和兔毛囊螨等。兔痒螨，虫体较大，肉眼可见，呈长圆形，大小0.5～0.9毫米（图10-159）。兔疥螨对兔群危害最大，也最为常见，虫体较小，肉眼勉强能见，圆形，色淡黄，背部隆起，腹面扁平。雌螨体长0.33～0.45毫米，宽0.25～0.35毫米；雄螨体长0.2～0.23毫米，宽0.14～0.19毫米（图10-160）。兔背肛螨，虫体小，雌虫长0.2～0.45毫米、宽0.16～0.4毫米。肛门位于背面，离体后较远，肛门四周有环形角质皱纹。因常寄生

 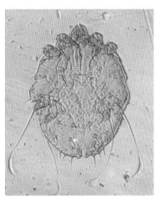

图10-159　痒螨的形态（甘肃农业大学家畜寄生虫室）　　图10-160　疥螨的形态（甘肃农业大学家畜寄生虫室）

于兔的头部和耳部，因此也称之为兔耳疥螨。兔毛囊螨，成虫呈灰黄色，腹面扁平，背部隆起，且向前突出越过口器。

【流行特点】不同年龄的兔均可感染本病，但幼兔比成年兔易感性更强，发病更严重。主要通过与病兔接触感染，也可由兔笼、饲槽和其他用具间接传播。日光不足、阴雨潮湿及秋冬季节最适于螨的生长繁殖和促使本病的发生。

【典型临床症状与病理剖检变化】痒螨病：由痒螨引起。主要寄生在耳内，偶尔也可寄生于其他部位，如会阴的皮肤皱襞。病兔频频甩头，检查耳根、外耳道内有黄色痂皮和分泌物（图10-161），病变蔓延至中耳、内耳甚至导致脑膜炎时，可表现斜颈、转圈运动、癫痫等症状（图10-162）。

图10-161　耳郭内皮肤粗糙、结痂，有较多干燥分泌物（任克良）　　图10-162　神经症状——痒螨引起的斜颈，转圈运动（任克良）

疥螨病：由兔疥螨、背肛疥螨等引起。一般发病在头部和掌部无毛或短毛部位（如脚掌面、脚爪部、耳边缘、鼻尖、口唇等部位），引起白色痂皮（图10-163～图10-165），兔有痒感，频频用嘴啃咬患部，故患部发炎、脱毛、结痂、皮肤增厚和龟裂，采食下降，如果不及时治疗，最终消瘦、贫血，甚至死亡。有的病例家兔被痒螨、疥螨同时感染（图10-166）。

【诊断要点】（1）秋冬季节多发。（2）耳内、皮肤结痂脱毛等特征病变，病变部有痒感。（3）在病部与健部皮肤交界处刮取痂皮检查，或用组织学方法检查病部皮肤，发现螨虫即可确诊。

【预防】（1）定时消毒，保持兔舍清洁卫生。兔舍、兔笼定期用火焰或2%敌百虫水溶液进行消毒。

图10-163 四肢、鼻端均被感染、结痂（任克良）

图10-164 嘴唇皮肤结痂、龟裂、出血（任克良）

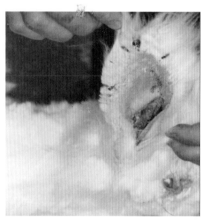

图10-165 外耳道有淡红色干燥分泌物，耳边缘皮肤增厚、结痂（任克良）

图10-166 耳内、耳边缘及鼻部混合感染（任克良）

（2）发现病兔，及时隔离治疗，种兔停止配种。

【治疗】本病的治疗方法有内服、皮下注射和外用药等。

外用药治疗疥螨时，为使药物与虫体充分接触，应先将患部及其周围处的被毛剪掉，用温肥皂水或0.2%的来苏尔溶液彻底刷洗、软化患部，清除硬痂和污物后，用清水冲洗干净，然后再涂抹药物，效果较好。

［方1］伊维菌素：伊维菌素是目前预防和治疗本病的最有效的药物，有粉剂、胶囊和针剂，根据产品说明使用。

［方2］螨净：其成分为2-异丙基-6甲基-4嘧啶基硫代磷酸盐，按1：500比例稀释，涂搽患部。

治疗时注意事项：（1）治疗后，隔7～10天再重复一个疗程，直至治愈为止。（2）治疗与消毒兔笼同时进行。（3）家兔不耐药浴，不能将整个兔浸泡于药液中，仅可依次分部位治疗。痒螨容易治疗。疥螨较顽固，需要多次用药。

十四、栓尾线虫病

栓尾线虫病是由栓尾线虫寄生于兔的盲肠和结肠所引起的一种感染率较高的寄生虫病。

【病原】栓尾线虫呈白线头样，成虫长5～10毫米，寄生在盲肠和结肠。

【流行特点】本病分布广泛，獭兔多发。

【典型临床症状与病理剖检变化】少量感染时，一般不表现症状。兔严重感染时，表现心神不定，当肛门有虫体活动或雌虫在肛门产卵时，病兔表现不安，肛门发痒，用嘴啃擦肛门，采食、休息受影响，食欲下降，精神沉郁，被毛粗乱，逐渐消瘦，下痢，可发现粪球中有乳白色似线头样栓尾线虫（图10-167）。剖检见大肠内有栓尾线虫（图10-168、图10-169）。严重感染兔，肝脏、肾脏呈土黄色（图10-170）。

【诊断要点】根据患兔常用嘴舌啃舔肛门的症状可怀疑本病，在肛门处、粪便中或剖检时在大肠中发现虫体即可确诊。

【预防】（1）加强兔舍、兔笼卫生管理。对食盒、饮水用具定期消毒，粪便堆积发酵处理。

图10-167　粪球上附着的栓尾线虫（任克良）

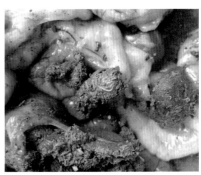

图10-168　盲肠内容物中的栓尾线虫（任克良）

图10-169　盲肠中寄生有栓尾线虫
（任克良）

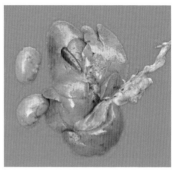

图10-170　肝脏、肾脏呈土黄色
（任克良）

（2）引进的种兔隔离观察1个月，确认无病后方可入群。

（3）兔群每年进行2次定期驱虫。可用丙硫苯咪唑等。

【治疗】

［方1］丙硫苯咪唑（抗蠕敏）：10毫克/千克体重，口服，每天1次，连用2天。

［方2］左旋咪唑：5～6毫克/千克体重，口服，每天1次，连用2天。

［方3］阿苯达唑：内服，10～15毫克/千克体重，每天1次，连用5天。

［方4］芬苯达唑：拌料喂服，50毫克/千克体重，每天1次，连用5天。

［方5］枸橼酸哌嗪：按3克/升饮水2周，间隔两周后重复用药1次。

兔栓尾线虫不感染人。

十五、脑炎原虫病

脑炎原虫病是由兔脑炎原虫寄生于脑内引起的慢性原虫病。一般为慢性、隐性感染，常无症状，有时见脑炎和肾炎症状。该病在许多兔场广泛存在。

【病原】兔脑炎原虫的成熟孢子呈杆状，两端钝圆，或呈卵圆形（图10-171）。

【流行特点】本病广布于世界各地。病兔的尿液中含有兔脑炎原虫。主要感染途径为消化道、胎盘。秋冬季多发。感染率为15%～76%。

【典型临床症状与病理剖检变化】通常呈慢性或隐性感染，常无症

图10-171 脑炎原虫的形态——
肾小管上皮细胞中的脑炎原虫（蓝
色）（革兰染色×100）（潘耀谦）

图10-172 脑炎症状——颈歪斜
（任克良）

图10-173 双肾表面出现大量凹陷
（任克良）

状，有时可发病，秋冬季多发，各年龄兔均可感染发病，可见脑炎和肾炎症状，如惊厥、颤抖、斜颈、麻痹、昏迷、平衡失调（图10-172）、蛋白尿及腹泻等。剖检可见肾表面有灰白色小点或大小不等的凹陷状病灶（图10-173），病变严重时肾表面呈颗粒状或高低不平（图10-174）。

【诊断要点】主要根据肾脏的眼观变化及肾、脑的组织变化作出诊断。肾、脑可见淋巴细胞与浆细胞肉芽肿，肾小管上皮细胞和脑肉芽肿中心可见脑炎原虫。也可见到淋巴细胞性心肌炎及肠系膜淋巴结炎。

【类症鉴别】（1）与斜颈病（中耳炎）的鉴别 前者剖检可见肾表面散布许多细小的灰白色病灶或凹陷，脑实质内有肉芽肿，后者没有这些病变。

（2）与李氏杆菌病的鉴别 两种病虽然都有神经症状，但脑炎原虫病剖检可见肾表面有小白色点或大小不等的凹陷状病灶。

图10-174 肾表面有大小不一的凹陷状病灶
（任克良）

【预防】淘汰病兔，加强防疫和改善卫生条件有利于本病的预防。

【治疗】目前尚无有效的治疗药物，可试用下列药物。

［方1］阿苯达唑：20～30毫克/千克体重，口服，每天1次，连用7～14天，然后改为15毫克/千克体重，口服，每天1次，连用30～60天。

［方2］芬苯哒唑：20毫克/千克体重，口服，每天1次，连用5～28天。也可用恩诺沙星、土霉素等药物进行治疗。

十六、腹泻

腹泻不是独立性疾病，是泛指临床上具有腹泻症状的疾病，主要表现是粪便不成球、稀软、呈粥状或水样。

【病因】（1）饲料配方不合理，如精料比例过高（即高蛋白、高能量、低纤维）。（2）饲料质量问题。饲料不清洁，混有泥沙、污物等。饲料含水量过多，或吃了大量的冰冻饲料。饮水不卫生。（3）饲料突然更换，饲喂量过多。（4）兔舍潮湿，温度低，家兔腹部着凉。（5）口腔及牙齿疾病。

此外，引起腹泻的原因还有某些传染病、寄生虫、中毒性疾病和以消化障碍为主的疾病，这些疾病各有其固有症状，并在本书各种疾病中专门介绍，在此不再赘述。

【典型临床症状与病理剖检变化】病兔精神沉郁，食欲不振或废绝。饲料配方和饲养管理不当引起的腹泻，病初粪便只是稀、软，但粪便性质未变，有的粪便中仅带透明样黏液（图10-175、图10-176）。此时及时进行控制，如控料，使用抗生素等，一般预后良好。如果控制不当，就会诱发细菌性疾病（如大肠杆菌、魏氏梭菌病等），粪便上黏附淡黄色或黄色黏液或水样物等（图10-177）。

图10-175　粪便稀、不成形，但性质未变（任克良）

【诊断要点】（1）有饲养管理不当、兔舍温度低等应激史；（2）粪便不成形，但性质未变。

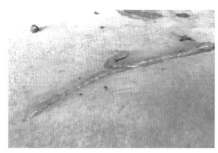

图10-176　粪球被白色透明黏液包裹
（任克良）

图10-177　粪便呈淡黄色（任克良）

【预防】（1）饲料配方合理，饲料、饮水清洁卫生。饲粮中木质素高于5%，淀粉低于16%。

（2）幼兔提倡定时定量饲喂技术。变换饲料要逐步进行。

（3）兔舍要保温、通风、干燥、卫生。

【治疗】在消除诱因的同时首先控制饲喂量，一般在停料后1～2天内即可控制，若仍不能控制应及早应用抗生素类药物（如庆大霉素、恩诺沙星等），以防继发感染。

对脱水严重的病兔，可灌服补液盐（配方为：氯化钠3.52克，碳酸氢钠2.5克，氯化钾1.58克，葡萄糖20克，加凉开水1000毫升），或让病兔自由饮用。

十七、盲肠嵌塞

盲肠嵌塞也称盲肠秘结、盲肠阻塞，是指盲肠内容物呈现干的、紧实的现象，它不是一种病，而是许多种疾病的临床表现。盲肠嵌塞在幼兔中比在成年兔中发生更多。脱水可能对其病因病理机制有影响。

【病因】引起盲肠嵌塞的原因尚不太清楚，但与以下因素有关。（1）粗纤维饲料不足或过高。当饲料中粗纤维高于25%时，该病的发生率较高。（2）纤维饲料过于细小。饲喂吸收水分的小纤维颗粒可能引起盲肠嵌塞。（3）霉变饲料。（4）自主神经异常。

【典型临床症状与病理剖检变化】患兔采食减少或停止，精神萎靡，腹围增大，用手触摸腹部，盲肠有硬的内容物（图10-178）。剖检可见盲肠内容物有的刚开始变硬，有的已变硬为大小不等块状物，肠壁菲薄

（图10-179～图10-181）。

【诊断要点】发现腹围增大，用摸胎的方法，触摸盲肠粗硬即可诊断。自主神经功能异常可通过自主神经节的组织病理学进行确定。

【预防】（1）禁止使用发霉变质的饲料喂兔。

（2）饲料粗纤维原料粉碎粒度不宜过小。

（3）淘汰兔群中自主神经功能异常的个体。

图10-178　精神不振，不食，腹围膨大（任克良）

图10-179　左图患兔剖检可见，盲肠积有干硬粪块，肠壁菲薄（任克良）

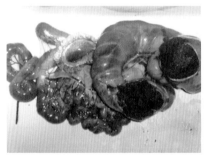

图10-180　盲肠中的内容物开始变干，硬度增加（任克良）

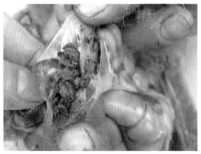

图10-181　大肠中的内容物呈干、硬、小块状（任克良）

【治疗】刚开始发病时，可将患兔放到运动场或院内自由运动，供给饮水，一般可以缓解症状。

对患病较轻的个体，口服液体石蜡24～36小时后，再使用前列腺素疗法（0.2毫克/千克体重地诺前列素），同时加强运动，效果较好。

病情严重的作淘汰处理。

十八、软瘫症

软瘫症是一种描述性症状，不是一种病，由许多病因引起。表现为全身肌肉无力，行走困难或不能行走等现象。

【病因】（1）代谢性疾病，包括低血钾、脂肪肝等。低血钾是因饲料中钾的含量低于0.3%或家兔因腹泻、应激（如惊吓、温度过低等），造成食入的钾不足所致。脂肪肝是由家兔持续厌食所致。（2）维生素E（或硒缺乏）、脑炎原虫等。（3）毒素，主要有有毒植物（如阔叶乳草）、农药、除草剂（如三嗪类化合物）、霉菌毒素、聚醚类药物（如莫能菌素等）等。（4）其他因素，如先天性肌无力等。

【典型临床症状与病理剖检变化】临床以全身肌肉无力，瘫痪在地，行走困难或不能行走为特征（图10-182、图10-183）。除以上症状外，病因不同，表现和病变也不相同。

图10-182　头着地，肌肉无力
（任克良）

图10-183　四肢无力，腹部紧贴地面
（任克良）

低血钾：患兔烦躁多动，麻痹从后躯扩展到前躯和颈部肌肉，躯体软弱无力。最终，完全瘫痪无法行动。血液检测发现有低蛋白血症（51.2克/升），碱性磷酸酶水平稍高（89.4国际单位/升）和低血钾（2.75毫摩尔/升）（参考范围3.5～7毫摩尔/升）。

维生素E缺乏、脑炎原虫病：维生素E缺乏的患兔表现强直、进行性肌肉无力。不爱运动，喜卧地，全身紧张性降低。肌肉萎缩并引起运动障碍，步样不稳，平衡失调，食欲减退甚至废绝。幼兔表现生长发育停滞。种兔繁殖力下降。剖检可见骨骼肌、心肌颜色变淡或苍白，镜检呈透明样变性、坏死，也见钙化现象，尤以骨骼肌变化明显。

脑炎原虫病详见本章本节"十五、脑炎原虫病"。

有毒植物（如阔叶乳草）中毒：病兔表现为前肢和后肢及颈部肌肉不同程度的疲软或麻痹，头常贴到笼底而不能抬起，俗称"低头病"。可能还会出现流口水，被毛粗糙，低于正常体温和排泄柏油样粪便。剖检可见许多器官有局灶性出血。

除草剂中毒：家兔采食被三嗪类化合物除草剂玷污的饲草而中毒。表现为肌肉弛缓，虚弱无力和截瘫。剖检可见心脏出血，肾出血，肺和肾瘀血等病变。

霉菌毒素中毒：精神沉郁，不食，便秘后腹泻，粪便带黏液或血，流涎，口唇皮肤发绀。常将两后肢的膝关节凸出于臀部两侧，呈"山"字形伏卧笼内，呼吸急促，出现神经症状，后肢软瘫，全身麻痹。母兔不孕，孕兔流产。剖检见肺充血、出血。肠黏膜易脱落，肠腔内有白色黏液。肾、脾肿大，瘀血。有的盲肠积有大量硬粪，肠壁菲薄，有的浆膜有出血斑点。

聚醚类药物中毒：该类药物包括莫能菌素、盐霉素等。一般哺乳母兔采食量大，发病率高，发病快，一般采食含这些药物的饲料1～2天即发病。表现为肌肉无力，头抬不起，四肢瘫软，直不起来，迅速死亡（图10-184、图10-185）。剖检可见腹腔内积有大量液体和胶冻样纤维蛋白析出（图10-186、图10-187）。肺脏有出血斑（图10-188）。胃黏膜出血，浅表性溃疡斑点（图10-189、图10-190）。肝脏肿大，有出血斑点，脾肿大，肾脏出血，肾脏有出血点（图10-191～图10-193）。

【诊断要点】根据患兔肌肉紧张性降低、瘫痪等症状，可作出初步诊断。确诊须作毒物检测、饲料营养成分测定或病原菌检测等。

图10-184　患兔软瘫，头着地
（任克良）

图10-185　中毒死亡的泌乳母兔
（任克良）

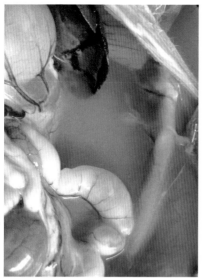

图10-186 腹腔中积有大量液体
（任克良）

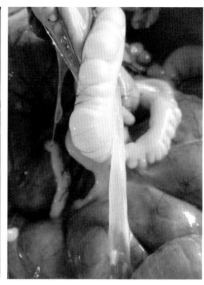

图10-187 腹腔内有大量胶冻样蛋白纤
维析出（任克良）

图10-188 肺脏有出血斑（任克良）

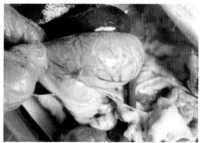

图10-189 胃上散在许多溃疡斑点
（任克良）

图10-190 胃黏膜出血，浅表性溃疡
斑点（任克良）

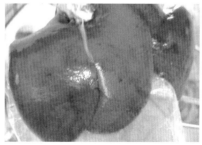

图10-191 肝肿大、有出血点
（任克良）

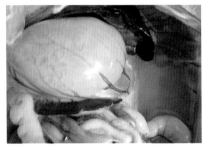 

图10-192　肝、脾肿大，胃溃疡　　图10-193　肾有大量出血点（任克良）
　　　　　（任克良）

【预防】（1）供给家兔适口性好、全价、平衡的饲料。

（2）禁止饲喂有毒植物、发霉饲料或被农药、除草剂污染的饲草料。

（3）严禁使用聚醚类药物用于家兔球虫病的预防和治疗，尤其是哺乳母兔。因其采食量大，机体抵抗力差，食入的药量大，极易引起中毒。

（4）预防和治疗腹泻病、球虫病等消化道疾病，维持家兔肠道健康。

（5）减少各种应激（如惊吓、疼痛等）。

【治疗】

［方1］钾缺乏的治疗：采用维持治疗。即哈特曼的溶液（主要成分：每1000毫升含乳酸钠3.10克，氯化钠6.00克，氯化钾0.3克，二水氯化钙0.2克），静脉输液给药。当兔子表现出饥饿时，将饲料、饮水放置其可触及的地方，让兔自由采食、饮水，一般3天后就可康复。

［方2］中毒的治疗：无特效的治疗方法。可采取对症治疗法，即首先停止饲喂有毒植物或药物，然后静脉输液，用10%葡萄糖和维生素C（0.05～0.1克/只）溶液。或在饮水中添加5%葡萄糖，自由饮水。

［方3］维生素E/硒缺乏症的治疗：按每100千克饲料中添加10～15毫克维生素E；肌内注射维生素E制剂，每次1000国际单位，每天2次，连用2～3天。

十九、真菌毒素中毒

真菌毒素中毒是由真菌在饲料上生长繁殖并产生毒素代谢产物，并使采食这种饲料的家兔发病。这种病是目前危害养兔生产的主要疾病之一。其中以草粉、玉米等霉变极为常见。

【病因】自然环境中，许多霉菌寄生于含淀粉的粮食、糠麸、粗饲料上，如果温度（10～24℃）和湿度（80%～100%）适宜，就会大量生长繁殖，有些会产生毒素，家兔采食即可引起中毒。常见的有黄曲霉毒素中毒、赤霉菌中毒等。黄曲霉毒素是由黄曲霉、寄生曲霉、橘青霉等真菌所产生的一类有毒代谢产物。黄曲霉毒素含有18种毒素，其中以 B_1 为主，产量最大，毒性最大，其对家兔经口半数致死量为0.3～0.5毫克/千克。赤霉菌主要侵染小麦、大麦、元麦、玉米、甘薯、稻谷等，在其上繁殖时产生一种具有致吐作用的赤霉素和具有雌性激素作用的赤霉烯酮，家兔采食含有上述毒素的饲料后常引起中毒。此外，还有甘薯黑斑病中毒。

【典型临床症状与病理剖检变化】

1. 黄曲霉毒素中毒

（1）急性中毒　大量饲喂时常发生急性中毒。一般各年龄的兔均可发病死亡（图10-194）。患兔精神沉郁，食欲减少，消化功能紊乱，便秘后腹泻，粪便带黏液或血液，口角流涎，口唇皮肤发绀（图10-195、图10-196）。呼吸急促，出现神经症状，后肢瘫软，全身麻痹。母兔不孕，孕兔发生流产、死产。

剖检见肺充血、出血，局部呈肝样病变（图10-197）。腹腔内有纤维蛋白析出（图10-198）。胃、肠道有多量气体，胃黏膜脱落、菲薄，肠腔内有带泡白色黏液（图10-199、图10-200）。肝脏急性损伤，肝细胞变性、出血和坏死。肾、脾肿大、瘀血、出血、坏死（图10-201）。有的病例盲肠积

图10-194　各年龄兔发病死亡
（任克良）

图10-195　腹泻（任克良）

图10-196　黏液粪便（任克良）

图10-197　肺充血、出血、坏死
（任克良）

有大量硬粪，肠壁菲薄，有的浆膜有出血斑点。

（2）慢性中毒　少量而长期饲喂时发生慢性中毒，较为多见，症状不明显，常不易发觉。患兔食欲日益减退，消瘦，精神委顿，昏睡，全身无力，喜卧，黄疸（图10-202、图10-203）。先便秘后腹泻。发情母兔不受孕，孕兔流产、死胎，公兔不配种。最后消瘦衰竭而死亡。

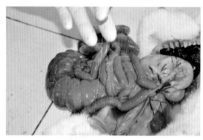

图10-198　腹腔内有纤维蛋白析出
（任克良）

图10-199　胃、肠道有多量气体，胃、
盲肠壁菲薄（任克良）

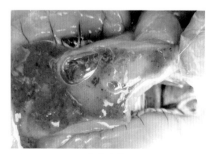

图10-200　肠黏膜脱落，肠腔内容物混
有白色黏液（任克良）

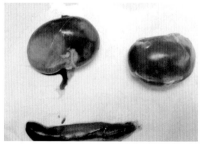

图10-201　肾、脾肿大、瘀血、出血、
坏死（任克良）

图10-202　患兔衰弱无力（薛家宾）

图10-203　患兔眼结膜黄染
（薛家宾）

剖检：肝脏呈淡黄色，硬度增加并可见大小不一的白色点状坏死灶（图10-204、图10-205）。腹腔内有淡黄色积液。胆囊扩张，囊壁变硬变厚，胆汁黏稠。肾脏呈淡黄色，膀胱积尿，尿液颜色较深，膀胱壁增厚、有出血点（图10-206、图10-207）。胃浆膜充血、出血，胃黏膜肿

图10-204　肝脏上有针尖大的结节病灶
（薛家宾）

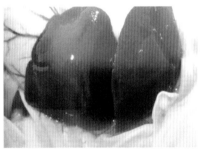

图10-205　肝脏硬度增加（薛家宾）

图10-206　尿液混浊、浓稠
（薛家宾）

图10-207　膀胱黏膜充血、出血
（薛家宾）

胀、充血、出血及浅表性糜烂和深层溃疡，肠腔内容物黏稠、色黄并混有气泡。腹水增多，带有透明的胶冻样纤维蛋白析出，肠系膜淋巴结肿大（图10-208）。

2. 赤霉菌中毒

患兔食欲减退，失重、贫血，眼睑、口腔黏膜发紫，被毛粗乱易脱落，初期粪便变性并带有黏液，后期腹泻并呈酱色（图10-209）。母兔腹中胎儿被吸收。

剖检：初期肝脏稍肿大，并有散在性出血点，后期萎缩、质硬，呈淡黄色，胆囊肿大，胆汁浓稠（图10-210）。心、肾有散在性出血点，胃内容物较多，黏膜脱落或溃疡、有出血。肠道黏膜出血，脂肪发黄。母兔生殖道发育肥大。

【诊断要点】（1）有饲喂霉变饲料史。（2）腹泻、黏液或血样粪便、盲肠硬结，母兔发生流产、死产等症状。（3）肝、肾、肺、脾肿大、瘀血、出血和坏死等病变。（4）检测饲料霉菌或毒素。

【预防】（1）禁喂霉变饲料是预防本病的重要措施。在饲料的收集、采购、加工、保管等环节中严禁霉变饲料进入下一个饲料加工、利用程序。

（2）饲料中添加防霉制剂（如0.1%丙酸钠或0.2%丙酸钙）对霉菌有一定的抑制作用。

图10-208　腹水增多，有纤维蛋白析出（薛家宾）

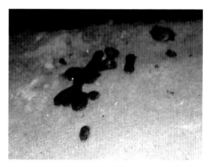

图10-209　酱色稀粪（任克良）

图10-210　肝脏呈淡黄色，胆囊肿大，胆汁浓稠（任克良）

（3）饲料中添加脱霉剂。

【治疗】本病目前尚无特效药。发现病兔时，须立即停喂发霉饲料，饿其1天，然后改为新鲜安全饲料，同时采取对症治疗。

［方1］用0.1%高锰酸钾溶液或2%碳酸氢钠溶液洗胃、灌肠，然后灌服5%硫酸钠溶液50毫升或人工盐2～3克；或稀糖水50毫升，外加维生素C 2毫升。

［方2］制霉菌素：每只病兔喂3万～4万单位，每天2次。

［方3］皮下分点或腹腔注射10%葡萄糖20～30毫升。

［方4］10%葡萄糖50毫升，维生素C 2毫升，静脉注射，每天1～2次。

［方5］氯化胆碱70毫升、维生素B_{12}5毫克、维生素E 10毫克，1次口服。

［方6］将大蒜捣烂喂服，每兔每次2克，每天2次。

［方7］赤霉菌病中毒者，立即停止饲喂发霉饲料，患兔用10%葡萄糖10毫升，加维生素C 2毫升，静脉注射，每天1～2次，连用3～5天，有一定的疗效。

二十、脓肿

脓肿主要由外伤感染、败血症在器官内的转移以及感染的直接蔓延等引起，任何组织、器官或体腔内形成外有脓肿膜包裹，内有脓汁潴留的局限性脓腔。脓肿在家兔中极为常见。

【病原】皮下脓肿及溃疡多因外伤后病原菌感染，在侵入部位大量繁殖，形成由结缔组织包裹的囊肿，当囊肿软化破溃时则形成皮肤溃疡，并通过流出的脓汁感染邻近组织。内脏器官的脓肿则与细菌的血源性转移有关。引起脓肿的病原菌主要为金黄色葡萄球菌，其发生率比例高，其次为多杀性巴氏杆菌、化脓性链球菌、铜绿假单胞菌等。

【典型临床症状与病理剖检变化】脓肿可发生在家兔任何部位，大小不一，数量不等，触诊疼痛，局部温度增高，初期较硬，后期柔软，有波动，若脓肿向外破溃，则流出脓汁（图10-211～图10-213）。面部脓肿通常与牙齿疾病有关。病兔精神、食欲正常。若脓肿向内破口时，则可发生菌血症，引起败血症，并可转移到内脏，引起脓毒血症。脓肿发生在内脏器官（如肺、肝、子宫）、胸腔和腹腔等部位，则出现器官机能受到破坏的临床表现。内脏脓肿若在肺部，可引起家兔呼吸困难、呼吸急促、呼吸姿势改变；若在子宫内，可引起母兔屡配不孕等。

不同的病原菌发生的部位、脓汁的性质也不同。一般金黄色葡萄球菌引起的脓肿多在头、颈、腿等部位的皮下或肌肉、内脏器官形成一个或几个脓肿；

图10-211　颜部脓肿（任克良）

巴氏杆菌多在肺部、胸腔和生殖器官等部位；铜绿假单胞菌形成的脓灶包膜及脓液呈黄绿色、蓝绿色或棕色，而且具有芳香气味。

图10-212　颈侧部的脓肿已破溃，脓液呈白色乳油状（任克良）

图10-213　跖侧面的脓肿已破溃，流出白色乳油状脓液（任克良）

【诊断要点】皮下脓肿可通过外部观察、触摸来确诊。内脏中的脓肿可通过腹部触摸的方式进行检查，多数主要通过死后剖检来确认。何种病菌引起的，则需作病原菌分离鉴定。

【预防】（1）保持兔笼清洁卫生，消除兔笼内一切锐物，减少或防止皮肤和黏膜外伤。

（2）兔群合理分群，避免家兔相互撕咬。

（3）一旦发现皮肤损伤，及时用5%碘酊或5%龙胆紫酒精涂搽，防止病原菌感染。

（4）经常发生本病的兔场可以定期注射葡萄球菌菌苗。

【治疗】

[方1] 皮下脓肿的治疗：首先剪去脓肿上及周边的兔毛，然后在脓肿的下部切开，将其中的脓液排干净，然后用0.1%～0.2%高锰酸钾水溶液洗涤，将青霉素粉撒在其中，同时肌内注射新青霉素Ⅱ，每只按30～50毫克，每天2次，连用2～3天。

[方2] 庆大霉素：在脓肿囊上多点注射庆大霉素，有一定疗效。

[方3] 生蜂蜜：生蜂蜜具有无菌、无毒、吸湿和抗菌的特点，既便宜又有效。首先将脓肿及周边的兔毛剪去，然后用生蜂蜜涂搽患部，每天2～3次，连用数天，同时口服庆大霉素或恩诺沙星等。

二十一、妊娠毒血症

妊娠毒血症是家兔妊娠末期营养负平衡所致的一种代谢障碍性疾病，由于有毒代谢产物的作用，致使出现意识和运动机能紊乱等神经症状。主要发生于孕兔产前4～5天或产后。

【病因】病因仍不十分清楚，但妊娠末期营养不足，特别是碳水化合物缺乏易发本病，尤以怀胎多且饲喂不足的母兔多见。可能与内分泌功能失调、肥胖和子宫肿瘤等因素有关。胃中有毛球导致厌食，也是引发本病的一个常见原因。

【典型临床症状与病理剖检变化】初期精神极度不安，常在兔笼内无意识漫游，甚至用头顶撞笼壁，安静时缩成一团，精神沉郁，食欲减退，呼吸困难，呼出的气体带酮味（似烂苹果味）。全身肌肉间歇性震颤，前后肢向两侧伸展（图10-214），有时呈强直性痉挛，有的发生流产。严重病例出现共济失调，惊厥，昏迷，最后死亡。肝脏和肾脏脂肪变性是最主要的病理变化，主要因机体动员脂肪，将脂肪运转到肝脏分解供能，因而导致脂肪肝。剖检见心脏增大，心内外膜均有黄白色条纹，肠系膜脂肪有坏死区（图10-215、图10-216）。肝脏、肾脏肿大，带

图10-214 患兔全身无力，四肢不能支撑躯体（任克良）

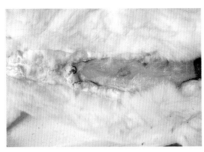
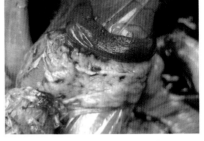

图10-215　妊娠毒血症——乳腺分泌 旺盛（任克良）　图10-216　肠系膜脂肪见灰白色坏死区（任克良）

黄色。组织中可见明显的肝和肾脂肪变性。血液检查，血清非蛋白氮显著增多，血钙减少，血液磷酸盐增多，丙酮试验阳性。

【诊断要点】（1）本病只发生于怀孕母兔、泌乳母兔，其他各年龄母兔、公兔不发生。（2）临诊症状和病理特点。（3）血液中非蛋白氮显著升高，血糖降低和蛋白尿。

【预防】（1）合理搭配饲料，妊娠初期适当控制母兔营养，以防过肥。

（2）妊娠末期饲喂富含碳水化合物的全价饲料，避免不良刺激（如饲料和环境突然变化等）。

（3）青年母兔适当提前配种，有助于防止本病的发生。

（4）预防和治疗毛球病的怀孕母兔，可以预防本病的发生。

【治疗】添加葡萄糖可防止酮血症的发生和发展。治疗的原则是保肝解毒，维护心、肾功能，提高血糖，降低血脂。发病后口服丙二醇4.0毫升，每天2次，连用3～5天。还可试用肌醇2.0毫升、10%葡萄糖10.0毫升、维生素C 100毫克，一次静脉注射，每天1～2次。肌内注射复合维生素B 1～2毫升，有辅助治疗作用。

二十二、不孕症

不孕症是引起母兔暂时或永久性不能生殖的各种繁殖障碍的总称。

【病因】（1）母兔过肥、过瘦，饲料中蛋白质缺乏或质量差，维生素A、维生素E或微量元素等含量不足，换毛期间内分泌功能紊乱。（2）公兔过肥，长时间不用。（3）配种方法不当。（4）各种生殖器官疾病，如子宫炎、阴道炎、输卵管积脓、卵巢脓肿、肿瘤、胎儿滞留等。

（5）生殖器官先天性发育异常等。

【典型临床症状与病理剖检变化】母兔过肥，卵巢因被脂肪包围而排卵受阻。正在换毛的兔易造成屡配不孕。剖检可见子宫积脓、肿瘤，如子宫炎、阴道炎、输卵管积脓、卵巢脓肿、子宫浆膜上脓疱、卵巢肿瘤、胎儿滞留或生殖器官先天异常等（图10-217～图10-222）。

【诊断要点】多次配种不孕。子宫积脓、卵巢肿瘤等可通过触诊进行判定。

【预防】要根据不孕症的原因制订防治计划，如加强饲养管理，供给全价日粮，保持种兔正常体况，防止过肥、过瘦。光照充足。掌握发情规律，适时配种。及时治疗或淘汰患生殖器官疾病的种兔。对屡配不孕者应检查子宫状况，有针对性地采取相应措施。

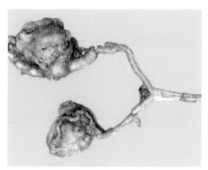

图10-217　卵巢脓肿，输卵管内脓液
（任克良）

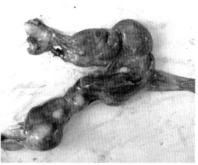

图10-218　子宫浆膜有许多脓疱
（任克良）

图10-219　卵巢肿瘤（任克良）

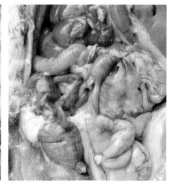

图10-220　子宫积脓
（任克良）

图10-221　子宫内胎儿木乃伊化
　　　　　（任克良）

图10-222　子宫内的死胎（任克良）

【治疗】

［方1］过肥的兔通过降低饲料营养水平或控制饲喂量降低膘情，过瘦的种兔采取增加饲料营养水平或饲喂量，恢复体况。

［方2］若因卵巢功能降低而不孕，可试用激素治疗。皮下注射或肌内注射促卵泡素（FSH），每次0.6毫克，用4毫升生理盐水溶解，每天2次，连用3天，于第4天早晨母兔发情后，再耳静脉注射2.5毫克促黄体素（LH），之后进行配种。用量一定要准，剂量过大反而效果不佳。

二十三、异食癖

异食癖是代谢功能紊乱、味觉异常的一种非常复杂的多种疾病的综合征。临床上认为无营养价值而不应采食的东西为特征。常见的有食仔癖、食毛症和食足癖等，它不只是一种病，而且是许多疾病（如骨软症、慢性消化不良等）的一种临床症状。多发生在冬季和早春舍饲的兔群。

【病因】本病病因比较复杂，一般认为与以下因素有关。（1）饲料中缺乏某些矿物质和微量元素。（2）饲料中维生素特别是B族维生素的缺乏。（3）饲料中某些蛋白质和氨基酸的缺乏。临床上母兔吞食仔兔、家兔食毛可能就是这个原因。（4）一些疾病的经过中出现异食现象，如佝偻病、慢性消化不良、寄生虫病等。

母兔食仔还可能与母兔产前、产后得不到充足的饮水而口渴难耐有关。

【典型症状与病变】（1）食仔癖　本病表现母兔吞食刚生下或产后数天的仔兔。有些将胎儿全部吃掉，仅发现笼底或巢箱内有血迹，有些

图10-223　被母兔吞食的仔兔
（任克良）

则食入部分肢体（图10-223）。

（2）食毛癖　本病多发于1～3月龄的幼兔。较常见于秋冬或冬春季节。主要症状为病兔头部或其他部位缺毛。自食或相互啃食被毛现象（图10-224、图10-225）。食欲不振，好饮水，大便秘结，粪球中常混有兔毛。触诊时可感到胃内或肠内有块状物，胃体积膨大。剖检可见胃内容物混有毛或形成毛球，有时因毛球阻塞胃而导致肠内空虚现象，或毛球阻塞肠而继发阻塞部前段肠臌气（图10-226、图10-227）。

扫一扫
观看"12.食毛癖"视频

图10-224　右侧兔正在啃食左侧兔的被毛，左侧兔体躯大片被毛已被啃食掉（任克良）

图10-225　除头、颈、耳难以啃到的部位外，身体大部分被毛均被兔自己吃掉（任克良）

图10-226　从胃中取出的大块毛团
（任克良）

图10-227 毛球阻塞胃使肠道空虚
（任克良）

扫一扫
观看"13.食足癣"视频

（3）食足癣 家兔不断啃咬脚趾尤其是后脚趾，伤口经久不愈。严重的露出趾节骨，有的感染化脓或坏死（图10-228、图10-229）。

【诊断要点】（1）冬季、初春多发。（2）有明显的临床症状。

【预防】（1）供给家兔营养均衡的饲粮。饲粮中应富含蛋白质、钙、磷、微量元素和维生素等营养物质。

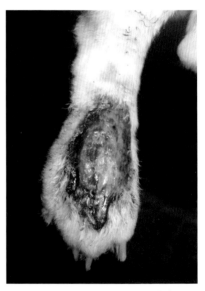

图10-228 被啃咬的后脚趾，已露出趾骨，并有出血（任克良）

图10-229 脚趾皮肤被啃食
（任克良）

（2）产箱要事先消毒，垫窝所用草等物切忌带异味。产前、产后供给母兔充足饮水。分娩时保证舍内安静。产仔后，检查巢窝，如发现死亡仔兔，立即清理掉。检查仔兔时，必须洗手后（不能涂搽香水等化妆品）或戴上消毒手套后进行。

（3）日常及时清理掉在饮水盆和垫草上的兔毛。兔毛可用火焰喷灯焚烧。

每周停喂一次粗饲料可以有效控制毛球的形成，也可在饲料中添加

1.87%氧化镁，防止食毛症的发生。

（4）及时治疗体内外寄生虫病和慢性消耗性疾病等。

【治疗】（1）一旦发现母兔食仔时，迅速把产箱连同仔兔一起拿出，采取母仔分离饲养方式。对于连续两胎食仔的母兔作淘汰处理。

（2）食毛兔的治疗。病情轻者，多喂青绿多汁饲料，多运动即可治愈。胃肠如有毛球可内服植物油，如豆油或蓖麻油，每次10～15毫升，然后让家兔运动，待进食时再喂给易消化的柔软饲料。同时用手按摩兔的胃肠，使其排出毛球。对于胃肠毛球治疗无效者，应施以外科手术取出毛球或淘汰病兔。

（3）食足癣目前无有效治疗方法，可对症治疗。

二十四、直肠脱、脱肛

直肠脱是指直肠后段全层脱出于肛门之外，若仅直肠后段黏膜突出于肛门外则称为脱肛。

【病因】本病的主要原因是慢性便秘、长期腹泻、直肠炎及其他使兔体经常努责的疾病。营养不良，年老体弱，长期患某些慢性消耗性疾病与某些维生素缺乏等是本病发生的诱因。

【典型临床症状与病理剖检变化】病初仅在排便后见少量直肠黏膜外翻，呈球状，为紫红色或鲜红色（图10-230），但常能自行恢复。如进一步发展，脱出部不能自行恢复，且增多变大，使直肠全层脱出而成为直肠脱（图10-231～图10-233）。直肠脱多呈棒状，黏膜组织水肿、瘀血，呈暗红色或青紫色，易出血。表面常附有兔毛、粪便和草屑等污物。随后黏膜坏死、结痂。严重者导致排粪困难，体温、食欲等均有明显变化，如不及时治疗可引起死亡。

【诊断要点】根据症状和病变即可确诊。

【预防】加强饲养管理，适当增加光照和运动，保持兔舍清洁干燥，及时治疗消化系统疾病。

【治疗】（1）轻者的治疗。用0.1%新洁尔灭液等清洗消毒后，提起后肢，由手指送入肛门复位。严重水肿，部分黏膜坏死时，清洗消毒后，小心除去坏死组织，轻轻整复。整复困难时，用注射针头刺水肿部，用浸有高渗液的温纱布包裹，并稍用力压挤出水肿液，再行整复。

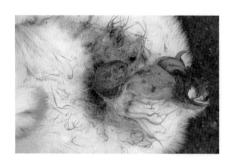

扫一扫
观看"14.脱肛"视频

图10-230　脱肛——直肠后段黏膜突出于肛门外，呈紫红色椭圆形，组织水肿，表面溃烂（任克良）

图10-231　直肠脱——脱出物坏死（任克良）

图10-232　直肠脱（任克良）

图10-233　直肠脱——离体的直肠和脱出的直肠（任克良）

为防止再次脱出，整复后肛门周围做袋口包缝合，但要注意松紧适度，以不影响排便为宜。为防止剧烈努责，可在肛门上方与尾椎之间注射1%盐酸普鲁卡因溶液3～5毫升。

（2）若脱出部坏死糜烂严重，无法整复，则行切除手术或淘汰。

二十五、创伤性脊椎骨折

创伤性脊椎骨折，又称断背、后躯麻痹和创伤性脊椎变位，是家兔常见多发病，是因家兔受惊、高处跌落等造成腰椎骨折、腰荐移位，导致后躯瘫痪的疾病。

【病因】捕捉、保定方法不当、受惊乱窜或从高处跌落以及长途运输等原因均可使腰椎骨折、腰荐移位。

【典型临床症状与病理剖检变化】后躯完全或部分运动突然麻痹，患兔拖着后肢行走（图10-234）。脊髓受损，肛门和膀胱括约肌失控，大小便失禁，臀部被粪尿污染（图10-235）。轻微受损时，随着脊髓压迫区域的肿胀消失，在3～5天内最初的麻痹症状逐渐消失。剖检见臀部沾满粪尿及污物，脊椎某段受损断裂，局部有充血、出血、水肿和炎症等变化，膀胱因积尿而胀大（图10-236）。

【诊断要点】突然发病，症状明显，剖检时脊椎骨局部有明显病变，骨折常发生在第七椎体或第七腰椎后侧关节突。

【类症鉴别】与产后瘫痪的鉴别：产后瘫痪用针刺后肢有明显反应，而本病则无反应。

扫一扫
观看"15.创伤性脊椎
骨折（截瘫）"视频

图10-234　脊髓受损，后肢瘫痪，患兔拖着后肢行走（任克良）

 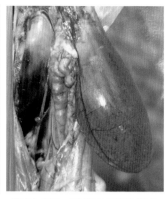

图10-235　肛门周围被毛被粪尿玷污
（任克良）

图10-236　腰椎骨折断处明显
出血，膀胱积尿（任克良）

【预防】本病无有效的治疗方法，以预防为主。

（1）保持舍内安静，防止生人、其他动物（如狗、猫等）进入兔舍。

（2）正确抓兔和保定兔，切忌抓腰部或提后肢。

（3）关好笼门，防止兔掉下。

（4）家兔长途运输中，尽量避免急转弯、急刹车等。

【治疗】轻微病例的治疗，可用消炎药物糖皮质激素（如地塞米松等）来消除肿胀，一般3～5天症状就可消失。若1～2周后仍麻痹或失禁，则作淘汰处理。

二十六、溃疡性、化脓性脚皮炎

家兔跗骨部的底面，以及掌骨、指骨部的侧面所发生的损伤性溃疡性皮炎称之为溃疡性脚皮炎，若这些部位被病原菌（金黄色葡萄球菌等）感染出现脓肿，则为化脓性脚皮炎，也称脚板疮。该病对繁殖兔危害严重。母兔一旦患此病，采食量下降、泌乳力降低，仔兔成活率下降，最后只能作淘汰处理。

【病因】饲养管理差，卫生条件差，笼底板粗糙、高低不平，金属底网铁丝太细、凹凸不平，兔舍过度潮湿均易引发这两种病。神经过敏，脚毛不丰厚的成年兔、大型兔较易发病。

【典型临床症状与病理剖检变化】本病的发生呈渐进性的。多从跗骨部底面或掌部侧面皮肤开始，被毛掉落，红肿，出现小面积的溃疡区，上面覆盖白色干性痂皮，随后溃疡面积扩大，有的皮肤破溃，出血（图10-237、图10-238）。患兔食欲下降，体重减轻，驼背，呈踩高跷步样，如果四肢均患病，家兔则频频换脚，交替负重，靠趾尖行走。患病哺乳母兔因疼痛，采食量急剧下降，致使泌乳量减少，仔兔吃不上足够的奶水而死亡率升高或整窝死亡。在兔舍卫生条件差的情况下，患兔溃疡部可继发细菌感染，病原菌主要为金黄色葡萄球菌，在痂皮下发生脓肿，脓肿破溃流出乳白色乳油样脓液，有些病例发生全身性感染，呈败血病症状，患兔很快死亡（图10-239）。

【诊断要点】獭兔、大型兔易感；笼底制作不规范，兔舍湿度大的

扫一扫
观看"16.溃疡性脚皮
炎"视频

图10-237 脚底皮发生溃疡（任克良）

图10-238 后肢跖骨部底面皮肤多
处脱毛、结痂、破溃（任克良）

图10-239 前肢掌部脱毛、脓肿
（任克良）

兔群易发。后肢多发，可通过临床症状进行确诊。确定病原菌须作细菌学鉴定。

【预防】（1）兔笼底板以竹板为好，笼底要平整，竹板上无钉头外露，笼内无锐利物等。

（2）保持兔舍、兔笼、产箱内清洁、卫生、干燥。

（3）家兔的大脚、脚毛丰厚都可遗传给后代，生产中选择这些兔进行繁殖有助于降低该病的发生率。

（4）一旦发现足部有外伤，立即用5%碘酊或3%结晶紫碳酸溶液涂搽。

【治疗】先将患兔放在铺有干燥、柔软的垫草或木板的笼内。

［方1］用橡皮膏围病灶重复缠绕（尽量放松缠绕），然后用手轻握压，压实重叠橡皮膏，20 ～ 30天可自愈。

［方2］先用0.2%醋酸铝溶液冲洗患部，清除坏死组织，并涂搽15%氧化锌软膏或土霉素软膏。当溃疡开始愈后时，可涂搽5%龙胆紫溶液，并注射抗生素。

［方3］如病变部形成脓肿，应按外科常规排脓后用抗生素药物进行治疗。

由于本病发生于脚底部，疮面不易保护，难以根治，同时化脓型的易污染兔舍，传染给其他兔，因此，对严重病例一般不予治疗，应作淘汰处理。

二十七、遗传性疾病

家兔常见的遗传性疾病有牙齿生长异常、"牛眼""八字腿"、肾囊肿、黄脂、缺毛症等。

【病因】（1）遗传因素。（2）饲养管理不当。（3）笼具安装不合理。

【典型临床症状与病理剖检变化】（1）牙齿生长异常　各种兔均可发生，青年兔多发，上、下门齿或两者均过长，且不能咬合。下门齿常向上、向嘴外伸出，上门齿向内弯曲，常刺破牙龈、嘴唇黏膜和流涎（图10-240）。患兔因不能正常采食，出现消瘦，营养不良。若不及时处理，最终因衰竭而死亡。

（2）"牛眼"　5月龄左右的兔易发，单侧或双侧发生。患兔眼前房增大，角膜清晰或轻微混浊，随后失去光泽，逐渐混浊，结膜发炎，眼球突出和增大似牛眼（图10-241）。

图10-240　下门齿过度生长，伸向口外，无法采食（任克良）　　图10-241　患兔眼大而突出，似牛眼（任克良）

（3）"八字腿"　患兔不能把一条腿或所有腿收到腹下，行走时姿势像"划水"一样，无力站起，总以腹部着地躺着（图10-242）。症状轻者可作短距离的滑行，病情较重时则引起瘫痪，患兔采食量大，但增重慢。

（4）缺毛症　患兔仅在头部、四肢和尾部有正常的被毛生长，而躯体部只长有稀疏的粗毛，缺乏绒毛（图10-243）。同窝其他仔兔缺毛症的发病率也较高。

图10-242　四肢向外伸展，腹部着地（任克良）　　图10-243　缺毛症——躯体部无绒毛生长，只有少量粗毛，仅在头部、四肢和尾部有浓密的正常被毛（任克良）

（5）黄脂　生前无临诊症状，一般在剖检时才被发现。对黄脂纯合子兔，脂肪的颜色因饲料中胡萝卜类色素群含量水平不同而不同，可从淡黄色到橘黄色（图10-244）。

【诊断要点】根据临床症状一般可作出诊断。

【预防】（1）加强选种选育。淘汰有症状的兔。

（2）科学饲养管理。

（3）笼具设计、安装科学合理。

【治疗】患遗传性疾病的家兔要适时淘汰，不用作种兔。

患牙生长异常的幼龄兔可用钳子或剪刀定期将门齿过长的部分剪下，断端磨光，达出栏标准时淘汰。开张腿的患兔，如病情轻微，可在笼底垫以塑料网，在一定程度上能控制疾病的发展。

图10-244　黄脂——脂肪呈深黄色（任克良）

❀❀❀ 第五节 ❀❀❀

兔群主要疾病防制技术方案

根据笔者研究结果和生产实践，推荐的主要疾病防控技术方案可供参考。

一、防控技术方案

（1）17～90日龄仔兔、幼兔每千克饲料中加氯苯胍、地克珠利或妥曲珠利可有效预防兔球虫病的发生。治疗剂量加倍。目前添加药物是预防家兔球虫病最有效、成本最低的一种措施。

（2）产前3天和产后5天的母兔，每天每只喂穿心莲1～2粒，复方新诺明片1片，可预防母兔乳腺炎和仔兔黄尿病的发生。对于乳腺炎、仔兔黄尿病、脓肿发生率较高的兔群，除改变饲料配方、控制产前、产后饲喂量外，繁殖母兔每年应注射两次葡萄球菌病灭活疫苗，剂量按说明。

（3）20～25日龄仔兔注射大肠杆菌疫苗，以防因断奶等应激造成大肠杆菌病的发生。有条件的大型养兔场可用本场分离到的菌株制成的疫苗进行注射，预防效果确切。

（4）30～35日龄仔兔首次注射兔瘟单联或瘟-巴二联疫苗，每只兔颈部皮下注射2毫升。60～65日龄时再皮下注射1毫升兔瘟单联苗或二联苗以加强免疫。种兔群每年注射两次兔瘟疫苗。做好2型兔瘟的生物安全防控工作。

（5）40日龄左右注射魏氏梭菌疫苗，皮下注射2毫升，免疫期为6个月。种兔群应注射魏氏梭菌菌苗，每年2次。魏氏梭菌高发兔群建议：4周龄的兔子接种第一次疫苗，14天后进行第二次接种，效果更好。

（6）根据兔群情况，还应注射波氏杆菌等疫苗。

（7）每年春秋两季对兔群进行两次驱虫，可用伊维菌素皮下注射或口服用药，不仅对兔体内寄生虫（如线虫）有杀灭作用，也可以治疗兔体外寄生虫（如疥螨、蚤虱等）。

（8）毛癣菌病的预防。引种必须从健康兔群中选购，引种后必须隔离观察至第一胎仔兔断奶时，如果仔兔无本病发生，才可以混入原兔群。严禁商贩进入兔舍。一旦发现兔群中有眼圈、嘴圈、耳根或身体任何部位脱毛，脱毛部位有白色或灰白色痂皮，及时隔离，最好淘汰，并对其所在笼位及周围环境用2%火碱或火焰进行彻底消毒。

（9）中毒病的预防。目前饲料霉变中毒是危害养兔生产的主要问题，因此对草粉、玉米等原料应进行全面、细致的检查，一旦发现有结块、发黑、发绿、有霉味、含土量大等，应坚决弃之不用。饲料中添加防霉制剂对预防本病有一定的效果。饲料中使用菜籽饼、棉籽饼等时，要经过脱毒处理，同时添加量应不超过5%，仅可饲喂商品兔。

（10）脚皮炎的防控。首先选择脚毛丰满的种兔留种；使用制作规范的竹板或塑料底板；保证饮水系统不漏水，保障兔舍清洁干燥。

（11）药物中毒的防控。家兔患病后严禁随意使用抗生素，防止引起中毒或导致消化道功能障碍（如腹泻等）。

二、防疫过程中应注意的事项

（1）购买疫苗时，最好使用国家正式批准的生产厂家的疫苗，同时应认真检查疫苗的生产日期、有效期及用法用量说明。另外，还要检查疫苗瓶有无破损、瓶塞有无脱落与渗漏，禁止使用无批号或有破损的疫苗。

（2）注射用针筒、针头要经煮沸消毒15～30分钟，冷却后方可使用。疫区应做到一兔一针头。

（3）疫苗使用前、注射过程中应不停地震荡，使注射进去的疫苗均匀。

（4）严格按规定剂量注射，不能随意增加或减少剂量。为了防止疫苗吸收不良，引起硬结、化脓，对于注射2毫升的疫苗，针头进入皮下后，做扇形运动，一边运动，一边注射疫苗或在两个部位各注射一半。

（5）当天开瓶的疫苗当天用完，剩余部分要坚决废弃。

（6）临产母兔尽量避免注射疫苗，以防因抓兔而引起流产。哺乳母兔体质较弱，也尽量避免注射疫苗。

（7）疫苗注射必须在兽医人员的指导、监督下进行，由掌握注射要领的人员实施，一定要认真仔细安排，由前到后、由上到下逐个抓兔注射，防止漏注。对未注射的家兔应及时补注。

（8）同一季节需注射多种疫苗时，未经联合试验的疫苗宜单独注射，且前后两次疫苗注射间隔时间应在7天左右。

（9）兽医人员要填写疫苗免疫登记表，以便安排下一次疫苗注射日期。

（10）疫苗空瓶要集中作无害化处理，不能随意丢弃。

（11）使用的药物和添加剂要充分搅拌均匀。使用一种新的饲料添加剂或药物，先做小批试验，确定安全后方可大群使用。

（任克良）

第十一章

兔场经营管理

兔场的经营管理是家兔生产中一项重要内容。发展养兔生产目的是以较低的成本，获取较多、质量优的兔产品（兔肉、兔皮或兔毛等），从而提高自身经济效益和社会效益。如果经营管理不善，将导致生产水平低下、经济效益不高，甚至赔本，这样的兔场难以持续发展。

第一节
兔场经营管理的主要内容

一、生产前的经营管理决策

兔场经营决策，是指对兔场的建场方针和预期目标，以及为实现这一方针和目标所采取的重大措施所作出的选择与决定。决策的正确与否，对兔场的经济效益高低和成败起着决定性的作用。

养兔业是畜牧产业的主要组成部分。养殖效益受产品的市场因素（价格高低、销路畅通与否等）、饲料价格和养殖技术（养兔生产力和劳动生产率高低等）等因素的影响。因此在决定养兔之前要考虑当地或国内外兔产品市场需求、价格、当地饲料价格和养殖技术水平等因素。

兔场的决策包括经营方向、生产规模、饲养方式、兔场建设等内容。

1. 经营方向

养殖什么类型的家兔（肉兔、獭兔、毛兔和观赏兔等）应根据市场需求、价格、自身经济情况、场地等因素综合考虑。

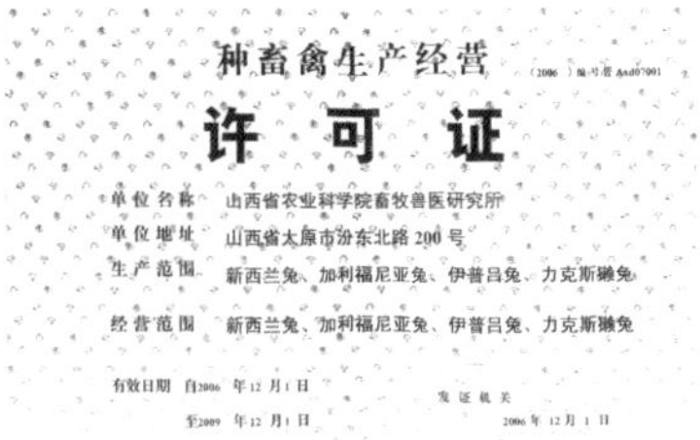

种畜禽生产经营 （2006 ）编号晋Aad07001

许 可 证

单位名称 山西省农业科学院畜牧兽医研究所

单位地址 山西省太原市汾东北路200号

生产范围 新西兰兔、加利福尼亚兔、伊普吕兔、力克斯獭兔

经营范围 新西兰兔、加利福尼亚兔、伊普吕兔、力克斯獭兔

有效日期 自2006 年12 月1 日

至2009 年12 月1 日

发证机关

2006 年 12 月 1 日

图11-1 某兔场种畜禽生产经营许可证

（1）种兔场 是以引进、培育、繁殖、出售优良种兔为目的，主要有獭兔、肉兔和毛兔，或两者或三者兼养的种兔场。该类种兔场必须拥有当地畜牧主管部门颁发的《种畜禽生产经营许可证》（图11-1）、《兽医卫生合格证》等资质证书。随着社会家兔良种化的普及，多数种兔场在提高良种的同时，也进行商品兔生产。

（2）商品兔生产场 这类兔场是以生产商品肉兔、兔皮和兔毛等为主，有肉兔场、獭兔场和毛兔场，也有两种或三种兼养的兔场。这是我国目前兔产业的主要形式。

2. 生产规模

（1）大中型兔场 这类兔场为国家或个体投资兴建。特点：技术力量强，兔场设计合理，兔舍标准化，设备完善，生产量大。基础母兔群多为500只以上，有的高达数千只。该类型兔场需要较强的技术力量和有管理经验的人员作支撑。不考虑技术、管理水平和经济基础，一味追求大规模，往往达不到预期的效果。

（2）小型兔场 基础兔群多在300～500只。

（3）家庭养兔 基础母兔大多在300只以下，以家庭为单位进行生产，利用闲置空房或在庭院修建兔舍，饲养较为粗放。

兔场规模多大为好，首先要看产品销售渠道是否畅通，其次是应综合考虑投资能力、饲养条件、技术水平以及投产后的经济效益等。

3. 饲养方式

（1）集约化饲养方式 其特点是：兔场设计合理，兔舍建筑科学，设备齐全，机械化、自动化或智能化程度高。这种方式所占比例在我国

图11-2　集约化兔舍

呈现逐年增加的趋势（图11-2）。

（2）半集约化方式　这是我国目前大中型兔场普遍采用的方式，其特点是半开放式兔舍，兔舍环境可部分调控（机械化出粪、机械通风、人工补充光照等），采用自动饮水，全价颗粒饲料喂兔，有一定的技术力量，生产水平较高。

（3）传统饲养方式　其特点是生产规模小，兔舍及设备简陋，基本采用手工操作，饲料以青饲料（粗饲料）+混合精料或颗粒饲料，这种方式比较粗放，数量呈现逐渐下降的趋势。

4. 兔场建设

在本书第四章第一节已作介绍，这里不再重复。

二、生产中的组织管理

1. 制定年度生产计划

年度生产计划就是根据兔场的经营方向、生产规模、本年度的具体生产任务，结合本场的实际情况，拟定全年的各项生产计划。

（1）总产计划与单产计划　总产计划就是兔场年度争取生产的商品总量。如种兔场一年出售的种兔总只数，其中还包括淘汰种兔或不合种用的只数。商品肉兔场每年出栏数量等。

（2）利润计划　兔场的利润计划是全场全年总活动的一项重要指标，即全年的总收入。利润计划受生产规模、生产水平、劳动生产率水平、经营管理水平、饲料条件、技术条件、市场情况及各种费用开支等因素所制约。兔场根据自己的实际情况进行制订。尽可能将利润计划分别下达各有关兔舍、班组和个人。并与个人经济利益挂钩，以确保利润计划顺利实现。

（3）兔群结构　兔群结构由一定数量的公兔、母兔和后备兔组成。通常按自然本交方式，繁殖群公、母兔比例为1∶（8～10）；人工授精的兔场，公、母兔比例1∶（50～100）。年龄结构参考下面的推荐数值：7～11月龄为15%～20%，1～2岁为40%～50%，2～3岁为35%～40%。生产实践中应根据情况随时调整。

在组织兔群结构的同时，应根据兔群结构安排生产计划、配种计划和产仔计划。对小规模的养兔户，不要求编写成文，但起码心中有数，避免盲目性。

（4）兔群周转计划　以一个规模为100只繁殖母兔为例，若公、母兔比例为1∶6，则需公兔15只。种兔使用年限3年，则每年约更新1/3，即更新母兔28～29只，公兔5只。为保险起见，在选留后备兔时应适当高于此数。合计常年存栏，繁殖母兔100只，种公兔为15只，后备公、母兔45只（略高于实际需要）。

商品兔场所生产的仔兔除少数留种外，多数作为商品兔进行出售。

积极推广"全进全出"饲养方式。

（5）饲料计划　饲料是发展养兔的物质基础，也是养兔生产中开支较大的一个项目，必须根据本场的经营规模、饲养方式和日常喂量妥善安排。

不同类型、生理阶段的家兔饲料消耗不同（表11-1），根据饲养规模，估算饲料消耗量。

表11-1　不同生理阶段兔饲料消耗

生理阶段	饲料消耗	备注
配种公兔	140～150克/天	
非配种公兔、空怀母兔	120克/天	
哺乳母兔	350～380克/天	仔兔4周龄断奶
商品肉兔	按料肉比3.5∶1	出栏体重达2.25～3.0千克
商品獭兔	15千克	从断奶（35天）～出栏（5月龄）

2. 保证生产计划实现的重要措施

（1）技术措施　种兔良种化、饲料全价化、设备标准化、防疫程序化和管理科学化。以上是对搞好家兔生产要求的高度概括，不论何种形式的兔场都应朝这个方向努力。

（2）生产措施

① 提高繁殖力　影响兔群繁殖力因素较多，必须采取有效措施，提高兔群繁殖力。如适时配种，及时进行妊娠检查，加强饲养管理，提高断奶数量。采用同期发情、人工授精、同期产仔和同期断奶的方式，是提高兔群繁殖力的重要技术措施。

② 提高存活率　提高存活率是提高经济效益的另一个重要方面。据报道，仔兔出生至断奶期间死亡率约为15%，断奶至屠宰期间死亡率约为10%。因此，在仔兔出生直至出栏或取皮，要千方百计减少死亡，这是保证生产计划和利润计划顺利完成的关键。

③ 适时更新种兔群　对种兔来说，1～2岁繁殖力最高，超过2.5岁即逐渐下降。以传统方式饲养，种兔可使用3年，少数使用4年；若采用集约化饲养，则种兔表现最佳繁殖性能的时间要缩短1～1.5年。可防止种兔退化，除注意对种兔的选育以外，还要及时更新种兔，引进优良种兔血统，以保持兔群的高产性能。

对于以生产兔产品为主要目的的兔群，还应考虑到最佳的出栏体重或取皮年龄和体重。肉兔多以2.25～3.0千克出栏为宜；獭兔以2.5～3.0千克取皮为宜。长毛兔产毛持续时间为3～4年。

④ 降低饲料费用　饲料费用占养兔成本的60%～70%，因此，降低饲料费用，对于实现养兔生产低成本、高效益意义重大（图11-3）。

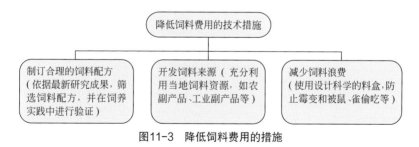

图11-3　降低饲料费用的措施

⑤ 搞好生产统计　兔场的生产统计，以文字和数据形式记录各兔舍或班组生产活动情况。它是作为了解生产、指导生产的重要资料，也是进行经济核算，评价职工劳动效率和实行奖罚的重要依据。

（3）经济措施　所谓经济措施，就是采用经济管理的方法，制订出一些具体措施来管理兔场生产。

① 实行"联产承包"生产责任制 "联产承包"责任制是当前兔场中实行生产责任制的一种形式。主要分为两方面：一是兔场向上级承包全年总产和总利润；二是兔场对下属各生产班组和个人制订各项生产指标。由于专业任务不同，承包的内容也不同。种兔舍主要是全年提供一定规格的断奶兔数、种兔的耗料标准；商品兔舍则主要是全年可提供一定规格的商品兔只数、皮张数、兔毛重量和耗料标准等。此外，还要规定不同兔的饲养定额以及药费、水电费等项开支。在此基础上，签订合同，定期检查情况，实行奖罚。

"联产承包"责任制贯彻了社会主义按劳分配和多劳多得的原则，对于打破"铁饭碗"，促进生产发展有着重要的意义。

如何调动工作人员的积极性？

大型兔场为了提高经济效益，激发员工的工作热情，除了采取有效的"多劳多得、少劳少得、奖惩严明"的管理制度外，应关心员工的生活，建立优良的企业文化，使员工不自觉地将兔场作为自己的家，将养兔作为自己的事业，这样调动起来的职工热情对兔业的健康发展至关重要。

② 对外订立各种经济合同 兔场在进行生产和产品销售过程中，常常要与有关单位或经纪人等发生经济往来，例如购买饲料、药品、设备和产品销售等。为了保证这些活动渠道畅通，必须与这些单位或经纪人签订供销合同，使双方都有经济责任，共同把生产搞好。

三、生产后的经济核算

兔场经过一定阶段（月、季、年）生产后，应进行生产小结和总结，通过经济核算来检查生产计划和利润计划的执行情况。在此基础上进行经济分析，从中找出规律性的东西，以改善生产经营、提高经济效益。

现以商品獭兔场年度生产计划、利润计划执行情况的检查为例分析如下。

1. 核实全年总产和收入情况

（1）全年商品兔总产量，是指1月1日至年末出售商品獭兔的总数量。

（2）全年出售商品獭兔的总收入，是指1月1日至年末出售商品獭兔收入的总和（未出售应盘点折价列账）。

（3）全年淘汰兔收入，指出售兔的实际收入。

（4）肥料收入按每只成年兔年产肥料100～150千克计算，价格按当地肥料价格折算。

（5）兔只盘点：年终进行兔只盘点，按各类兔的只数分别折价。盘点后算出存栏数，减去上年存栏数，即为本年增值数，乘以每只折价，就得出全部增值兔的经济价值。

2. 兔场总开支

（1）饲料费：包括兔群消耗的各种饲料，上年库存转入的饲料应折款列入当年开支；年底库存结余的饲料应折款转为下年的开支。

（2）生产人员的工资、奖金、劳保福利：按年实际支出计算。

（3）固定资产折旧费

① 房屋折旧费，是指兔舍、库房、饲料间、办公室和宿舍等，砖木结构折旧年限为20年，土木结构为10年。各兔场可根据当地折旧规定处理。

② 设备折旧费，是指兔舍、产仔箱、饲料生产加工机械，折旧年限为10年，拖拉机、汽车为15年。凡价值百元以上设备均属固定资产。

（4）燃料费、水电费。

（5）医药、防疫费。

（6）运输费。

（7）引种费。

（8）维修费。

（9）低值易耗费，指百元以下零星开支，如购买工具、劳保用品等按实际开支列入当年支出。

（10）管理费，指兔场的非直接生产人员的工资、奖金、福利待遇，以及对外联系的差旅费等，均应列入当年支出。

（11）其他开支，指上述10项以外的开支。

3. 养兔场年盈亏计算法

盈利=各项收入的总和-各项支出的总和

亏损=各项开支的总和-各项收入的总和

⋯✦❦✦⋯ 第二节 ✦❦✦⋯

兔场的"一业多营"

家兔饲养业与其他养殖业一样，具有先天性风险较大、企业管理难等特点。为此，养兔业被视为一种"微利行业"。

兔场的主业是从事家兔的生产与经营，自然也会面临风险大、难管理的问题。怎样才能避免倒闭的危险？成功的经验是必须走"一业多营"的道路。

一、饲养的品种多元化

由于家兔的产品（肉、皮、毛）绝大部分进入消费市场，产品市场的不稳定是客观规律。因此，必须增强产品适应市场变化的能力，兔场才会立于不败之地。这就要求兔场饲养的家兔品种不要过于单一。例如，獭兔场不妨也养一点毛兔或肉兔，一旦市场变化，可及时调整兔群和产品结构。

二、开展兔产品加工增值

加工的利润，远远大于原料产品的生产。兔场的产品，无论是兔肉、兔皮，在出场销售之前自己先进行初加工，如獭兔、肉兔的屠宰等。有条件的兔场，还可创办与其产品相适应的裘皮、食品、生物制剂等加工厂，则可成倍提高产值，增加利润（图11-4～图11-9）。目前我国许多大型兔业公司都集家兔养殖、兔产品加工、销售等为一体，不仅自身发展，还带动当地广大农民投入到家兔养殖行业中来。

三、开展产品的综合利用

规模兔场有许多副产品（如兔粪、内脏下脚料等），开展综合利用可以增加收入，减少对环境的污染。比如兔粪，既是兔场的废物又是产品。有的大型企业利用兔粪资源生产有机肥，进行兔场粪污资源化利用，还可获得可观的经济收入。内脏等下脚料可以生产宠物饲料。

图11-4 兔皮服饰价格车间

图11-5 兔皮制作的围巾

图11-6 兔皮制作的服饰（一）

图11-7 兔皮制作的服饰（二）

图11-8 屠宰

图11-9 生产的兔肉产品

四、积极开展兔场的配套服务

规模兔场也是一个集产品和技术为一体的平台。在出售产品，尤其是种兔的同时，利用自己的技术、物资优势，积极向本场联系的专业户或其他养兔者提供技术、笼具、器材等系列配套服务。

第三节
提高养兔经济效益的技术途径

一、选养适宜家兔类型及优良品种（或配套系）

根据自身条件、所处的地理位置和兔产品市场等情况，决定饲养何种类型的家兔和品种。目前肉兔养殖向规模化、工厂化和智能化方向发展，生产效率较高，但需要投入资金较多，技术力量要求也比较高，多采用的品种以肉兔配套系为主，如伊拉、伊普吕等为主。小规模肉兔养殖，投资小，生产率较低，以新西兰白兔、加利福尼亚兔、弗朗德巨兔或配套系等为主。目前獭兔市场较为低迷，但前景较好，审慎发展。有色獭兔前景看好，可适度发展。长毛兔市场相对稳定，毛兔产区可适当发展。

二、适宜的养殖规模

养殖规模的大小应根据自身经济实力、技术力量、土地面积以及管理水平等确定，切忌不考虑自身条件一味地追求大规模，往往会适得其反。建议初次养兔企业（户）应从小到大养殖。技术力量较强、资金较为充足的养兔大户饲养1000只以上的规模为宜。

三、采用兔舍笼具标准化、环境控制自动化、清粪机械化、饲喂自动化等方式

为了降低劳动力开支、提高劳动生产力和兔群生产水平，获得较高的经济效益。建议新养殖企业在兔场建设时或老场改建时，努力实现

兔舍、兔笼标准化，环境控制自动化，清粪机械化或自动化和饲喂自动化等。虽然一次性投资较大，但节省人力，劳动生产率和生产效率显著提高，从长远来看还是合算的。

四、饲料资源本地化、饲粮均衡化

养兔饲料成本占整个饲养成本的70%以上，因此如何降低饲料成本应作为企业主的一项长期的工作来做。自行生产饲料的场（户）尽量使用当地饲料原料，设计科学合理的饲料配方。外购饲料的要选择附近信誉度较好的大型饲料加工企业进行合作，并签订购销合同。

五、抓好兔群繁殖工作

做好兔群繁殖工作是养兔场经济效益提高的前提。积极采取人工授精技术，及时进行妊娠检查，采取综合技术措施提高仔幼兔成活率。

六、采用综合配套技术，争取商品兔多出栏，早出栏，及时出售

采用优良品种（或配套系）、做好环境控制、提供全价配合饲料、做好兔群安全防控措施、采用科学饲喂方式等配套技术措施，同时提前与客户联系，保障商品兔尽早出栏，并能及时出售。

七、做好兔群安全生产工作

如何降低兔群发病死亡率，保障兔群安全生产是实现高效益的前提，根据当地、本场兔病流行特点，做好兔瘟、魏氏梭菌病、大肠杆菌病、球虫病等重大疾病的防控工作。

八、重视环境排放问题

随着人们对健康的重视，不仅食品安全受到愈来愈多的重视，居住环境和生活环境同样受到愈来愈密切的关注，比较来说，兔业虽然还不是污染严重的行业，但养殖和加工过程中的粪尿排放和废弃物处理，必须按照国家出台的环保方面的相关法律法规办理。在修建新厂时把环境控制作为一项重要任务来抓。避免因兔场环保不达标陷入困境。

九、开发生产适销对路的兔产品

兔场经营者应该经常性地根据市场对兔产品需求来调节生产。如市场对体重较小的肉兔（或獭兔）需求量大，则适当缩短饲养期，反之，则适当延长饲养期。

十、以人为本，提高员工的积极性

养兔生产是一项细致、耐心的工作。员工的工作热情和责任心与兔群生产效率的提高和产品质量的提高息息相关，因此，企业在制订激励机制的同时，业主应经常与员工谈心，倾听他们在工作与生活的困难和诉求，激发他们的工作热情，做好本职工作。

十一、重视"互联网+"在兔产业中的应用

互联网已覆盖我们生活的方方面面，作为兔业生产者要充分利用互联网平台，为我所用。如原料、药品（疫苗）、笼具等的采购、产品销售、信息收集以及兔病远程诊断等。

（曹亮）

参 考 文 献

[1] 任克良，秦应和. 高效健康养兔全程实操图解 [M]. 北京：中国农业出版社，2018.

[2] 任克良. 家兔配合饲料生产技术 [M]（第二版）[M]. 北京：金盾出版社，2010.

[3] 任克良. 现代獭兔养殖大全 [M]. 太原：山西科学技术出版社，2002.

[4] 谷子林，秦应和，任克良. 中国养兔学 [M]. 北京：中国农业出版社，2013.

[5] 任克良，陈怀涛. 兔病诊疗原色图谱（第二版）[M]. 北京：中国农业出版社，2014.

[6] 任克良. 兔场兽医师手册 [M]. 北京：金盾出版社，2008.

[7] 梁全忠，任克良，宸锁成. 毛兔生产技术 [M]. 太原：山西科学技术出版社，1998.

[8] Carlos de Blas, Julianwiseman. 唐良美主译. 家兔营养 [M]（第二版）. 北京：中国农业出版社，2015.

[9] 周安国，陈代文. 动物营养学 [M]（第三版）. 北京：中国农业出版社，2013.

[10] 王成章，王恬. 饲料学 [M]（第二版）. 北京：中国农业出版社，2014.

[11] 李福昌. 兔生产学 [M]（第二版）. 北京：中国农业出版社，2016.

[12] 任克良，曹亮. 肉兔70天出栏配套生产技术 [M]. 北京：化学工业出版社，2021.